LOB DER MACHT

Rainer Hank

Klett-Cotta

FSC
www.fsc.org
MIX
Papier aus verantwortungsvollen Quellen
FSC® C014889

Klett-Cotta
www.klett-cotta.de

Printed in Germany
Cover: Rothfos & Gabler, Hamburg
Gesetzt von Kösel Media GmbH, Krugzell
Gedruckt und gebunden von Friedrich Pustet GmbH & Co. KG, Regensburg
ISBN: 978-3-608-96179-9

Bibliografische Information der Deutschen Nationalbibliothek:
Die Deutsche Nationalbibliothek verzeichnet diese Publikation in der Deutschen Nationalbibliografie; detaillierte bibliografische Daten sind im Internet über <http://dnb.d-nb.de> abrufbar.

INHALT

Einleitung: Warum Macht? Warum jetzt? ... 7

Kapitel 1: Die Krönung ... 13

Kapitel 2: Der Aufstieg ... 42

Kapitel 3: Der Absturz ... 78

Kapitel 4: Die Ohnmacht ... 109

Kapitel 5: Die Götter ... 131

Kapitel 6: Die Daten ... 150

Kapitel 7: Das Geld ... 186

Kapitel 8: Die Utopie ... 219

Schluss: Lob der Macht ... 243

Anhang

Dank ... 249
Literatur ... 251
Personenregister ... 261
Sachregister ... 265
Gesamtinhalt ... 271

EINLEITUNG: WARUM MACHT? WARUM JETZT?

Angesichts des grandiosen Erfolges der amerikanischen Fernsehserie »House of Cards« wird der Erfinder der Serie, der britische Lord Michael Dobbs, gefragt, ob die skrupellosen Abenteuer von Präsident Frank Underwood, dem Helden der Serie, der Beweis wären, dass die Menschen doch nicht so politikverdrossen seien wie oft behauptet. »Nichts da«, antwortet Lord Dobbs: »Politik ist dann interessant, wenn es nicht um Politik geht, nicht um Großbritannien, Amerika oder sonst ein Land, sondern um die großen Themen Macht, Neid, Sex.«

Hat Lord Dobbs Recht? Es sieht ganz danach aus. Oder glaubt im Ernst jemand, die Menschen fasziniere Donald Trumps Aufstieg in erster Linie, weil sie wissen wollten, wie Importzölle oder das amerikanische Gesundheitssystem unter seiner Regentschaft funktionieren? Auch bei Angela Merkel steht gewiss nicht die Neugier über ihr künftiges Rentenkonzept im Vordergrund, sondern das Mysterium ihrer Macht. Und bei VW-Patriarch Ferdinand Piëch käme niemand auf die Idee, sich über seine gewiss geniale Idee einer Plattformstrategie für unterschiedliche Fahrzeugmodelle informieren zu wollen.

Es geht um die Macht. Die Macht hat es nicht nötig, sich auf Vernunft zu berufen, sie muss einfach nur ihren Willen durchsetzen, das Risiko des Scheiterns stets im Blick. Sie ist da, ein Trieb, ein Wille, ein Drang. Das macht sie so verstörend in einer Welt, in der – durchaus aus honorigen Motiven – alles und jedes einem vernünftigen Begründungszwang unterliegt. Allen Irritationen zum Trotz ist es bislang nicht gelungen, die Macht kleinzukriegen. Wer sie leugnet – und das machen viele, nicht zuletzt die Mächtigen selbst –, muss erst recht mit der Wiederkehr des Verdrängten rechnen.

Macht fasziniert uns. Insofern ist es ein bisschen unaufrichtig, dem FDP-Chef Christian Lindner oder dem SPD-Vorsitzenden Martin Schulz vorzuwerfen, es gehe ihnen in Wirklichkeit »nur« um die Macht und, soll das wohl heißen, nicht um die Sache der Freiheit oder der Gerechtigkeit. Unaufrichtig ist es auch, Donald Trump wahlweise als Bösewicht oder Möchtegerndiktator in Grund und Boden zu verdammen oder lächerlich zu machen und zugleich gespannt darauf zu warten, was er jetzt wieder zusammen mit seinem Freund Putin aushecken wird und ob der Senat ihm seinen übernächsten Schachzug durchgehen lässt. Bei den meisten früheren US-Präsidenten, auch bei Erlöser Barack Obama, war unser Interesse nach Wahlsieg und Inauguration ziemlich schnell erlahmt. Das ist vielleicht nicht gerecht. Aber so ist die Welt.

Es geht um uns. Wir verachten die Macht und müssen doch zugeben, dass wir in Wahrheit die Machtmenschen bewundern, ihrem Charme und ihrem Charisma erliegen und ganz im Geheimen vielleicht selbst gerne einer wären. Diese Bewunderung hält auch dann an, wenn die Mächtigen böse oder zumindest nicht eindeutig gut sind: Unser moralisches Urteil macht ihnen das zwar zum Vorwurf, unser Vergnügen an Helden lässt es ihnen indessen – zumindest zeitweise – durchgehen. Moralisiert wird erst wieder, wenn der Bösewicht am Boden liegt. Haben wir doch gleich gewusst, dass das nicht gutgehen kann, sagen wir und vergnügen uns an

Don Juans Höllenfahrt, dem dramatischen Ende jenes schuftigen Weiberhelden, bei dem die Trias von Macht, Neid und Sex eine besonders süffige, unseren Voyeurismus befriedigende Verbindung eingeht. Wissen ist Macht, sagt Dobbs: Deshalb sei es für einen Politiker im Getriebe der Macht immer gut zu wissen, wer gerade mit wem ins Bett geht.

»Politik wirkt wie eine Droge«, sagt ebenfalls Lord Dobbs, der Mann, der einer der engsten Berater der britischen Premierministerin Margaret Thatcher war. Sie feuerte ihn in einem fürchterlichen Wutanfall, als ihr schon dämmerte, was sie nicht wahrhaben wollte, dass ihre Macht im Schwinden war und nun ein Schuldiger benötigt wurde. Von der Droge Macht ist der Weg zum Sex nicht sehr weit, belehrt uns die heutige Hirnforschung: Neuronale Belohnungssysteme werden allemal aktiviert und bescheren uns ein Glücksgefühl (beim Neid, dem Leiden der Zukurzgekommenen, ist es ein bisschen komplizierter). Geld, am besten viel davon und immer mehr Geld, muss man laut Ausweis der Hirnforscher den beiden Drogen Macht und Sex noch an die Seite stellen, weshalb dieses Buch seine Beispiele nicht nur aus der Politik, sondern auch aus der Wirtschaft holt und auch über Aufstieg und Fall mächtiger Manager schreibt, die bekanntlich ganz besonders an ihren Millionen hängen.

Weshalb also jetzt ein Buch über die Macht? Einfach, weil das Thema in seiner oszillierenden Ambivalenz fasziniert, wäre die spontane Antwort. Dass man nicht der Erste sei, der darüber schreibt, stimmt. Aber ist das ein Einwand? Dass es in der Weltliteratur spätestens seit dem Hohelied ein paar gute Bücher über die Liebe gibt, hat Marguerite Duras auch nicht davon abgehalten, ihre Erzählung »Der Liebhaber« zu schreiben.

Zeitlos inaktuell ist die Sache dennoch nicht. Nach dem Zeitalter der Kollektive, in dem die Macht der Masse das Weltgeschehen bewegte (freilich auch damals mit heroischen Führern an der Spitze), sehen wir jetzt wieder empor zu den exemplarischen Einzelnen. Zudem haben in letzter Zeit ein paar Mächtige neuen Typs die Weltbühne betreten, die uns irgendwie anders vorkommen als ihre Vorgänger. Das hängt weniger mit der Landkarte von links, rechts oder dem vielbeschworenen Rechtspopulismus zusammen als abermals mit den Anmutungen der Macht: Wir beobachten – von Trump über Putin bis Orbán und Erdoğan – einen Zug zur Monopolisierung oder Zentralisierung der Macht in den Händen Einzelner. Sie verschieben eindeutig die eingespielten Systeme einer »Balance of Power« und verändern Gesellschaften wie auch deren Diskurse. Das macht die zentralen Akteure wichtiger und Überlegungen interessanter, ob und wann wir es mit Fällen von Machtmissbrauch zu tun haben, was es mit politischen Monopolstrukturen auf sich hat und ob sie – wie stets bei Monopolen – Schaden anrichten. Macht ist nicht schlimm, solange sie bestreitbar ist, ökonomisch gesprochen: solange der Markt der Macht offen ist. Bewunderung für und Verführung vom Charisma der Mächtigen fühlt sich nur dann wohl, wenn es Wettbewerb gibt, der die Chance der Entmachtung jederzeit möglich macht und vor niemandem besonderen Respekt hat. Und auch daran haben wir dann wieder unser großes Vergnügen.

Ist es Zufall, dass vergleichbare Verschiebungen in Richtung einer Monopolisierung der Macht auch im Raum des Ökonomischen zu beobachten sind? Kalifornien, das gelobte Land aller Garagen-Entrepreneure, ist längst nicht mehr das Startup-Paradies, als das es sich selbst bis heute immer noch allzu gerne sieht. In Wirklichkeit beherrscht eine kleine Gruppe gigantomaner Unternehmen – Google, Apple, Facebook, Amazon – die neue Internetwirtschaft mit mehr oder weniger charismatischen Führern an der Spitze und träumt davon, die Macht nie wieder aus der Hand zu geben. »Competition is for Losers«, sagt Peter Thiel – einer der ersten Kapitalgeber für Facebook und ausgewiesener Freund Donald Trumps –, der sich selbst als Schöpfer dauerhafter Werte sieht: »If you want to create and capture lasting value, look to build a monopoly.« So reden machttrunkene Junkies, die dem Größenwahn verfallen sind: Sie halten sich für einzigartig und unbesiegbar. Ein paar wenige Kapitalsammelstellen verwalten die gigantische Summe von elf Billionen Dollar, mit denen sie in allen großen Konzernen der Welt investiert sind. Droht hier Gefahr, womöglich größere als von den großen Giganten der Netzökonomie?

Tatsächlich hat es der Wettbewerb, jener natürliche Widersacher aller Machthaber, nicht leicht. Warum dann ausgerechnet ein »Lob der Macht«? Ist das nicht eine Übertreibung um der Provokation willen, die noch dazu in die falsche Richtung führt? Nein, das ist ernst gemeint. Man muss es nur richtig lesen, besagt der Titel doch ausdrücklich keine Billigung der Taten und Missetaten der Mächtigen dieser Welt in Politik und Wirtschaft einschließlich ihrer Schranzen und Speichellecker. Und es ist erst recht keine Legitimation der Monopolisierung der Macht, wo auch immer sie sich findet. Nein, das Lob bezieht sich im strikten Sinn auf die Macht selbst: Sie ist die alles bewegende Triebfeder einer Fortschrittsgeschichte, die sich nicht darum schert, ob die Menschen gut oder böse sind (»sie sind schlecht«, sagt Niccolò Machiavelli, aber vielleicht täuscht er sich), und die doch im

Saldo stets das Gute schafft: Dieser Wille zur Macht ist verantwortlich für die Wachstumsdynamik einer Gesellschaft, ohne welche wir ziemlich arm dran wären. Friedrich Nietzsche wusste genauso wie die Jedi-Ritter, dass diese Macht ihre hellen und ihre dunklen Seiten hat und es zu schön wäre zu meinen, beide ließen sich säuberlich scheiden.

KAPITEL 1: DIE KRÖNUNG

ODER: WAS KARL IV. MIT DONALD TRUMP VERBINDET

Der Ostersonntag des Jahres 1355 sollte ein Jubeltag werden in Rom. Das Geläut hunderter Glocken erfüllte die Frühlingsluft der Ewigen Stadt. Es mischte sich mit dem Lärmen einer gaffenden Menge vor Sankt Peter. Man schiebt und drängt, will endlich einen Blick erhalten auf das Geschehen, will mehr sehen als Marmor und Weihrauchschwaden. Zwei Flügel eines Portals öffnen sich. Plötzlich braust ein Jubelschrei auf. Der Lärm, ohnehin schon so gewaltig, dass man selbst den Donner von Blitzschlägen nicht hätte hören können, schwillt immer noch mehr an.

Da sind sie endlich zu sehen, der neue Kaiser und die neue Kaiserin. Sie treten vor das Tor, umringt von Kardinälen und Bischöfen, Fürsten und Baronen, Edlen und Rittern in glänzenden Rüstungen und feinen Tuchen, mit Spießen, gezückten Schwertern und Amtsstäben in den Händen. Feierlich waren zuvor die Worte erklungen vor dem Papst, dem Oberhaupt der römischen Kirche: »Ich Karl, König der Römer, nach Gottes Willen zukünftiger Kaiser, verspreche, gelobe, sage zu und beeide vor Gott und dem heiligen Petrus, dass ich Beschützer und Verteidiger des Papstes und der heiligen römischen Kirche bei allen ihren Bedürfnissen sein werde. So helfe mir Gott und diese heiligen Evangelien.« Im Anschluss wird der Kaiser gesalbt, ihm wird die Krone aufgesetzt mit den Worten: »Nimm das Zeichen des Ruhms, die Krone der Kaiserlichen Erhabenheit.«

Die Rede ist von Kaiser Karl IV. (1316–1378), der mit dieser feierlichen Zeremonie in der Nachfolge des römischen Kaisers Augustus zum Oberhaupt des Heiligen Römischen Reiches gekrönt und gesalbt wurde. Karl war es wie schon seinem Vorgänger Kaiser Friedrich II. gelungen, eine stattliche Reihe von Kronen auf seinem Haupt zu versammeln: Er war römisch-deutscher König, böhmischer König, König von Italien und König von Burgund. Er führte das hegemoniale Kaisertum des Mittelalters zu einer neuen Machtfülle. Karl IV. gilt als der bedeutendste Kaiser des Spätmittelalters. Und er begründete zugleich jenes lange währende europäische Reich, das erst im Jahr 1806 durch Napoleon sein Ende finden sollte. Der Ostersonntag 1355 sollte sein glücklichster Tag sein. Niemals vorher und niemals später konnte er die Fülle seiner Macht derart unbeschwert genießen.

662 Jahre später, genau gesagt am 20. Januar 2017, einem Freitag, findet ebenfalls eine Inthronisation statt, dieses Mal vor dem Kapitol in Washington, das doch in so vielem architektonisch den Prachtbauten Roms nachgebaut ist. Ein neuer Augustus, der 45. Präsident der Vereinigten Staaten von Amerika, legt seine Hand auf zwei Bibeln – die Heilige Schrift, die er von seiner Mutter geerbt hat, und die Bibel von Abraham Lincoln. Zur Huldigung anwesend sind die Vorgängerpräsidenten Jimmy Carter, Bill Clinton, George W. Bush und Barack Obama. Außerdem viel Volk, von den Stufen des Kapitols bis weit in den sich davor öffnenden Park. Nachdem der Chor der Missouri State University den Choral »Now We Belong« uraufgeführt hat, nachdem auch der künftige Vizepräsident Mike Pence seinen Eid auf die Verfassung abgelegt hat – die Hand ebenfalls auf zwei Bibeln, der eigenen und jener von Ronald Reagan –, spricht Trump

pünktlich um 12 Uhr und in feierlichem Ton die folgenden Worte:

»Ich, Donald John Trump, schwöre feierlich, dass ich das Amt des Präsidenten der Vereinigten Staaten getreulich ausführen und die Verfassung der Vereinigten Staaten nach besten Kräften wahren, schützen und verteidigen werde.«

Der 20. Januar 2017 wird Trumps glücklichster Tag gewesen sein. Niemals vorher und niemals später wird er die Fülle seiner Macht derart unbeschwert genießen können wie an jenem sonnigen Freitag in Washington.

Die Parallelen der beiden über Jahrhunderte entfernten Ereignisse sind augenfällig. Schon die Eidesformeln ähneln sich: Die Berufung auf den christlichen Gott, die Verankerung des Machtanspruchs in der Kontinuität und Tradition der Vorgänger und das feierliche Gelöbnis, die Verfassung oder die römische Kirche beschützen zu wollen – das alles weist dieselbe Struktur auf. Der neue Machthaber präsentiert sich in beiden Fällen als Beschützer. Das soll sagen: Es geht nicht um ihn selbst, es geht um ihn als Verteidiger einer Institution, die auf ewig angelegt ist. Um dieser großen Aufgabe gerecht zu werden, bedarf es der Hilfe des Allerhöchsten, der »der Allmächtige« genannt wird. Allein vermag der Mächtige nichts. Die Krönung selbst folgt in beiden Fällen einem festen Zeremoniell, reiht sich ein in eine lange Tradition von Ritualen, die vergleichbar feierlich vorangegangen sind. Freilich, während die Kaiserkrönung Karls IV. kaum Raum lässt für Individualität – alles ist der feinsinnigen Symbolik der Über-, Neben- oder Unterordnung zwischen Papst und Kaiser unterworfen –, bietet das Inaugurationszeremoniell in Washington beste Chancen für den neuen Präsidenten, die Erwartungshaltungen zu erfüllen und zugleich zu durchbrechen. Wir werden gleich darauf zurückkommen.

Doch zunächst noch einmal zur Aufführungspraxis der beiden Krönungszeremonien und ihren Gemeinsamkeiten: Mindestens so interessant wie die Worte des Schwurs ist die Liturgie, in welche die Inauguration eingebettet ist. Man muss dies als einen Akt, eine Performance ansehen. Viel Volk, viele, die ebenfalls Macht haben, viel Feierlichkeit. Den Krönungsworten schließt sich beide Male ein Triumphzug des neuen Herrschers durch die Stadt an. Karl IV., das wissen wir aus den Berichten des Johannes Porta De Annoniaco, zieht umgeben von Senatoren und Angehörigen des römischen Adels, Zepter und Weltkugel in den Händen haltend, durch die Menge. »Und siehe, ein weißes Pferd, und der darauf saß, hieß Treue und Wahrhaftig«, so sieht der Beobachter in Karl IV. eine Verheißung der Apostelgeschichte erfüllt. Mit seinem Zepter erteilt der neue Kaiser Herandrängenden die Erhebung in den Ritterstand, sich damit ihre Loyalität sichernd. Auf einmal fliegen Geldstücke in die Menge, ausgestreut von Bediensteten des Gekrönten, mitunter sind sogar Goldstücke unter den Münzen. Der Herrscher zeigt, dass er ein großzügiger Herrscher ist. Am Ende, nachdem man im Gedränge nur mühsam vorangekommen war, mündet der Festzug, wie es Tradition für frisch gekrönte Kaiser ist, in den ehemaligen Lateranpalast ein. Dort sind schon überbordende Tafeln mit den besten Speisen für das Kaiserpaar und die Festgäste gedeckt. Das Festmahl ist Abschluss des Tages. Das Essen ist selbst ein Akt der Macht; es führt sinnfällig vor Augen, was man sich leisten kann und was man anderen gönnen will.

Bei der Krönungsfeierlichkeit Donald J. Trumps schließt

sich an den Eid die »Inauguration Address« an, die Antrittsrede. Trump hatte darauf insistiert, die Rede selbst zu schreiben, wenigstens gehörte das zur Propaganda: Hier ist keiner, der sich auf Redenschreiber verlässt. Der nimmt die Sache selbst in die Hand. Es sollte die kürzeste Rede seit der Jimmy Carters von 1977 werden. Aber sie hatte es in sich: Mit nationalistischem Pathos beschwor Trump feierlich seinen festen Vorsatz, »to make America great again«. »America first« wird er wieder und wieder den Zuhörern im eigenen Land und in der ganzen Welt einbläuen, den einen als Verheißung, den anderen als Drohung. Donald Trump, der Milliardär aus der Oberschicht, gibt sich als Anwalt des »vergessenen Mannes« draußen im Land und mutet seinen Zuhörern vor dem Kapitol zu, von ihm verhöhnt zu werden als Angehörige jenes Establishments, das den Kontakt zur Masse der einfachen Menschen verloren habe.

Trumps Worte sind rhetorisch bestechend, zugleich simpel und eindeutig. Ihnen fehlt jede blumige Mehrdeutigkeit, die solche Reden üblicherweise auszeichnet. Weil viele Aussagen Trumps so eindeutig sind, kann man auch sagen, wo sie eindeutig falsch sind. Dass die amerikanische Industrie in den letzten Jahrzehnten vom Ausland ausgesaugt wurde, kann nicht stimmen, wenn gleichzeitig, wie die Fakten belegen, die US-Unternehmensgewinne einen Höchststand erreichen. Dass das Militär geschwächt wäre, ist ebenfalls in einem Land falsch, das 600 Milliarden Dollar jährlich für die Verteidigung ausgibt, Tendenz steigend: Das Militärbudget der USA übertrifft die Summe, welche die sechs nächstwichtigen Staaten zusammen ausgeben. »We will make America wealthy again«, schließt Trump: Wir werden das Land wieder reich machen. Ein Land, das noch nie reicher war als heute.

Aber Fakten, das ist ein Gemeinplatz, störten und irritierten die Rhetorik der Macht noch nie – nicht erst bei Donald Trump. Trump geht es um die Macht, nicht um die Wahrheit. Das macht den Unterschied.

Trump erfüllt die Erwartungen in das Zeremoniell und sprengt sie zugleich. Mindestens so wichtig wie das, was der neue Präsident sagt, ist das, was er nicht sagt, von dem man aber erwartet hätte, dass er es sagen würde. Kein Wort von den Menschenrechten, kein Wort von irgendwelchen weltweiten Verpflichtungen der USA, von Solidarität gegenüber den Bündnispartnern. Keine Beschwörung der universalen Werte des Westens. »Ich bin doch kein Heuchler wie meine Vorgänger«, würde Trump entgegnen. Es ist schlimmer noch: Der neue Präsident ist ein Lügner. Aber, noch einmal: Er hat nie behauptet, dass ihm um die Wahrheit zu tun sei. Es geht ihm um die Macht – und sonst nichts.

Nachdem Trump seine kurze Rede beendet hatte, folgten Segnungen des neuen Präsidenten durch Vertreter christlicher und jüdischer Glaubensgemeinschaften, den Erzbischof von New York, Timothy M. Doland etwa, oder Rabbi Marvin Hier, Gründer des Simon Wiesenthal Centers in New York. Anschließend verabschieden die Trumps das Ehepaar Obama an deren Helikopter, bevor man sich zu Fuß, sekundiert von einer Militärparade, zum Weißen Haus begibt. Dort sind – wie es der Brauch ist – während der Inaugurationszeremonie die Möbel des scheidenden Präsidenten von Möbelpackern geräumt und die Möbel der Trumps, inklusive neuer Vorhänge, eingeräumt worden.

Zum Abschluss, wie in Rom bei der Krönung Karls IV., ging es zum festlichen Abendessen wieder zurück in das Kapitol. Es gab zur Vorspeise Maine-Hummer, gefolgt von einem Seven Hills Angus-Steak in dunkler Schokoladensoße. Man trank einen 2013er Arroyo Vista Chardonnay und einen Napa Valley Cabernet Sauvignon.

Die Macht der Allmächtigen

Was sagt uns die große Ähnlichkeit der beiden liturgischen Inaugrations-Zeremonien, zwischen denen ein Abstand von 750 Jahren liegt? Zunächst und ganz banal: Macht ist nichts Neues. Dann: Macht braucht Raum, muss verkörpert werden, Herrschaft – kurz gesagt: der Apparat der Ausübung der Macht – erzwingt Repräsentation. Macht ist stets mehr als eine Idee, ist immer sichtbare Realität. Selbst der Allgemeinspruch, Wissen sei Macht, erhält seine Beglaubigung erst durch das, was das Wissen oder der Wissende auszurichten vermag. Es ist kein Wunder, dass den Mächtigen in allen Zeiten auch mächtige Körper eigneten (Ausnahmen wie der Krüppel Richard III. bestätigen die Regel). Weder Karl IV. noch Donald Trump sollte man dick nennen. Aber ihr »Machthunger« verkörpert sich im wahrsten Wortsinn in ihren massig-wuchtigen Leibern.

Dabei verlangt der Körper des Machtmenschen nach Inszenierung. Der Mächtige will seine Macht zeigen. Der Rückblick auf den Ostersonntag des Jahres 1355 in Rom gibt den Blick frei auf feste kultisch-kulturelle Muster der Macht jenseits von Regierungsformen, kulturellen, wirtschaftlichen oder nationalen Traditionen etc. Selbst ein Donald Trump unterwirft sich diesem Ritual gerne, dieser Präsident, der sich doch vermeintlich um nichts einen Teufel schert, der nichts als rüpelhaft sich über alles hinwegsetzt, was den amerikanischen Bürgern heilig ist. Und der seine Präsidentschaft mit Zügen einer Willkürherrschaft führt, jenseits von Recht und Gesetz und dem heiligen Respekt vor gewachsenen Traditionen und Institutionen. Dieser Eindruck muss gar nicht einmal falsch sein, überdeckt aber, wie stark auch und gerade Donald Trump sich selbst inkorporiert im festen Ritual der Krönungsperformance amerikanischer Präsidenten. Wäre Macht nur eine ausschließlich und vollkommen spontane Kraft, würde sie rasch verpuffen. Doch Macht inszeniert sich, ist eingebettet in die überlieferte Institution und beglaubigt vor dem religiösen Ritual. Dieser »theokratische« oder gar »christozentrische Gestus« (Ernst Kantorowicz) soll ihr Haltbarkeit sichern.

»Am Hofe von König Donald« hat Demetri Sevastopulo seine Zwischenbilanz nach hundert Tagen Trump Ende April 2017 überschrieben. Sevastopulo ist Bürochef der »Financial Times« in Washington, er hatte das Privileg, eines der ersten großen Interviews mit dem neuen Präsidenten zu führen, und schon die erste Szene seines Berichts lässt einen schaudern, denn man blickt in den Abgrund der Macht. Da sitzt der Journalist nun im Oval Office Trump gegenüber. Plötzlich nimmt er einen kleinen roten Knopf auf dem Schreibtisch des Präsidenten wahr: »Das ist der Atomkriegs-Button, nicht wahr«, sagt Sevastopulo. »Ja, das denken alle«, antwortet Trump schmunzelnd, bevor er genüsslich den Knopf drückt, um zwei Gläser Coke zu ordern. Es macht ihm offenkundig große Lust, mit dem Schrecken der Macht zu spielen, die ihm als dem mächtigsten Mann jetzt eigen ist. Es muss eine Form der Angstlust sein. Ich drück hier jetzt auf die Knöpfe, will er uns sagen. Wenn ich will, drücke ich auf den richtigen Knopf und jage eine Rakete mit einer Atombombe nach Nordkorea.

»Trump verhält sich tatsächlich wie ein Monarch des Absolutismus. Er hält Hof«, sagt Chris Ruddy, Chef von Newsmax Media und ein Freund Trumps. Was das heißt? Anders als sein Vorgänger Barack Obama ist er stets von einer großen Entourage umgeben; im Oval Office geht es zu wie im Taubenschlag, also wie bei König Arthus, Karl IV. oder Ludwig XIV. Bittsteller aus allen Branchen sprechen vor und hoffen auf Huld und Geld. Die Beziehungen zwischen Trump und den Höflingen haben weniger Ähnlichkeit mit der bürokratischen Kälte des modernen Verfassungsstaats und der von ihm den Akteuren zugewiesenen institutionell vorgegebenen Rolle. Die Akteure müssen sich stets vergewissern, ob sie noch die Gunst des Monarchen haben. Alle sind der zuweilen wie Willkür wirkenden Macht des Herrschers ausgesetzt. Das haben früh nahe Vertraute wie der Berater Steve Bannon zu spüren bekommen. Niemand ist von Kritik ausgenommen, selbst die Lieblingstochter Ivanka nicht. Neben den Höflingen aller Art bildet sich zugleich eine Spezies von Wichtigtuern heraus, die vorgeben, ein Spezialwissen darüber zu haben, wer gerade in Ungnade gefallen oder schon wieder begnadigt sei. Am Hofe der sowjetischen Zaren nannte man sie Kremlogen, am Hofe der Päpste heißen sie Vaticanisti.

Die Macht ist zurück, sagt man, seit die Welt fassungslos dem Treiben Trumps zusehen muss. Und wenn der Blick über den Atlantik zurück nach Europa schweift, kommen neben Trump der Türke Recep Tayyip Erdoğan oder der Russe Wladimir Putin in den Blick, die alle drei auf ihre Weise mit ihrer Macht die Menschen ängstigen und monarchische Züge erkennen lassen: In Putin lebt die zaristische Tradition, in Erdoğan das Sultanat. Was ist das Beängstigende? Wir sind überrascht, wie schamlos diese Männer sich zur Macht bekennen. Wie machistisch sie sich benehmen und darin ganz offenkundig nicht nur sich selbst, sondern vielen anderen gefallen. Und schließlich: wie sehr sie die – ihre – Macht an die erste Stelle setzen, während das Recht viel später erst erscheint. Donald Trump findet die Verfassung im eigenen Land nur hinderlich. Verträge, die die internationale Ordnung regeln (WTO), sind ihm ziemlich schnuppe. Und der Rest der Welt – Politiker, Unternehmen – kann sich entscheiden, ob er auf die Rechtsordnung pocht, um dann vom mächtigsten Präsidenten der Welt geschnitten zu werden, oder ob er sich ihm und seinem Willen unterwirft. Nicht anders hält es der Türke Erdoğan: Im eigenen Land höhlt er Schritt für Schritt Parlamentarismus und Rechtsstaatlichkeit aus. Über den türkischen Staat hinaus hat er längst seinen Einflussbereich vergrößert, nicht zuletzt, weitgehend unbemerkt von der Öffentlichkeit, auf dem Balkan, wo er das Machtvakuum nach dem Zerfall Jugoslawiens geschickt dazu genutzt hat, vor allem in den Schulen und Universitäten Macht zu gewinnen, eine Strategie, welche die Politikwissenschaft inzwischen »neoosmanisch« zu nennen pflegt. Inzwischen greift diese Macht auch immer mehr nach dem Westen, ignoriert Staatsgrenzen und stellt das Volk über die Nation: Deutschland, obzwar der eigenen Souveränität entzogen, ist erweiterter Raum für den türkischen Wahlkampf. Wenn Deutschland dies mit Verweis auf die territoriale Souveränität verweigert, nennt der autoritäre Machthaber dies »undemokratisch«, vergleicht die deutsche Regierung gar mit den Nazis.

Analog dazu könnte man Wladimir Putins Politik in der Ukraine, nicht zuletzt die Annexion der Krim, »neosowjetisch« nennen. Allemal zeigt sich, wie eng Machtpolitik und Geopolitik zusammenhängen. Und dass Männer an der Spitze von Staaten genau im wahrsten Sinn des Wortes »raumgreifend« operieren wollen, ein Machtgestus, der es sich leisten zu können meint, andere souveräne Machtansprüche zu ignorieren.

Dabei führt die Wahrnehmung des neuen Herrschertrios Trump, Putin, Erdoğan als despotisch und willkürlich am Zentrum vorbei. Es mag für uns in Deutschland so aussehen, als wären autoritäre Herrscher am Werk, denen ihr Volk hilflos ausgeliefert ist. Das Gegenteil ist wahr: Alle drei Machthaber beziehen die Legitimation ihrer Macht aus und von ihrem Volk. Sie sind Populisten im eigentlichen Sinn des Wortes. Ohne die Loyalität ihrer Völker, die sie mit Mehrheit ins Amt gebracht haben, wären sie nichts. Macht ist immer auf Akzeptanz angewiesen; auf nichts achtet der Machthaber peinlicher. Populismus ist eine notwendige, wenngleich noch lange nicht hinreichende Voraussetzung jeder Machtpolitik. Macht, die meint, sich solipsistisch und ausschließlich egoistisch durchsetzen und verteidigen zu können, wird mit Sicherheit scheitern.

Was ist neu? Alles oder nichts, wie man es nimmt. Nichts, müsste man sagen und zeigen, dass eine Welt ohne Macht immer nur ein naiver Traum war – mit Zügen eines Albtraums, wie wir später sehen werden. Alles, blickt man auf die Erosion jener institutionellen Einhegung der Macht, wie sie sich in westlichen Demokratien seit der Neuzeit eingebürgert hat. Hier nämlich hatte man sich darauf geeinigt, dass alle Macht vom Volk ausgehen solle und es gut sei, sie auf mehrere Gewalten zu verteilen, die untereinander im pluralistischen Wettbewerb stehen. Wettbewerb über Gewaltenteilung, Wettbewerb über Wahlen, über Meinungen (Pressefreiheit), über Wissen. Macht ist immer dann zu loben, so die dahinterstehende Regel, wenn sie dem Wettbewerb ausgesetzt ist – am besten dem brutalen Wettbewerb. Denn dann muss sie sich ihren eingeborenen Absolutheitsanspruch relativieren lassen: Wettbewerb stößt die Mächtigen vom Thron und erhöht die Niedrigen zur Macht, könnte man, leicht abgewandelt, mit dem biblischen Magnificat sagen.

Inzwischen aber zeigt sich vielerorts eine Abkehr vom Wettbewerbsprinzip, die man – mit dem Mannheimer Politologen Thomas König – als »Monopolisierung der Macht« beschreiben könnte. Erdoğan, Orbán & Co. verwandeln offene Demokratien auf legale Weise in protektionistische Autokratien. Sie beschneiden bürgerliche Freiheiten, häufig mit Zustimmung ihres Volkes, und verhindern Wettbewerb. Fast müsste man sagen, Trump sei unter den Monopolisten der Macht derzeit noch der Waisenknabe. Denn er respektiert die Tradition der Balance of Power, lässt sogar zu, obgleich knurrend, von seinen eigenen Republikanern in die Schranken gewiesen zu werden. Erdoğans oder Kaczyńskis rechtskonservative Parteien würden sich so etwas nicht trauen.

Aber so oder so: Ohne das Volk ist die Macht nichts. Immer schon. Deshalb sind Krönungsrituale so wichtig, wie der Vergleich mit 1355 zeigt. Krönungsliturgien knüpfen und inszenieren das Band des Mächtigen zu jenen, denen er seine Macht verdankt. Man huldigt sich, schwört feierlich, einander zu beschützen und zu verteidigen. Der Kaiser des späten Mittelalters ist nur der Anführer seiner Völker, die mit Nationen im heutigen Sinn damals noch nichts gemein hatten. Der Präsident ist nur der Garant der Verfassung, auf die er nichts kommen lässt. Krönungsrituale sind die Gottesdienste der Loyalität für die Männer der Macht. Macht kann man sich nicht nehmen, man bekommt sie verliehen. Karl IV. brauchte den Segen des Papstes, um zur größten Fülle der Macht zu kommen. Er musste sogar die Kränkung in Kauf nehmen, dass lediglich ein Kardinal ihn krönte, da der Papst selbst in diesen Jahren im Exil Avignon residierte. Spötter bezichtigen diesen Kaiser, er sei ein Knecht der Pfaffen, ein Spott, der freilich jene Dialektik der Macht ignorierte, die weiß, dass gerade die höchste Macht zu ihrer Legitimation einer anderen, größeren Macht bedarf.

Die Macht ist zurück. An dieser Stelle sollten wir zumindest eine vorläufige Definition geben, was unter »Macht« verstanden werden kann. Das ist gar nicht so einfach. Die Macht der Macht, so hat der Soziologe Niklas Luhmann einmal bemerkt, scheine im Wesentlichen auf dem Umstand zu beruhen, dass man nicht genau wisse, um was es sich eigentlich handele. Tatsächlich ist Macht etwas, bei dem jeder intuitiv zu wissen meint, was gemeint ist, während zugleich, will man es genauer wissen, der Begriff davonglitscht. Warum sehen wir Donald Trump oder Karl IV. spontan und intuitiv als mächtig an, aber – das ist Luhmanns Beispiel – Johannes Gutenberg nicht: Dabei kann man ohne die leiseste Übertreibung sagen, dass ohne den Erfinder des Buchdrucks Luthers Reformation nicht über Wittenberg hinausgekommen wäre und rasch vom Papst und seinen autorisierten Schreibern erstickt worden wäre. Der Protestantismus hat die Geschichte mutmaßlich mehr verändert als die Regentschaft Karls IV. (bei Trump wäre ein Urteil voreilig). Ist Gutenberg also etwa kein mächtiger Mensch? Man sage nicht, Gutenbergs Erfindung habe ja einen guten Zweck verfolgt und deshalb mit

Macht nichts zu tun. Erstens war das aus Sicht der römischen Kirche ganz und gar nicht der Fall. Und grundsätzlicher gesagt, kann Macht nicht nur Macht sein, wenn ihre negativen oder bedrohlichen Eigenschaften dominieren. Mag sein, dass es sinnvoll ist, zwischen guter Macht und gefährlicher Macht zu unterscheiden. Aber trotzdem bleibt Macht Macht.

Daraus lässt sich fürs Erste folgern, dass eine heuristische Macht-Definition neutral sein müsse gegenüber den positiven oder negativen Einschätzungen. Spätestens hier wird niemand um Max Weber und seine klassische Definition herumkommen: »Macht bedeutet jede Chance, innerhalb einer sozialen Beziehung den eigenen Willen auch gegen Widerstreben durchzusetzen, gleichviel worauf diese Chance beruht.« Wichtig ist dabei die Verankerung der Macht nicht nur im Willen – voluntaristisch also –, sondern auch in der »Chance der Durchsetzung« dieses Willens gegen Widerstände. Niklas Luhmann hat das auf die Formel reduziert, Macht sei ein Bewirken von Wirkungen gegen möglichen Widerstand – »sozusagen Kausalität unter ungünstigen Umständen«. Daraus kann zweierlei abgeleitet werden: Macht ist sich ihrer selbst nie sicher; Macht ist eine riskante Angelegenheit; auch wenn sie für die Opfer der Macht zuweilen hammerhart daherkommt, ist Macht stets bestreitbar und wird sie unablässig bestritten. Das macht die Sache für den Mächtigen ungemütlich. Und: Macht kennt viele Gründe, auf die sie sich berufen kann. Es ist wenig zielführend, hier zwischen legitimen und illegitimen Gründen des Machtanspruchs zu unterscheiden, wird doch jeder Machthaber bestrebt sein, seine Machtansprüche als angemessen und legitim darzustellen. Darum drehen sich weite Teile des

Machtspiels. Im Grunde will Macht die Macht, eine Tautologie, aus der schwer zu entkommen ist.

Wie sich Macht ungeschminkt als Macht manifestiert, davon macht man sich am besten bei den Athenern ein Bild. Im Jahr 416 v. Chr., in Zeiten des Friedens, segeln diese Athener – Demokraten, wie wir aus der Schule wissen – mit einer überlegenen Flottenmacht zu der kleinen Ägäis-Insel Mélos, deren Bürger mit Sparta sympathisieren, also mit den Feinden Athens. Sie wollen die Melier zur Aufgabe zwingen, doch diese weigern sich mit Gründen, worüber der antike Historiker Thukydides berichtet. Diese Reden und Gegenreden – unter dem Namen »Melierdialoge« berühmt geworden – sind reinster Machiavelli avant la lettre: Die Macht bezieht sich nur auf die Macht. Auf das Argument der Melier, ihre Unterwerfung sei wider das Recht, sagen die Athener, Recht gebe es nur zwischen gleich Starken. Ihre Schwäche nimmt ihnen das Recht. Auf die versuchte Drohung der Melier, Unterwerfung beschere den Athenern eine Schande, erwidern diese mit Perfidie, es sei keine Schande, sich einem Stärkeren zu ergeben. Über die ebenfalls als Drohung gemeinte Prophezeiung der Melier, irgendwann kämen die Athener durch Zufall in dieselbe Situation wie die Melier, weshalb sie sich aus Klugheitsgründen zurückhalten sollten, können die Athener nur lachen. Als die Melier schließlich behaupten, die Götter stünden den Unschuldigen bei, erklären die Athener das Recht des Stärkeren zum göttlichen Willen. Als die Melier sich am Ende wehren, spielen die Athener ihre Macht aus, vernichten die Melier – und nehmen dies zum Beweis, dass die Götter auf ihre Seite waren. Erst war die Macht, dann kommen die Gründe, nicht umgekehrt. Die Macht nimmt sich ihre Argumente, wie sie sie gerade braucht.

Das ist Macht in Reinkultur. Daran, an der Arroganz ihrer selbstbewussten Durchsetzung (wie gesagt immerhin durch einen demokratisch verfassten Staat, die »Wiege der Demokratie«), hat sich bis heute nichts geändert. Man kann die Melierdialoge deshalb zur Blaupause nehmen für die Analyse, was Macht ist. Sollte Donald Trump (oder seine intellektuellen Berater) es noch nicht getan haben, muss er es schleunigst nachholen. Seither wissen wir – mit einer berühmten Formulierung des Altphilologen Karl Reinhardt –, dass Moral und Macht zwei Größen sind, »die nicht mehr in einer und derselben Rechnung aufgehen«. Das gilt auch für die Größen Macht und Recht.

Das führt zurück zu jener Verwunderung, mit der wir Heutigen im Angesicht von Trump und den machtbewussten Populisten weltweit feststellen, die Macht sei zurück. Das ist gewiss eine richtige Beobachtung. Aber sie ist irgendwo auch naiv, eine Naivität, die uns erschrecken lässt. Vielleicht hatten wir gemeint, stabile demokratische Institutionen oder ökonomische Designs seien dazu angetan, die Macht unschädlich zu machen oder derart zu domestizieren, dass wir uns um sie nicht mehr kümmern müssten. Oder wir hatten – wie die Melier – auf die entmachtende Rolle von Recht und Moral gesetzt. Als ob Macht in einer modernen Gesellschaft, weil irgendwie gefährlich, unschädlich gemacht werden müsste oder könnte. Weit gefehlt.

Die Macht war nie weg. Sie gehört zu uns Menschen, seit es uns gibt. Macht, so lesen wir bei Thomas Hobbes, ist »ein allgemeiner Trieb der gesamten Menschheit, der nur mit dem Tode endet«. Das »fortwährende und rastlose Verlangen nach immer neuer Macht«, so Hobbes, sei nicht auszurotten. Es wäre ein aussichtsloses Unterfangen, diesen Trieb abtöten zu wollen. Es wäre noch nicht einmal wünschenswert, den »Willen zur Macht« auszurotten, handelt es sich doch um eine anthropologische Konstante, die bei weitem nicht nur negative Eigenschaften hat, sondern durchaus kreatives Potential entfaltet, ohne welches das Leben weniger lebenswert wäre.

Freunde der Star-Wars-Filme wissen, dass die Jedi-Ritter – das sind die Guten – einander ansprechen mit dem liturgischen Gruß »May the force be with you«: »Die Macht sei mit dir!« Natürlich ist das eine Blasphemie der katholischen Messliturgie, bei der sich der Priester zu den Gläubigen wendet mit dem Gruß »Dominus vobiscum«: »Der Herr sei mit euch«, worauf die Gläubigen antworten »Et cum spiritu tuo«: »Und mit deinem Geiste«. Bei den Jedi ist »force« offenbar mehrdeutig gebraucht, kann Macht, Kraft, Stärke, Gewalt oder Zwang bedeuten. Die Star-Wars-Exegeten (ihre Bibelwissenschaftler schreiben über alles ausführlich auf der Internetseite Jedipedia) haben längst herausgefunden, dass die Philosophie der Macht auf die Lehren des chinesischen Weisen Lao-Tse zurückgeht, der am transzendenten Urgrund der Welt eine Dynamik der Prinzipien Yin und Yang erkannte, was »schattig« und »sonnig« bedeutet. Bei Star Wars wird daraus eine »Macht« (force), die auf diffuse Weise mit dem Prinzip des Lebens zusammenhängt; von ihr gibt es eine helle und eine dunkle Seite. Die Jedi verkörpern die helle Seite der Macht, ihre Gegenspieler, die Sith, die dunkle. Man sollte die Philosophie der Star Wars nicht als esoterische Phantasterei abtun. Worauf es hier ankommt: Es gibt eine im Mythos (von Lao-Tse bis Star Wars) erzählte Ahnung davon, wonach am Urgrund der Welt ein »Wille zur Macht« sich offenbare, der jenseits oder besser vor aller Rationalität der

Aufklärung (auch vor Max Webers Macht-Definition) sich finde und zutiefst ambivalent sei. Er hat eine dunkle und helle Seite. Zu schön wäre es, darauf zu hoffen, beide Seiten befänden sich die meiste Zeit in einer prästabilierten Harmonie. Es wird eher umgekehrt sein: Der Kampf ist auf ewig unentschieden. Im 19. Jahrhundert wurde diese Ahnung eines mächtigen Willens oder Triebs – irrational, unberechenbar, ängstigend – in der nachidealistischen Philosophie vom späten Schelling bis zu Schopenhauer und Freud immer mehr durchdacht. Friedrich Nietzsches berühmte Formel eines »Willens zur Macht«, definiert als Prinzip alles Lebendigen, bringt diese Erfahrung auf den Begriff und befreit diesen zugleich von der negativen Konnotation des Bösen, die er bei Schopenhauer noch hat.

Das ist der Ausgangspunkt dieses Buches: Die Macht ist weder per se gut noch per se böse. Sie ist einfach da, mal attraktiv, mal abscheulich, mal begehrt, mal geleugnet. Präzise trifft es der Soziologe und Philosoph Helmuth Plessner, der Macht als »ethisch amorph« beschreibt – wie alles Wirkliche schlechthin. Macht, das ist die Grundannahme dieses Buches, ist eine Wirklichkeit, die es gerade in ihrer Ambivalenz anzuerkennen gilt. Die Moralisierer wollen sie unschädlich machen, ignorieren oder stigmatisieren. Damit ist nichts gewonnen. Im Gegenteil. Die Macht hält nichts von der Moral. Sie hält auch nichts vom Recht. Versuche, sie der Moral oder dem Recht unterzuordnen, müssen scheitern. Macht beansprucht ihr eigenes Recht und Reich. Mal bediente sie sich des bohrenden Neids, mal der süßen Rache, mal der einfühlenden Empathie, um sich durchzusetzen. Jedes Mittel ist ihr recht auf dem Weg zum Ziel. Macht ist eine enorm produktive Kraft, ohne welche wir weder Fortschritt noch Wohlstand hätten. Das ist die Provokation.

Kommen wir zurück zu unseren beiden Krönungsfeierlichkeiten und ihren Eidesformeln. Natürlich wird in solchen Formeln nicht die Wahrheit gesagt. Das ist auch gar nicht ihr Sinn, handelt es sich doch um performative Sprechakte, die eine Handlung vollziehen, aber nicht eine Behauptung aufstellen, die man dem Faktencheck unterziehen könnte. Als Proposition betrachtet hat Trump gelogen, erweist er sich doch als alles andere denn als Hüter der Verfassung. Trump indessen ließ schon an den ersten Tagen nach der Inauguration erkennen, was er von der Verfassung hält, die er nicht einmal richtig zu kennen scheint: nichts. Er verwehrte gegen die Verfassung Muslimen den Zuzug nach Amerika. Trump sinnt darauf, die Macht des Rechts durch das Recht der Macht zu ersetzen, genauer gesagt: durch das von ihm für sich beanspruchte Recht auf größte Macht. Der Kampf ist bis heute nicht entschieden. Die schärfste Waffe des Rechts ist ein Impeachment-Verfahren, das Verfahren des Rechtsstaats zur Entmachtung seines Präsidenten.

Ähnliches ließe sich bei Karl IV. beobachten, der sich fürderhin wenig um seinen Eid scherte, Beschützer und Verteidiger des Papstes und der Heiligen römischen Kirche zu sein. Vielmehr, sagen seine Biographen, brachte er es zu Meisterschaft in Methoden der Machtausübung, wie sie später der Machttheoretiker Machiavelli den regierenden Fürsten empfahl, Handreichungen, gedacht, um an der Macht zu bleiben.

Doch was hätten sie sagen sollen, die beiden so nahen und so fernen mächtigen Männer? Vielleicht das: »Am heutigen Tag ergreifen wir die Fülle der Macht, nach der wir jahrelang gegiert haben!« »Am heutigen Tag sind wir am Ziel unserer

Wünsche, denn stets ging es uns um die Macht und um nichts als die Macht.« »Von heute an könnt ihr euch den Verweis auf Recht und Moral schenken.« »Von heute an heißt es ›Die Macht zuerst‹.« Das tut man nicht. Es wäre töricht, so zu reden. Ständig daran denken, aber nie darüber reden, heißt die Devise.

Das bedeutet nicht, dass man die Macht nicht sehen könnte oder sogar sehen müsste. Wie gesagt, Macht muss verkörpert werden. Bei Karl IV. sind es die Kronen, von denen er eine größere Sammlung besaß, die symbolisch den größten Machtanspruch auf die ihm unterworfenen Gebiete repräsentieren, auch wenn gar nicht genau gesagt werden kann, welche Herrschaft dazugehört. »Kein König ohne Krone« kann als eherner Grundsatz der symbolischen Repräsentation von Macht gelten.

Und wo ist die Krone von König Donald Trump? Es mag nur auf den ersten Blick albern klingen, seine immer wieder verspottete Haartolle als Ersatz für die Krone mittelalterlicher Herrscher anzusehen. Gewiss, sie dient auch dazu, das schüttere Haupthaar zu verbergen. Doch verbirgt sich dahinter gerade das Wissen, dass die Fülle der Macht zunächst sich auf dem Haupt sichtbar machen muss, und sei es durch eine Haarkrone. Das ist nicht alles: Wie Karl IV. neben seinen Kronen eine Fülle von Insignien der Macht mit sich führte – Zepter und Weltkugel ruhten beim Krönungszug in seiner Hand –, so ist auch Trump ein Meister der symbolischen Machtinszenierung, der im Oval Office Hof hält, aber im Tower (»Schloss«) in New York wohnt und sich mit auserlesenen Gegenständen und vor allem mit auserwählten Menschen – schönen Frauen, adretten Kindern und Schwiegerkindern – als Schöpfungen oder Ausgeburten seiner

Schaffenskraft umgibt. Kein Wunder, dass inzwischen eine eigene Art journalistischer oder akademischer Semiotik entstanden ist, die es sich zur Aufgabe gemacht hat, Trump-Inszenierungen wie Werke der Bildenden Kunst zu analysieren. Dass dabei der ungewöhnlich lange Schlips, den er stets trägt – auch bei der Inauguration –, ein triviales, aber zu ihm passendes Accessoire der Potenz darstellt, ist nur das auffälligste Detail dieses Machthabers in der Nachfolge der Kaiser wie beispielsweise Karls IV. oder Augustus'. Es ist quasi das Gegenstück zur Haarkrone des neuen Herrschers Amerikas.

Die Macht des Alltäglichen

Wir haben an der Spitze begonnen, beim Kaiser des Heiligen Römischen Reiches deutscher Nation und beim amerikanischen Präsidenten, der sein Land, nach wie vor die größte Macht der Welt, noch mächtiger machen will: »America first«. Das könnte den falschen Eindruck erwecken, Macht gäbe es nur ganz oben, da, wo sie sich mit Herrschaft verbündet, die ihr politische Stärke verleiht. Doch der Wille zur Macht ist kein Privileg der politisch oder wirtschaftlich besonders Mächtigen.

Macht hat uns alle im Griff – weshalb es ständig auf der Hut zu sein gilt, zum Beispiel an einem ganz normalen Feierabend: Aus dem neuen Fitness-Studio kommend, finde ich mein Fahrrad nicht mehr. Wie ich suchend um mich blicke, kommt ein Security-Mann auf mich zu: ein Schrank in blauer Uniform, schwarze Hautfarbe, dunkel spiegelnde Sonnenbrille. »Hier kein Fahrrad erlaubt«, sagt er, »hier Baustelle«. Mein Fahrrad hatte er, mit welchen Mitteln auch immer, vom Mast gelöst und auf die andere Straßenseite expediert. Da steht es nun. Als ich ihm sage – die Stimme wird schütter –, ich fände es nicht in Ordnung, dass so mit meinem Eigentum umgegangen werde, kommt er mir noch näher: »Du arrogant. Nächstes Mal ich werf's in Container.«

Eine Erfahrung von Macht, verbunden mit der Drohung von Gewaltanwendung, typisch, körperlich, gottlob nicht alltäglich. Um sie zu verstehen, muss man nicht viel wissen. Man spürt die Bedrohung. Man spürt die Angst. Der Brustkorb zieht sich zu. Jetzt bloß kein falsches Wort. Nicht staatliche, rein private Macht hat sich hier aufgepflanzt, von deren Existenz man Sekunden vorher noch gar nichts wusste. Macht löst Angst aus. Die kann Gegengewalt provozieren, aber auch Ohnmacht. Der Anspruch der Macht strukturiert eine soziale Gruppe: Eine Beziehung wird hergestellt.

Die Geschichte ist heikel, weil sie nahe am Rassismus erzählt wird. Musste unbedingt ein Schwarzer darin vorkommen? Mag sein, dass, hätte sich ein weißer Hüne vor mir aufgepflanzt, die Demonstration der Macht ähnlich erfolgreich gewesen wäre. Aber der Wachmann war nun einmal ein Schwarzer.

Nehmen wir an, zwei Frauen stünden alleine an der Bar, und in Hörweite gäbe es eine Männergruppe, in der die eine oder andere anzügliche Bemerkung fällt. Wo ist die Grenze, die den entstandenen Raum erotisch werbenden Spiels in eine machterfüllte Bedrohung verwandelt? Stellen wir uns vor, nicht zwei Frauen, sondern zwei schwarze Männer stünden an der Bar. Könnte es sich die Männergruppe leisten, ähnlich risikofrei über Schwarze zu reden? Wohl kaum. Ist also Sexismus weniger riskant als Rassismus? Das nun auch wieder nicht: Wäre in der Männergruppe ein bekannter Politiker und wäre eine der beiden Frauen eine bekannte Stern-Journalistin, könnte das Männergerede rasch zu einer Machtverschiebung führen, die das Ende der Politiker-Karriere zur Folge hätte.

Macht ist allgegenwärtig, und zwar auf allen Ebenen der Gesellschaft. Aber geredet wird darüber selten. Fragt man Politiker mit Karriereabsichten oder Manager in führender Stellung, ob sie weitere Ambitionen hegten und etwa im eigenen oder in einem anderen Dax-Konzern als »Chief Executive Officer« (CEO) gerne ganz an die Spitze kämen, fällt die Antwort in aller Regel demonstrativ demütig aus: »Es gibt bei mir keinen solchen Wunsch«, sagen sie dann, und dass ihre gegenwärtige Aufgabe sie ganz und gar erfülle, sie ein tolles Team hätten und der aktuelle Spitzen-Mann ohnehin der allerbeste für das Unternehmen sei.

Die Antwort mag naiv oder klug, ehrlich oder hinterlistig sein – jenseits naheliegender Verheimlichungsabsichten zeigt sich vor allem eines: Zuzugeben, man wolle Macht haben, gilt im wirtschaftlichen und politischen Leben als unfein, ungehörig, ja gefährlich. Noch der gerissenste Intrigant stellt seinen Sieg am Ende als Berufung durch andere dar. Auch wer die Macht hat, darf keinesfalls zugeben, dass er Macht hat. Er (oder sie) sagt dann womöglich, er habe Einfluss oder, besser noch, Verantwortung, und vergisst nicht zu betonen, dass er sein »Amt« oder seine »Aufgabe« nur deshalb so gut erfüllen könne, weil er eine unbeschreiblich tolle Mannschaft habe, wohingegen er alleine machtlos wäre.

In einer Untersuchung über Macht als Motivation wurden Spitzenmanager zu ihrem Verhältnis zur Macht befragt. Sie räumten ein, dass es so etwas wie Lust auf Macht gibt, nahmen sich selbst davon aber immer aus. Sie freuten sich vielmehr an der Verantwortung, am Ansehen und an der Autorität. Machtgeil, so viel steht fest, sind immer nur die anderen. Der Topos der Macht-Leugnung ist dabei uralt, geht weit zurück. Am berühmtesten ist der römische Kaiser Augustus (63 v. Chr.–14 n. Chr.) geworden. Er verschleiert den von ihm initiierten Übergang von der Demokratie zur Monarchie mit den Worten, er habe doch gar keine potestas (Macht), sondern nur auctoritas (Autorität), woraus er für sich den Auftrag einer besonderen Sorge für das Gemeinwesen ableitete. So hat das seither jeder Potentat in Politik oder Wirtschaft gemacht.

Dabei ist die Leugnung der Macht, ihre Verniedlichung, kein geringes Problem. Wer von sich der Meinung ist, er sei nicht mächtig, braucht sich auch gar keine Gedanken darüber zu machen, was die Macht bei den Opfern der Macht anrichten kann – denn er hat ja per definitionem gar keine Macht.

Angesichts des offensichtlichen »Willens zur Macht«, der ungeheuren dafür aufgewendeten Energie, der frühzeitigen Ausbildung von Hierarchien unter Kindern und der kindischen Reaktionen erwachsener Männer, die vom Thron gestürzt werden, sei es ein Rätsel, warum das Thema »Macht« in der Gesellschaft derart tabuisiert werde, meint der holländische Verhaltensforscher Frans de Waal in seinem schönen und erhellenden Buch »Der Affe in uns«. In den meisten psychologischen Lehrbüchern würden Macht und Dominanz noch nicht einmal erwähnt, es sei denn im Zusammenhang mit missbräuchlichen Beziehungen. Macht ist offenbar immer Missbrauch der Macht; ihr richtiger Gebrauch aber darf nicht Macht genannt werden. Alle scheinen das Machtstreben zu leugnen.

Sein Leben lang hat der Anthropologe Frans de Waal sich mit Primaten befasst. Und was hat er dabei herausgefunden? Es geht zu wie in einer Serie von Netflix oder Amazon Prime. Es geht um Macht und Sex. Häufig ist dabei Sex ein Mittel zur Macht. Insofern ist es ungerecht, Streaming-Serien als Seifenopern zu bezeichnen, sofern damit gemeint ist, sie zeichneten ein Klischee der Lebenswirklichkeit. In Wirklichkeit zeigen sie mehr von der Wahrheit unserer Welt als eine Pressekonferenz, sagen wir, von Angela Merkel. Bloß bei Donald Trump ist man nicht ganz sicher, ob er inzwischen die Präsidenten-Serie »House of Cards« an Serientauglichkeit in der Wirklichkeit überholt hat. Es ist falsch zu meinen, wir hätten uns in langen Jahrhunderten des Prozesses der Zivilisation von solch atavistischen Trieben der Anfänge der Menschheit entfernt. Bei de Waal kann man nachlesen, wie dünn (auch wie verlogen) die zivilisatorische Tünche ist, die meint, wir hätten das Zeitalter der Macht überwunden und lebten nun in einer Welt der Verantwortung.

Bei Schimpansen ist alles von Hierarchie durchdrungen, schreibt de Waal, alle versuchen, nach der Macht zu greifen. Bringt man sie in einen Raum zusammen und gibt ihnen eine gemeinsame Aufgabe, geht es am Anfang stets darum, einen Status zu erringen. Macht wird keinem aufgrund des Alters oder eines anderen Merkmals zuteil, sondern muss erkämpft und angesichts der Konkurrenten eifersüchtig verteidigt werden. Wenn die Männer Koalitionen schmieden, dann, weil sie einander brauchen. Der Status hängt davon ab, wer wen besiegen kann. Um herrschen zu können, braucht ein Schimpanse sowohl physische Kraft als auch Kumpel, die ihm helfen. Denen muss er etwas bieten können, spätestens dann, wenn er den ersten Platz in der Hierarchie errungen hat.

Macht geht eben nicht einsam. Die Entwicklung des Koalitionsinstinkts, sagen uns die heutigen Evolutionspsychologen, ist ein wesentliches Instrument im Kampf um die Macht. Zwei sind stärker als einer, drei sind stärker als zwei. Dieses Kalkül hat sich früh in der Evolution als erfolgreich herumgesprochen. Es gibt einen Wettlauf um die effektive Mobilisierung von Koalitionspartnern.

Der Kampf der Macht um den Platz in der Hierarchie stellt eine soziale Ordnung her. So archaisch der machtvolle Beziehungskampf vonstatten geht, so befriedend ist doch seine Funktion. Hat sich das Verhältnis von Über- und Unterordnung einmal sortiert, ist Ruhe. Aus dem Machtkampf ist eine Ständeordnung oder auch eine hierarchische Firma geworden, die von allen anerkannt wird, auch von denen, die unten sind. Was nicht heißt, dass die Sache schnell wieder kippen kann.

Am stärksten, so lernen wir bei de Waal, sind Hierarchien in männlichen Bastionen wie im Militär oder in der römisch-katholischen Kirche, in der der Papst weiß gekleidet ist, die Kardinäle rot, die Monsignori purpurfarben und die Priester schwarz. Damit sind wir wieder zurück bei der Kaiserkrönung Karls IV., der in einer solchen klar nach Farben hierarchisch geordneten Welt seinen Platz an der Spitze der weltlichen Gemeinschaft zugewiesen bekommt. Er braucht die klerikale Hierarchie zur Legitimation seiner Macht.

Das alles werden wir noch ausführlicher beschreiben. Hier soll es nur belegen, was Frans de Waal aus seiner Affenwelt kennt: Macht ist allgegenwärtig. Wir sind von Macht und Mächtigen umzingelt, nicht zuletzt vom Willen zur Macht in uns selbst, die ständig bestätigt und herausgefordert und mit großer Genauigkeit wahrgenommen wird. Aber, so de Waal, Sozialwissenschaftler, Politiker Wirtschaftsführer und auch Laien behandeln die Macht wie eine heiße Kartoffel: schnell fallen lassen. Damit wollen sie nichts zu tun haben. »Niemand lässt sich gerne als Machiavellist bezeichnen, obwohl die meisten von uns welche sind.« Dabei ist es doch seit Beginn der Menschheitsgeschichte so geblieben, dass wir die Macht nicht loswerden, es auch besser gar nicht versuchen sollten.

Dennoch: Macht offen zu beanspruchen ist mindestens so stark tabuisiert, wie geradewegs und bei der ersten Begegnung jemandem ins Gesicht zu sagen, man wolle mit ihm oder mit ihr schlafen – wenn es nicht inzwischen das stärkere Tabu ist. Das heißt aber nicht, dass wir nicht Vergnügen an der Betrachtung der Macht haben. Agnieszka Holland, eine polnische Filmemacherin, die bei einigen Folgen von »House of Cards« Regie führte, sagte in einem Making-of der Serie, hörbar den Kopf schüttelnd, sie sei entsetzt darüber, dass die Leute nachhaltig und mitfühlend Anteil am Schicksal böser Machtmenschen nähmen. Wir wissen, dass Frank Underwood, im Film der Präsident der Vereinigten Staaten von Amerika, für den Erwerb und den Erhalt der Macht über Leichen geht, und doch fühlen wir irgendwie mit ihm mit – eben weil er der Held der Serie ist und wir gerne bei den Helden sind.

Es ist ein sehr altes Phänomen, dass sich Scheu und Schrecken vor Macht (bis hin zur Tabuisierung und Leugnung) mit ihrer Bewunderung mischen. Das führt zu der merkwürdigen Paradoxie, dass es stets ein Ziel war und ist, Macht zu begrenzen, einzudämmen und zu beschränken (»Balance of Power«), doch zugleich die Machtprätendenten dadurch nicht weniger geworden sind, geschweige denn die Macht aus unserer Welt verschwunden wäre. Es ist ein ständiger Kampf, der die Monopolisierung und Verabsolutierung der Macht unter Ausschaltung des Wettbewerbs um die Macht zum Ziel hat. Wir werden diesem Drang zur Monopolisierung hier noch häufig begegnen, nicht nur bei Erdoğan und Trump, sondern auch im (monotheistischen) Götterhimmel. Ja, mehr noch: Die Mächtigen feiern den Tag der Machtergreifung heute in Washington wie vor 760 Jahren in Rom. Sie inszenieren ihn körperlich, räumlich. Und wir schauen ihnen zu, voller Schaudern und Bewundern zugleich.

Diese Ambivalenz ist die Haltung, aus der heraus diese Verteidigung geschrieben wurde. Macht ist extrem verführerisch, für den, der sie anstrebt, ohnehin, für den, der dabei zusieht, übt sie einen Kitzel aus, dem man sich schwer entziehen kann. Macht ist zugleich extrem anrüchig, nicht zuletzt, weil sie sich außerhalb von Moral und Recht stellt, ja ihnen vorgeordnet ist. Deshalb ist es ratsam, den Willen zur Macht nicht offen einzugestehen, wie es ratsam ist, das Vergnügen am Betrachten der Macht zu kaschieren – als pädagogische Veranstaltung dargeboten im ästhetischen Schein der TV-Serie und mit dem Ziel, durch die Betrachtung eine läuternde Katharsis zur Verbesserung des Menschengeschlechts zu erwirken. Schön wär's.

Der 5. April 1355, ein Ostersonntag, und der 20. Januar 2017, ein Freitag, so hatten wir eingangs beiläufig angedeutet, waren für beide Machtmenschen, den römisch-deutschen Kaiser Karl IV. und den amerikanischen Präsidenten, jeweils der glücklichste Tag ihres Lebens: Niemals zuvor und niemals danach konnten sie sich so über ihre Machtfülle freuen. Dieser Gedanke mag überraschen. Geht es jetzt nicht erst los mit der Macht? Kommt das Beste nicht erst noch später, wenn sie die Ernte ihres Machtkampfes einfahren? Diese Frage wird im Zentrum der folgenden beiden Kapitel stehen.

KAPITEL 2: DER AUFSTIEG

ODER: WARUM VORFREUDE DIE SCHÖNSTE FREUDE IST

Gehören Sie, die Leser dieses Buches, zu den 30 Prozent sichersten Autofahrern? Vermutlich schon. In einer amerikanischen Studie gaben 83 Prozent der Befragten an, zu den 30 Prozent sichersten Autofahrern zu gehören. In einer anderen Studie sagten 93 Prozent, sie könnten besser als ein Fahrer mittlerer Fähigkeiten Auto fahren. Ähnlich zuversichtliche Antworten erhält, wer nach einer Selbsteinschätzung bezüglich seines Humors oder seiner körperlichen Attraktivität fragt.

Irgendetwas stimmt hier nicht. Wie kann es möglich sein, dass die meisten Menschen besser Auto fahren, begehrenswerter, schöner oder potenter (»mächtiger«) sind als der Durchschnitt und außerdem noch mit einem überdurchschnittlichen Humor begabt? Die Ökonomen Ulrike Malmendier und Axel Ockenfels – sie lehrt im kalifornischen Berkeley, er an der Universität Köln – reden nicht lange um den heißen Brei herum: Alle Menschen neigen zu Selbstüberschätzung.

Vor Selbstüberschätzung, so die beiden Forscher, ist niemand gefeit. Laien nicht und erst recht nicht Experten. Letztere noch viel weniger: Denn sonst wären sie in ihrer Selbsteinschätzung ja keine Experten. Experten wissen alles besser als der Durchschnittsbürger. Den Unterschied zwischen dem eigenen Fachgebiet und dem Rest des menschlichen Wissens kann man da schon leicht einmal übersehen. Aber Experten überschätzen sich nicht nur auf Feldern, auf denen sie keine Experten sind, sie überschätzen sich auch im eigenen Fachgebiet. Sie machen das nicht mit Fleiß, sie sind keine Hochstapler, die denken, die anderen merken es nicht. Es ist viel schlimmer: Sie halten sich für so großartig. Aber was heißt hier »sie«. Es sind wir alle, die wir uns für besser halten als der Durchschnitt. Bloß, wo ist dann eigentlich noch der Durchschnitt?

Was das alles mit der »Macht der Mächtigen« zu tun hat? Mehr jedenfalls, als man auf den ersten Blick denken könnte. Und auch anders, als man zunächst meinen könnte. Denn gewiss kann Selbstüberschätzung Quelle von gravierenden Lebensfehlern und Grund des Scheiterns sein, Irrtümern, die – etwa bei Finanzanlagen – am Ende richtig teuer werden. Aber ausschließlich negativ, wie man denkt, ist die Selbstüberschätzung nicht. Im Gegenteil: Vieles spricht dafür, dass auf dem Weg an die Macht Selbstüberschätzung eine geradezu essentielle Rolle spielt und am Ende auch mit für den Erfolg verantwortlich ist. Die Skrupulösen, die Realisten, sind mutmaßlich auch die Risikoscheueren, sie wagen weniger, weil sie erwarten, dass ihre Chance relativ gering ist zu gewinnen. Die Realisten würden nie ins Spiel-Casino gehen, wo die Wahrscheinlichkeit zu gewinnen statistisch geringer verteilt ist als zu verlieren – denn die Bank oder das Casino wollen Reibach machen. Es sind nicht die Realisten, es sind die Spekulanten, die – wider die Vernunft – glauben, sie würden den Durchschnitt übertreffen und das Glück werde sich gerade ihnen als hold erweisen. Und wenn es dann klappt, werden sie den Erfolg ihrer Außerordentlichkeit zuschreiben.

Wer die Macht will, muss seinen Schwächen gegenüber gnädig sein, besser noch: Er muss sie verdrängen. Er muss sich gut finden, darf sich nicht den ganzen Tag darin verzehren, warum er und gerade er es auf Platz eins schaffen wird und nicht sein cleverer Kontrahent. Apropos »er«: Auf die Frage, warum es am Ende immer noch viel mehr Männer als Frauen sind, die mit dem eisernen Willen zur Macht eine große Portion Selbstüberschätzung verbinden, werden wir im Laufe dieses Kapitels en passant auch eine Antwort anbieten.

Martin Schulz, 2017 Kanzlerkandidat der SPD, taugt zum Beleg unserer Vermutung, dass Selbstüberschätzung auf dem Weg an die Macht nicht hinderlich, sondern ganz im Gegenteil die Conditio sine qua non ist. Damit ist natürlich nicht garantiert, dass Selbstüberschätzung zum Erfolg führt, und erst recht nicht, dass der, der die größte Selbstüberschätzung mitbringt, auch die größten Siegeschancen hat. Auch dafür ist Schulz ein sehr gutes Beispiel. Aber ohne Selbstüberschätzung, die Wette gilt, kann man es mit der Macht gleich bleiben lassen. Da aber – siehe oben – die allermeisten Menschen zu Selbstüberschätzung neigen, müssen wir uns keine Sorgen machen, der Wille zur Macht könnte aussterben.

Schulz also, der Mann mit dem so ganz und gar durchschnittlichen Namen aus der deutschen Provinz, ohne jegliche exekutive oder legislative Erfahrung in der deutschen Politik (Peer Steinbrück war vorher Ministerpräsident und Finanzminister in schweren Zeiten der Weltfinanzkrise), steht plötzlich, eines Tages im späten Januar 2017, da und sagt: »Ich kann Kanzler«, und: »Ich schaffe das.« Ja, er sagt noch mehr: Ohne rot zu werden, bekennt der frischgebackene »designierte Kanzlerkandidat«, er sei »sowohl gefühlt als faktisch der bessere Kanzlerkandidat«. Das ist fast schon gefährlich, verstößt es doch gegen den obersten Grundsatz aller Machtanmaßung, niemals offen zugeben zu dürfen, man wolle die Macht. Schulz dagegen, der sein Glück nicht fassen kann, von dem zaudernd-sprunghaften Sigmar Gabriel (ein Mann, der nicht gerade zur Selbstunterschätzung neigt) nach vorne geschoben worden zu sein, sagt ehrlich, er habe nicht gezaudert zuzulangen, als ihm das Amt des Kanzlerkandidaten angetragen wurde. Pflichtgemäß fügte er in Parenthese den Standardzusatz hinzu: »nach Rücksprache mit meiner Frau«, aber eine realistische Chance, »Nein« zu sagen, hatte die Gattin offenbar nicht. Schulz lässt auch keinen Zweifel daran, dass Kanzlerkandidat für ihn das Vehikel ist, Kanzler zu werden, also nicht bloß Vizekanzler, womit seine SPD-Vorgänger in letzter Zeit sich begnügten. An Trump erinnert die Aussage, er habe sich »den Griff nach dem Amt eines Regierungschefs einer großen Nation« sehr wohl überlegt.

Der »Griff nach der Macht« (pardon: »nach dem Amt«), diese Wendung kommt schon fast in die Nähe des Staatsstreichs. Dem Mann aus Würselen ist nicht bange. Allerdings ist er klug genug, die Frage seiner Interviewer zu überhören, ob ihn unbändiger »Machthunger« und eine große Portion »Selbstüberschätzung« auszeichne. Natürlich ist es so, es aber auszusprechen, hätte großen Schaden für den Kandidaten anrichten können. Wir wollen Politiker wählen, die von sich sagen, sie hätten sich nicht nach vorne gedrängt. Schulz hält sich daran.

Seinen Höhepunkt erfuhr der »Schulz-Zug« bei der Inthronisierung des Kandidaten in Berlin im März 2017, den Beobachter und Teilnehmer korrekt als »Krönungsparteitag« beschrieben: »Triumphale Musikteppiche, gleißende Lichtshows, Jubel, strahlende Gesichter und nicht enden wollender Applaus.« Das alles hätte Karl IV., dem in Rom gekrönten Kaiser des Heiligen Römischen Reiches deutscher Nation, gefallen. Und Trump, sollte er sich, was unwahrscheinlich ist, für den deutschen Sozialdemokraten je interessieren, hätte auch seine Freude gehabt: Im Internet kursierten inzwischen sogenannte »Memes« (sprich: Miems), eine Art digitaler Quartettkarten aus der Ästhetik der Fantasy-Welt, die »Gottkaiser Schulz« (nicht als Joke gemeint) zeigen und eine direkte Adaptation des »God Emperor Trump« aus dem amerikanischen Wahlkampf sind, allerdings, wie es sich gehört, eine Nummer kleiner als in den USA. Die FAZ nannte Schulz denn auch nicht Gottkaiser, sondern »Arbeiterkaiser aus Würselen«. Die Delegierten huldigten ihrem »Heiligen Martin« und spendeten ihm noch nie erlebte hundert Prozent Unterstützung. »Die SPD hat den Willen zur Macht wieder«, verkündete Schulz, segnete die Genossen und hob fast vom Boden ab.

Schulz, so viel muss man bei aller Unwägbarkeit inzwischen sagen (Stand: Juni 2017), erlebte den Zenit seiner Macht an jenem Sonntag im März 2017, als er mit hundert Prozent der Delegiertenstimmen gewählt wurde – nur wusste er das damals noch nicht. Von da an ging es nicht mehr weiter bergauf, eher bergab. Das ist immer so: Das Schönste an der Macht ist der Weg zu ihr. Der Höhepunkt ist die Inthronisation (siehe Karl IV. und Kaiser Donald). Das Tragische an Martin Schulz ist, dass er sich als Höhepunkt den Tag der Inthronisation zum Bundeskanzler der Bundesrepublik Deutschland ausgemalt hatte. Aber sein Macht-Höhepunkt war die Kandidatur zum Kandidaten. Was dann passierte, davon später.

Martin Schulz ist ein Beleg dafür, dass Selbstüberschätzung auf dem Weg zur Macht, stellt man es nur geschickt an, noch keinem geschadet hat. Andernfalls hätte die SPD unmittelbar nach der Nominierung des Ex-Bürgermeisters aus Würselen kaum einen solchen Sprung auf der Beliebtheitsskala der Politiker machen dürfen. Schulz war spontan sympathisch, obwohl niemand sehr viel über ihn hätte sagen können, war er doch zu Beginn des Jahres 2017 in der deutschen Bevölkerung weitgehend unbekannt. Mehr noch: Was man von ihm wusste, war, dass er ein Mann aus Europa ist. Brüssel ist aber bei den Deutschen notorisch unbeliebt, zumal auch hier niemand hätte sagen können, was er denn als Präsident des europäischen Parlaments Positives bewirkt habe. Ein skrupulöserer Politiker als Schulz hätte allein schon diese ungünstige Vorgeschichte – ein negatives EU-Image, das nicht durch positive Großtaten anderer Art kompensiert werden kann – zum Einwand gemacht, der Kelch solle besser an ihm vorübergehen, denn er sei mit Sicherheit zum Scheitern verurteilt.

Nicht so Schulz. Wie er das anstellte, lohnt noch einen Moment der Analyse von Schulz-O-Tönen aus der Zeit des frühen Wahlkampfes. Denn Selbstüberschätzung ist auf dem Weg an die Macht zwar ganz offenkundig – und wider Erwarten – eine notwendige, aber keine hinreichende Bedingung. Hinzukommen muss – abermals wider Erwarten – ein hohes Maß an Empathie (bei Schulz muss man von »empathischem Populismus« sprechen) und – eher erwartbar – eine große Begabung zum Storytelling.

Empathie heißt, der Mann auf dem Weg zur Macht muss deutlich machen: Ich verstehe die Menschen. Dazu reicht es längst nicht mehr, den Satz zu wiederholen, man »spüre die Ängste und Sorgen aller Deutschen«. Der ist zu sehr zur

Schablone verkommen. Die Wähler verlangen konkrete Belege. Schulz spricht über einen Arbeiter in Neumünster. Der Mann hat im Alter von 14 Jahren im Bahnwerk von Neumünster angefangen. Jetzt ist er 50. Er hat Angst, dass er seinen Arbeitsplatz verliert. Dann würde er nach 15 Monaten Arbeitslosengeld in Hartz IV fallen. Solche Ängste können wir uns alle vorstellen. Schulz spricht über die Angst um die Zukunft der Kinder, die Angst um die eigene Sicherheit, die Angst um den Arbeitsplatz, um das Auskommen im Alter. Und er fügt hinzu, dass er das nicht nur im Kopf wisse, sondern »aus dem Bauch heraus« spüre. Wer die »Ängste und Nöte« in Kopf und Bauch spürt, von dem erwartet man, ihm glaubt man aber auch, die richtigen Ideen zu haben, was man dagegen tun kann. Für Schulz heißt das, dass Reiche, die Steuern hinterziehen, genauso wie »Leute, die auf dem Bahnhofsplatz unsere Frauen angreifen«, dass alle diese Kriminellen »die volle Härte des deutschen Gesetzes und der deutschen Sicherheitsorgane zu spüren bekommen«. Das kann man »empathischen Populismus« nennen. Man beachte, wie oft Schulz hier »deutsch« sagt, noch berührender ist es, wenn er von »unseren Frauen« spricht, so als ob Frauen ein nationales Besitztum deutscher Männer wären, das zu verteidigen unter die Eidesformel eines Bundeskanzlers fällt.

Dann sind es natürlich jene »hart arbeitenden Menschen«, die »schuften und schuften«, in die sich der Kandidat ganz einfühlen will. Hier kommt das Spiel der Selbstüberschätzung geradezu zur Meisterschaft. Denn ausgerechnet Herr Martin Schulz nimmt für sich in Anspruch, den »hart arbeitenden« Deutschen besonders gut zu kennen und ihm dafür auch endlich einmal die lange ausstehende Anerkennung zu spenden. Aber Selbstüberschätzung gibt es natürlich auch auf der Seite der Adressaten: Wer hätte nicht von sich den Eindruck, dass er härter arbeitet als die anderen. Martin Schulz wendet sich also mir persönlich zu. Selbstüberschätzung ist Voraussetzung und Angriffspunkt für den Willen zur Macht.

Der Machtprätendent geht mit seinen »Untertanen« (Wahlbürger) einen unausgesprochenen Pakt ein: Er fühlt sich in sie ein, macht sie größer, als sie in Wirklichkeit sind, was diese ihm danken, indem sie ihn bewundern, wenn es ganz gut geht sogar am Ende wählen. Aber wehe, wenn es schlecht geht. Nicht nur die Mächtigen sind unberechenbar, ungeduldig und wankelmütig. Bei den Untergebenen verhält es sich genauso.

Empathie statt Ellenbogen

An dieser Stelle ist eine Anmerkung zur Empathie nötig, damit kein Missverständnis aufkommt. Der Empathie-Boom der letzten Jahre konnte den Eindruck erwecken, wer empathisch ist, sei auch ein besserer Mensch. Denn ihm eignet ja die Gabe, sich in andere Menschen einzufühlen, mit ihnen zu fühlen, sie zu verstehen – die beste Voraussetzung, ihnen zu helfen. Inzwischen sieht man die Empathie wieder etwas nüchterner – und auch im außermoralischen Sinn. Empathie macht uns nicht zu besseren Menschen, führt nicht dazu, dass wir anderen helfen. Einfühlungsfähigkeit ist noch lange kein mitleidiges Mitgefühl. Empathie hilft, andere Menschen besser zu verstehen, ist also eine egoistische Begabung. Denn wer andere versteht, kann andere auch manipulieren oder instrumentalisieren. Empathie und Narzissmus sind somit keine notwendigen Gegensätze. Auch Narzissten – sogar Sadisten – profitieren, wenn sie die anderen verstehen. Narzissten schaffen es sogar, wenn sie es geschickt anstellen, bei anderen Empathie für sich zu erwecken; das können sie dann genießen. Dies alles heißt: Wenn wir sagen, der Wille zur Macht müsse sich der Empathie bedienen, bedeutet das keinesfalls, dass Machthaber gut oder gar die besseren Menschen sind. Sie sind nur geschickter als andere. Schon Kinder lernen Empathie, etwas, das viel früher beginnt als die Entwicklung des moralischen Bewusstseins und damit nicht verwechselt werden sollte.

»Dauerhafte Macht erwächst aus Empathie«, schreibt der amerikanische Psychologe Dacher Keltner in seiner Studie über das »Macht-Paradox«: Der Fokus auf die anderen schenkt dauerhafte Macht. Keltner leitet an der Universität Berkeley in Kalifornien das »Greater Good Science Center«. Dort untersucht er seit langen Jahren, wie Macht zustande kommt und welches die Voraussetzungen dauerhafter Macht sind. Seine provozierende Erkenntnis: Es sind nicht die Ellenbogen, es ist unser Gemeinsinn, der uns Macht verleiht. Anders als die meisten Menschen denken und man zumeist hört, behauptet Keltner, Macht könne man nicht ergreifen, Macht werde verliehen – und zwar von Gruppen an jene, die versprechen, das Gemeinwohl, also das Wohl dieser Gruppen, zu fördern. Gruppen belohnen die, die mit ihrem Status und ihrem Ansehen das Gemeinwohl fördern. Und sie bestrafen jene, die nur an sich denken, introvertiert und unsozial sind.

Dazu ein Beispiel aus der psychologischen Forschung: Unter frisch zusammengewürfelten Erstsemestern einer durchschnittlichen amerikanischen Universität – den sogenannten Freshmen – wollten die Wissenschaftler wissen, wie viel »Einfluss« jeder bei ihnen habe. Diese Erstsemester bilden in etwa einen Querschnitt der amerikanischen Gesellschaft ab. Sie sollten nun auf einem Fragebogen Standardpersönlichkeitsdefinitionen ankreuzen, die als die »Big Five« (auch Ocean-Modell genannt) bekannt sind und die fünf grundsätzlichen Umgangsarten mit der Wirklichkeit darstellen. Das sind: O als »Offenheit für Erfahrungen«, C für »Gewissenhaftigkeit« (conscientiousness), E als »Extraversion«, A für »Verträglichkeit« (agreableness) und N für »emotionale Labilität« (neuroticism). In den mehrfach wiederholten Fragebogenaktionen zeigte sich nun, dass vor allem der Enthusiasmus eine große Rolle für die Frage spielte, wer in einer Gruppe zu Macht kam. Aber auch die anderen vier Merkmale wurden gewürdigt, wenn sie positive Werte vermittelten.

Mit anderen Worten, so fasst Keltner das Resultat zusammen: Gruppen verleihen einem ihrer Mitglieder dann Macht, erwählen ihn gar zum Führer, wenn er begeistert und enthusiastisch auftritt, das Wort ergreift, starke Aussagen macht und den Eindruck erweckt, dass er sich für die anderen zu interessieren versteht. Unsere Möglichkeit, Einfluss zu nehmen, wächst, wenn wir freundlich sind, andere anerkennen, kooperieren und achten, was andere sagen und tun. Wir steigen zu mehr Macht auf, wenn wir Ruhe und Gelassenheit verbreiten, die anderen in Stresszeiten an die große Perspektive erinnern, wenn wir es verstehen, in Zeiten der Angst die anderen beruhigen zu können, und wenn wir uns bemühen, höflich zu sprechen: »Wir schaffen das.«

Man sieht unmittelbar, wie sich aus diesen Forschungserkenntnissen ein politisches Programm entwickeln lässt.

Dafür muss man lediglich die Empirie in Strategie transformieren. Also etwa so: Ein Politiker, der an die Macht will, muss begeistert und enthusiastisch daherkommen, er muss starke Aussagen machen und glaubhaft vermitteln können, dass er sich für andere interessiert, ihre Ängste und Nöte versteht. Auf diese Weise lässt sich die gesamte Strecke der »Big Five« in einen Ratgeber zum Machterwerb übersetzen. Auf dem Weg der Übersetzung werden auch die leicht kitschanfälligen Beschreibungen der Psychologen machiavellistisch eingefangen. Denn es ist für den Weg an die Macht ziemlich unerheblich, ob man ein Mann des Gemeinsinns ist (was immer das auch heißen mag). Es genügt vollständig, glaubhaft zu vermitteln, enthusiastisch bei den Sorgen und Nöten jener zu sein, von denen man bei der Wahl abhängig ist. Dabei liegt die Betonung auf »glaubhaft«. Glaubwürdigkeit aber entspringt aus der Empathie. Glaubwürdigkeit kann man nicht vorspielen, selbst und gerade Spitzenschauspieler brauchen die Gabe der Einfühlung, um die Medea oder den Hamlet glaubhaft auf die Bühne zu bringen.

Ausschlaggebend für diese Glaubwürdigkeit ist neben der Fähigkeit zur Empathie eine Begabung zum Storytelling (die man sich natürlich auch von professionellen Geschichtenerzählern/Politberatern vermitteln lassen kann). Dafür eignet sich die eigene Biographie. Nehmen wir dazu noch einmal Martin Schulz: Sein Pfund, das er auf die Waagschale des Wahlkampfes wirft, heißt Würselen, die Kleinstadt an der holländischen Grenze, 35 000 Einwohner. Schulz bedient damit die Erwartung an den Politiker als »Mann von der Basis«, von unten. Er kennt die Sorgen und Nöte, weil er »ganz nah bei den Menschen« (Kurt Beck) lebt. Hinzu kommt der Erzähltopos der »zweiten Chance«. Schulz, der

Mann ohne Abitur, war dem Alkohol verfallen, weil er nicht damit umgehen konnte, dass es bei ihm nicht reichte zum Profifußballer. Hier also, in die Jugend verschoben, darf Schulz das Thema der Selbstüberschätzung benennen. Er, so die Erzählung, ist gestrauchelt, weil er nach den Fußball-Sternen gegriffen hat (heute greift er ja nur nach dem Kanzleramt, wofür andere schon mal als Jugendliche an den Stäben des Zauns gerüttelt haben): Aber das war nicht das Ende der Schulz-Geschichte. Gute Freunde haben ihm aus der Gosse geholfen. Er trinkt seither keinen Schluck Alkohol mehr. Er hat seine zweite Chance von der Gesellschaft erhalten. Er hat es immerhin zum Präsidenten des Europäischen Parlaments gebracht, spricht fünf Sprachen mehr oder weniger fließend und immer auch noch seinen rheinischen Singsang. Als ein deutscher Journalist versuchte, Schulz als Ex-Alkoholiker ohne Abitur zu disqualifizieren, richtet sich der Protest der Öffentlichkeit nicht zuletzt im Bildungsbürgertum gegen den Journalisten und nimmt hingegen Schulz in Schutz. Die Story ist die halbe Miete auf dem Weg zur Macht – aber eben auch nur die halbe.

Storytelling im Kampf um die Macht ist immer lehrhaftes Erzählen. Friedrich Schiller nennt es in seiner Abhandlung »Über die ästhetische Erziehung des Menschen« den didaktischen Zweck der Kunst. Die Pointe der Schulzschen didaktischen Narration heißt: Wenn ihr mich, Martin Schulz, wählt, werdet ihr alle eine zweite Chance bekommen, dürft ihr alle »vom Weg abkommen«, sofern ihr bereit seid, euch wieder zurückführen zu lassen. »Neurozentrismus« lautet der sperrige Ausdruck der Psychologen für diese Begabung: Wer es schafft, der Gruppe Ruhe einzuflößen und Perspektiven aufzuzeigen, dem vertraut man sich an, dem vertraut man auch gerne Macht an. Jetzt sind wir es, die wir alle zu Schulz-Verstehern geworden sind; wir bringen für ihn Empathie auf.

Sind wir auch Merkel-Versteher? Waren wir es je? Und versteht Angela Merkel eigentlich uns? Fehlt ihr, der Frau aus dem Osten, nicht gerade die Empathie für den Sparkassendirektor aus dem schwäbischen Böblingen oder den Immobilienmann vom oberbayerischen Tegernsee? Das wäre dann eine empfindliche Schwäche der Empathie-Hypothese. Denn die Frau ist seit 2005 an der Macht.

Die Sache ist komplexer als bei Schulz. Dafür muss man sich den Karriereweg der Angela Merkel kurz vor Augen führen. Die Chemikerin aus dem Osten, Helmut »Kohls Mädchen«, hatte nach der Wende rasch in der schwarz-gelben Koalition Karriere gemacht, dabei aber stets dafür gesorgt, dass sie öffentlich eher unter- als überschätzt wurde. Das ist kein Dementi unserer These von der notwendigen Selbstüberschätzung: Die fordert ja lediglich, dass der Machtprätendent sich selbst überschätzen müsse, nicht dass die anderen ihn oder sie überschätzen sollten. Wäre Angela Merkel damals gefragt worden, ob ausgerechnet eine junge, ostdeutsche Chemikerin realistische Aussichten auf das wichtigste politische Amt im wiedervereinigten Deutschland hätte – sie hätte »Ja!« geantwortet. Das ist Selbstüberschätzung, von der aber niemand wissen durfte. »Sie müsse besser sein als alle anderen«, hatte ihr die Mutter früh eingeschärft. Merkel hat das bald auch geglaubt. Dass es gelte, seine Absichten im Geheimen zu halten, ist ein Grundsatz, den seit Machiavelli viele machtbegabte Menschen zu beherzigen wussten. »Ein feines Gespür für die Macht« hatte der Spiegel-Redakteur Jürgen Leinemann »Angela, der Sanften« schon 1994 in einem Artikel mit der Überschrift »Ich muss härter werden«

attestiert. Instinktsicher wittere sie Spannungen und geheime Untiefen. Instinkt, sagen uns die Biologen, ist ein genetisch determiniertes Verhalten, das männliche Nachtfalter zielsicher zu den Weibchen führt. Instinkt, das ist das Aufregende daran, kann man aber auch erlernen. Und Merkels Lernkurve verlief extrem steil.

Traumwandlerisch wusste sie die Schwäche Helmut Kohls, des Übervaters der Partei, im Jahr 1999 zu nutzen – um ihn, aber erst recht Wolfgang Schäuble machtpolitisch zu vernichten. Weder durch offene Konfrontation auf einem Parteitag noch durch gerissene Intrigen im Hinterzimmer, sondern durch einen Gastbeitrag in der Frankfurter Allgemeinen Zeitung gelang ihr dieses machtpolitische Meisterstück. In diesem Beitrag – veröffentlicht kurz vor Weihnachten, am 22. Dezember 1999 – kritisierte sie Kohls Haltung und forderte ihre Partei zur Abnabelung von Helmut Kohl, dem Übervater der CDU, auf.

»Die Partei muss also laufen lernen, muss sich zutrauen, in Zukunft auch ohne ihr altes Schlachtross, wie Helmut Kohl sich oft selbst gerne genannt hat, den Kampf mit dem politischen Gegner aufzunehmen. Sie muss sich wie jemand in der Pubertät von zu Hause lösen, eigene Wege gehen.«

Es dürfte ziemlich einmalig sein in der Geschichte erfolgreicher Machtergreifungen, dass der entscheidende Todesstoß ein lapidar daherkommender Zeitungsbeitrag war. Merkels offene Kritik an Kohl hatte die Parteiführung ungehört übergangen; ihr Beitrag in der FAZ war mit dem Parteivorsitzenden Wolfgang Schäuble nicht abgesprochen, der sie »eigentlich entlassen« wollte. Funktionäre bezeichneten sie als »Vatermörderin« und »Nestbeschmutzerin«.

Tatsächlich war Merkels todesmutige Vatermord-Attacke

in höchstem Maße riskant (Selbstüberschätzung). Sie hätte grandios schiefgehen können. Hätte sie Berater gehabt, sie hätten ihr abraten müssen. Die alten Männer der Union waren durch den Wahlsieg Gerhard Schröders ein Jahr zuvor bereits stark angeschlagen. Und sie hatten sich selbst in den Untergang befördert: Kohl, der mit diabolischer Lust verhindert hatte, dass sein Kronprinz Schäuble ihn als Kanzler rechtzeitig beerben konnte, zog diesen am Ende auch in den ranzigen Parteispendenskandal mit hinein, was Merkel abermals nutzte, um sich als unbelastete Nachwuchsführerin moralisch ins gute Licht zu setzen. Politische Siege mit Hilfe der Moral sind im Kampf um die Macht besonders erfolgversprechend. Insofern war auch Merkels FAZ-Artikel ein Akt der Empathie und des gelungenen Bündnisses mit den Wahlbürgern. Sie nutzte die Öffentlichkeit (Zeitungsartikel), weil sie – empathisch – die Öffentlichkeit auf ihrer Seite wusste. Die Sache ist aufgegangen: Schon Anfang 2000 wurde die Frau aus dem Osten zur Parteivorsitzenden gewählt. Fünf Jahre später hatte sie dann auch Gerhard Schröder bezwungen.

Warum ist Moralisierung ein besonders scharfes Schwert? Moralisierung macht für sich geltend, ihre Argumente seien gegenüber allen anderen Gründen vorrangig. Der Moralphilosoph R. M. Hare sprach von »overridingness« moralischer Waffen. Moralische Gründe übertrumpfen Gründe kultureller Traditionen, ästhetischen Geschmacks, Sitten und Gebräuche, ökonomische Kosten, gewohnte Lebensweisen und vieles andere. Mit der moralisierenden Keule lassen sie sich alle erschlagen. Die Moral ist sozusagen die Mächtigste in der Waffenkammer der Argumente; sie schlägt stets alle anderen. Merkel wusste das, als sie zum entscheidenden Schlag gegen Kohl ausholte.

Macht, so haben wir im ersten Kapitel gesagt, ist ein autonomer Bereich jenseits von Recht oder Moral. Während im Reich der Moral die Macht als niederer Trieb, gar als unanständige Regung diskreditiert wird, weiß man im Reich der Macht, dass es kaum bessere Wege zum Erfolg gibt, als den Machttrieb selbst moralisch zu tarnen.

Und Merkels Story? Die ist denkbar simpel und gerade deshalb so langlebig. Sie lebt von einfachen Sätzen. Die heißen: »Sie kennen mich.« Oder: »Wir schaffen das.« Inhaltlich ist das mindestens so dürftig wie die Leier der Gerechtigkeit von Martin Schulz, vermutlich noch dürftiger. Das macht nichts. Es ist die alte Erzählung davon, dass der Bürger in unsicheren Zeiten »keine Experimente« mag. Ohne Risiko ist es wahrlich nicht: Um ein Haar wäre der Satz »Wir schaffen das« Merkel zum finalen Verhängnis geworden. Das Volk war kurz davor, ihre Königin zu verstoßen.

Damit ist auch der provokante Satz besser verständlich geworden, Macht werde verliehen, man könne sie nicht einfach ergreifen. In der Tat: Donald Trump hat zwar auf geradezu schamlose Weise nach dem Amt des Präsidenten gegriffen. Aber verliehen wurde es ihm von den amerikanischen Wählern, denen er sich im Wahlkampf empathisch nahe zeigte (»the forgotten man«) und die ihm zum Dank dafür bei der Wahl im November 2016 ihre Stimme gaben. In diesem Sinn kann man Macht nicht ergreifen, ein Satz, der selbst für Adolf Hitler gilt, obwohl die Nazis den 30. Januar 1933 als Tag der »Machtergreifung« feierten. Aber vorher wurde ihm die Macht vom wählenden Volk verliehen. Auch Donald Trump hat die Macht sofort ergriffen, nachdem sie ihm verliehen worden war, und damit begonnen, die Welt nach Maßgabe seiner Tweets bei Twitter zu formen und zu gestalten.

Die »Machtergreifung« verändert eine soziale Ordnung und befriedet sie zugleich. Das ist inzwischen gut erforscht. Zum Beispiel in jener kleinen Keksgeschichte sogenannter »führerloser Gruppen«, also Gruppen ohne klar gegliederte hierarchische Machtstrukturen. Man bringt eine Gruppe von Menschen zusammen, die sich vorher noch nicht kennen, also keine Beziehung untereinander aufgebaut haben, und bestimmt willkürlich einen Gruppenleiter. Dann lässt man sie irgendeine Aufgabe lösen und reicht nach einer gewissen Zeit einen Teller mit verlockend riechendem Schokogebäck herein, auf dem sich genau ein Keks mehr befindet, als es Gruppenmitglieder gibt. Im vornehmen Bürgertum oder Adel wäre es ein Gebot der Höflichkeit, den überzähligen Keks liegen zu lassen. Nicht so bei unserem Machtspiel: Wiederholt zeigt sich, dass der Führer davon ausgeht, er sei berechtigt, zwei Kekse zu nehmen, und es auch tut, während die anderen nur einen nehmen. Das ist für sich schon überraschend, denn der Führer hat außer dem Zufall seiner Bestimmung am Anfang des Experiments kein besonderes Verdienst: weder besondere Fähigkeiten noch gutes Betragen, einen Titel oder seriöses Alter. Aber noch überraschender ist, dass auch die anderen Gruppenteilnehmer wie selbstverständlich ihm das Recht des zweiten Zugriffs lassen.

Machtkämpfe können brutal sein. Aber das Leben ist kein permanenter Machtkampf. Der Normalfall sind durch Macht- und Hierarchiestrukturen geordnete soziale Gruppen. Macht steckt in jeder Beziehung, aber sie wird nicht permanent bestritten – sondern in der Regel als gegeben anerkannt. Das ist die berühmte Herr-Knecht-Dialektik Hegels: Herr und Knecht sind wechselseitig voneinander abhängig, sie brauchen einander, sie fürchten einander, aber sie sind mit ihrem Stand einverstanden. Das Ziel von Machtkämpfen ist der Frieden, nicht der permanente Ausnahmezustand oder der Krieg. Ist die Entscheidung gefallen, dann ist Ruhe. Das war auch beabsichtigt.

Umso aufregender ist es zu ergründen, wie sich Machtstrukturen herausbilden. Dazu gibt es von dem längst vergessenen Soziologen Heinrich Popitz ein hinreißendes Gedankenexperiment. Ein einfaches Schiff kreuzt im Mittelmeer von Hafen zu Hafen. Der einzige Luxus und zugleich die einzigen Requisiten der Handlung sind die Liegestühle auf Deck, wobei es etwa dreimal so viele Passagiere gibt wie Liegestühle. Am Beginn der Fahrt wechseln diese Liegestühle ständig ihren Besitzer. Doch plötzlich kommen Neuankömmlinge auf das Schiff, die sich die Liegestühle mit einem Handtuch dauerhaft sichern. Das heißt, sie deklarieren auch zeitweise nicht besetzte Liegestühle als »belegt«.

Das nennt man die Durchsetzung exklusiver Verfügungsgewalt einer Teilgruppe über ein allgemein begehrtes Gebrauchsgut, wodurch eine Klassengesellschaft entsteht. Eben eine Gesellschaft, in der es Mächtige gibt und Abhängige, Besitzende und Nicht-Besitzende. Interessant daran ist, dass diese sich das gefallen lassen. Im nächsten Schritt suchen die Besitzenden ihren Besitz an die Nicht-Besitzenden zu vermieten. Als Bezahlung böte sich zum Beispiel an, die Miete in Form von »Bewachzeit« der Stühle zu entgelten.

Man sieht: Diese Geschichte ließe sich noch eine ganze Weile ausspinnen. Und Popitz tut das auch auf sehr unterhaltsame Weise. Hier kommt es vor allem auf den Kern an: An der Frage der Macht und der Macht der Mächtigen lässt sich eine ganze Gesellschaftstheorie entwickeln. Es ist nicht so, auch wenn das bei Popitz so klingt, dass irgendeinmal eine harmonische Urgesellschaft war und dann die böse Macht hinzugetreten wäre. Ganz im Gegenteil entsteht durch Macht Gesellschaft. Es entstehen Beziehungen, die das Verhältnis zwischen den Mitgliedern einer Gruppe ordnen und Hierarchie oder Organigramme bilden. Es entstehen Klassen. Und – darüber wird später noch ausführlich zu reden sein – es entstehen Eigentum und Eigentumsansprüche.

Dabei gehen wir davon aus, dass der Wille zur Macht eine anthropologische Konstante ist, die nicht nur Gesellschaft, sondern auch die Menschen formt. Was die Macht mit Menschen macht, die die Macht nicht wollten, lässt sich auf eine verblüffende Art zeigen. Dazu lohnt ein Blick auf den TV-Serienfilm »Designated Survivor«, den es bei Netflix zu sehen gibt.

Die Handlung in aller Kürze: Am Abend der jährlichen Rede zur Lage der Nation (State of the Union Address) im Kapitol in Washington kommen alle anwesenden Mitglieder des Kongresses, die Mitglieder des Obersten Gerichtshofes sowie der Präsident und seine Kabinettsmitglieder mit Ausnahme des Wohnungsbauministers, Thomas Kirkman (grandios gespielt von Kiefer Sutherland, dem Sohn von Donald Sutherland), durch eine Explosion ums Leben. Kirkman befindet sich als »Designated Survivor« an einem sicheren Ort in Blickweite zum Kapitol. Da auch der Sprecher des Repräsentantenhauses unter den Opfern der Explosion ist, wird Kirkman als letztes noch lebendes Kabinettsmitglied sofort unter den Schutz des Secret Service gestellt und ins Weiße Haus verbracht, wo er als neuer Präsident der Vereinigten Staaten vereidigt wird. Dann nimmt das Schicksal Staffel für Staffel seinen Lauf.

Der Ausgangspunkt der Serie ist nicht fiktiv: Tatsächlich

gibt es immer bei wichtigen Terminen, an denen alle mächtigen Personen der Vereinigten Staaten an einem Ort zusammen sind, einen Designated Survivor aus dem Kabinett, der nicht unter den Anwesenden ist, aber jederzeit hergebracht werden kann. So war es auch zuletzt bei der Inaugurations-Rede von Donald Trump (wir wissen nicht, wer es war). Kirkman ist das Gegenbild zu Trump, filmisch gesprochen ist er auch das Gegenbild zu Frank Underwood aus der Serie »House of Cards«. Underwood, ein großes Scheusal, wollte immer an die Macht, erst recht, nachdem er wie Trump vom Vorgängerpräsidenten tief gekränkt und zurückgesetzt worden war. Kirkman ist ein Mann des Apparats, ohne Karriereambitionen, ohne Charisma, ohne Empathie, mit Reihenhaus irgendwo in der Suburbia von Washington. Auch Kirkman erlebt seine Demütigung: Am Anfang des Films sehen wir, wie er kurz vor der »State of the Nation Address« von Präsident Richmond als Minister gefeuert und schwer degradiert wird: abgeschoben zur internationalen Zivilluftfahrtbehörde nach Montreal. Kirkman, ohne Machtallüren, aber nicht ohne Ironie, versteht sofort, fragt sarkastisch, ob der Job bei der internationalen Pfannkuchenbehörde schon vergeben gewesen sei. Aber er fügt sich. Nur seine karrierebewusste Frau Alex versucht ihn aufzustacheln, er dürfe sich das doch nicht bieten lassen (was im Übrigen einen ersten, dem Klischee entnommenen Hinweis gibt auf die Rolle der Frauen im Spiel um die Macht).

Da passiert das ganz und gar Unerwartete. Wir hören noch ein paar Fetzen der Ansprache von Präsident Richmond (der »hart arbeitende Bürger« ist wieder dabei, auch der »amerikanische Traum«), als das Fernsehbild in Kirkmans Raum zu flimmern beginnt. Sekunden später sitzt er zusammen mit seiner Frau im Fond der Limousine des Secret Service. Dort wird ihm eröffnet: »Sie sind jetzt Präsident der Vereinigten Staaten«. Die Szene hat etwas Komisches, ja Groteskes, denn Tom Kirkman, dem man noch nicht einmal Zeit gegeben hat, sich umzuziehen, sitzt da in seinem grauen, schlabbrigen Hoody, den er zu Hause immer trägt, und schaut leicht bedeppert aus seiner Allerweltsbrille. In diesem Aufzug sehen wir ihn gleich wieder, irgendwo in geheimen Kellerräumen, bei einer Not-Inauguration mit einem eilends herbeigerufenen Richter, der auch die unabdingbare Bibel (eine reicht in diesem Fall) dabeihat. Merke: Selbst in diesem äußersten Ausnahmefall aller Ausnahmefälle bedarf es der Inaugurationszeremonie, wie es in Zeiten der Not der Nottaufe bedarf, um aus einem Neugeborenen ein Christenkind zu machen (dafür braucht es allerdings keinen kirchlichen Beamten).

Bleiben wir noch ein wenig im Film: Kirkman wird in den Notfall-Kommandoraum geführt, der überfüllt ist mit wichtigtuerischen Amtsträgern im Schlips und, mehr noch, in militärischer Uniform mit Ehrenzeichen. Kein Mensch nimmt vom neuen Präsidenten der Vereinigten Staaten Notiz. Als ihm ein Adlatus endlich Gehör verschafft, nimmt man ihn nicht ernst. Kirkman reagiert körperlich auf diese ersten Minuten der nicht gewollten Macht, rennt zur Toilette und übergibt sich. Er findet die Macht zum Kotzen.

Doch dann findet Kirkman nach und nach Gefallen an der Macht (immerhin hat er ja jetzt einige Staffeln Netflix-Serie vor sich). Die Mutation zum Präsidenten beginnt interessanterweise mit der Kleidung. Wie er bei seiner ersten Amtshandlung im Oval Office des Weißen Hauses dasitzt, im ernsten Gespräch mit dem Botschafter Irans, nun mit gutsitzendem Anzug, schmaler Krawatte, sieht man zum ersten Mal den Präsidenten der Vereinigten Staaten. Der Oberkörper ist aufrecht, der Blick fest. Als ob er sich selbst an seinen Zufallsmachterwerb erinnern müsste, beteuert er dem Botschafter, er, Kirkman, sei »ein ehrlicher Kerl« – um ihm dann schon wieder ganz präsidential unverzüglich einen militärischen Angriff anzudrohen, sollte Iran die Straße von Hormus im Persischen Golf nicht auf der Stelle räumen. Bei seiner Inaugurationsrede nehmen sie ihm noch die Langweilerbrille ab und schärfen ihm ein, er müsse jetzt mit staatsmännischer Stimme sprechen. Ab jetzt passt alles. Von jetzt an ist aus dem Niemand aus dem Reihenhaus, ohne jegliche Machtambition, ein machtbewusster Präsident geworden, der allenfalls als Neuling noch nicht so genau weiß, ob es in seinem neuen Wohnsitz zum West Wing nach rechts oder links geht. Aber da steht dann ja gottlob immer ein Bediensteter, der ihm den Weg weist.

Auf ganz andere Weise stellt sich unsere bisher gewonnene Erkenntnis nun dar, woher der Mächtige seine Macht erhält. Hatten wir zunächst, mit der Psychologie, gesagt, Macht werde verliehen, man könne sie nicht ergreifen, so zeigt sich jetzt: Nicht der Mann ergreift das Amt, sondern umgekehrt, das Amt ergreift den Mann und vermag sogar, aus einem Jedermann einen amerikanischen Präsidenten zu machen. Dabei vollzieht sich die Verwandlung von außen nach innen. Erst kommt das angemessene Outfit, dann die dazugehörige Pose. Schließlich die innere Haltung. »Power Poses«, Posen der Macht, stehen im Zentrum der Aneignung der Macht durch den Mächtigen.

Aber der Reihe nach. Teilnehmer an einer Studie amerikanischer Psychologen wurden gebeten, ihren Körper in einen

Zustand von Machtlosigkeit zu versetzen. Sie sollten Kopf und Schulter hängen lassen und die Hände übereinanderschlagen, wenn sie saßen. Im Stehen verschränkten sie ihre Arme und überkreuzten die Beine, beides Haltungen, die ihre Größe und die körperliche Kraft minimierten. Wer mit einer solchen Körperhaltung etwa zu einem Vorstellungsgespräch erscheint, der kann am besten gleich wieder gehen: Seine Noten mögen exzellent sein, seine fachlichen Voraussetzungen hervorragend – aber allen, die ihn sehen, signalisiert er, dass er die Niederlage erwartet; Scham darüber steht ihm ins Gesicht geschrieben.

Die anderen Versuchspersonen wurden gebeten, ihren Körper in eine machtvolle Position zu bringen. Sie lümmelten ein, zwei Minuten im Stuhl, verschränkten die Arme hinter dem Kopf, standen auf und lehnten sich vor, die Arme fest auf der Tischplatte. »Hier stehe ich. Und ich lasse mich nicht einschüchtern«, ist die Aussage dieser Pose. »Ich will die Macht. Und ich werde sie auch bekommen.«

Amy Cuddy, eine an den Experimenten beteiligte Forscherin, kann nicht nur zeigen, dass, wer machtbewusst auftritt, auch mehr Erfolg hat, sondern, wesentlich überraschender, dass die Pose selbst eine innerliche Veränderung bewirkt, die sich sogar physiologisch und biochemisch nachweisen lässt. Fühlen wir uns machtlos, antwortet unser Körper mit einem vermehrten Ausstoß von Cortisol, einem Stresshormon. Cortisol bringt den Körper in Abwehrstellung und bereitet ihn auf die Entscheidung vor, den Kampf aufzunehmen oder zu fliehen. Der Puls wird schneller, der Blutdruck steigt, die Hände beginnen zu schwitzen.

Wenn Cortisol das Hormon der Machtlosigkeit ist, so ist Testosteron das Hormon der Macht. Testosteron ist ein Sexualhormon, es steuert die Potenz und die Fruchtbarkeit, lässt Muskeln wachsen, fördert den Knochenstoffwechsel und bewirkt, dass wir uns gut fühlen. Es kommt bei Männern und Frauen vor, spielt allerdings bei Männern eine größere Rolle, weswegen man es auch für Aggressivität und Imponiergehabe verantwortlich macht. Der Clou an den Forschungen von Amy Cuddy ist nun, das allein schon das Einnehmen einer machtlosen Haltung zu einem Cortisolanstieg führt. Umgekehrt führte das Einnehmen einer Haltung der Macht zu einem verringerten Cortisol- und einem stattdessen erhöhten Testosteronspiegel. Mit anderen Worten: Der Machtlose steht unter Stress. Der Machthaber genießt seinen Status als lustvollen Zustand.

Mehr noch: Haltungen der Macht und der Machtlosigkeit sind nicht einfach nur biologisch bedingt. Sondern es kann uns umgekehrt gelingen, durch eine einfache Verhaltensänderung von einer machtlosen zu einer machtvollen Haltung den Cortisolausstoß zu drosseln und die Testosteronproduktion anzuregen. In Vorträgen (etwa in ihrer aufregenden TED-Präsentation) macht Amy Cuddy daraus ein Programm, um Erfolg im Leben zu haben. Kurz (und amerikanisch) gesagt heißt das: Übe vor dem Spiegel so lange eine machtvolle Haltung ein, bis du dich selbst davon überzeugt hast, und sei dir sicher, dass deine Körpersäfte sich dem anpassen werden. Vehement wehrt Cuddy sich gegen den Vorwurf, das sei eine Aufforderung zu Hochstapelei oder gar Betrug. Stattdessen geht es darum, sich so lange eine machtvolle Pose anzugewöhnen, bis ich der geworden bin, der ich bin. Tatsächlich kennen viele Menschen das Gefühl, sie hätten ihre Position nicht verdient (an einer Eliteuniversität zu studieren, hierarchisch aufzusteigen und Karriere zu machen und so weiter). Sie machen sich klein, obwohl sie es nicht müssten. Amy Cuddys Trainings der Macht-Posen sind so gesehen eine List, wie man sich durch Körperhaltungen zu dem machen kann, der man eigentlich immer schon war. Das ist das Gegenteil von Hochstapelei.

Auch Tom Kirkman, der »designated survivor«, ist kein Hochstapler, obwohl er sich auf dem Weg ins Weiße Haus wie ein falscher Fuffziger gefühlt haben mag. Doch indem man ihn mit präsidialer Kleidung und präsidialer Körperhaltung zu dem gemacht hat, der er qua Verfassung auch war, eben dem einzigen Überlebenden des Kabinetts (im Film zumindest vermeintlich, aber das tut hier nichts zur Sache), wurde er am Ende der, der er war: der Präsident der Vereinigten Staaten von Amerika und im vollen Bewusstsein seiner Macht: Er – und nur er – hatte nun die Macht über den Atom-Code, konnte Militärinterventionen befehlen, gar Kriege erklären und natürlich so viel Erlasse unterschreiben, wie er lustig war.

Es ist eine Erfahrung, die viele Menschen machen, auch wenn sie nicht per Katastrophenfall von einer Sekunde zur nächsten zum amerikanischen Präsidenten ernannt werden: Plötzlich sind sie zu etwas fähig, was sie sich eigentlich gar nicht zugetraut hätten. Das ist kein Widerspruch zum anthropologischen Muster der Selbstüberschätzung. Dieser übertriebene Glaube an unsere Möglichkeiten ist es ja gerade, der uns befähigt, über uns hinauszuwachsen, Risiken einzugehen, die nüchtern kalkuliert töricht oder gefährlich wirken. Doch der psychisch-physiologische Mechanismus, der dazu führt, dass der, der sich mächtig gibt, auch Macht erhält, ist ja gerade dafür verantwortlich, dass es sich am Ende auszahlt, die Macht anzustreben. »Wer wagt, gewinnt« ist nicht nur eine Erfahrungstatsache, sondern auch Zusammenfassung dieses paradoxen Umstandes, wonach der Wille zur Macht in vielen Fällen mit der Fülle der Macht belohnt wird.

Rache und Sex

Doch woher kommt überhaupt dieser Wille zur Macht? Dazu sollten wir uns aufmachen zu unseren frühen Vorfahren in den Wäldern der Vorzeit: zu den Primaten, die wir aus den Untersuchungen von Frans de Waal bereits kennen. Die Rückschau auf den »Affen in uns« leugnet dabei nicht den zivilisatorischen Erfolg der Menschheitsgeschichte, sie will auch nicht alles in der menschlichen Kommunikation auf archaische Verhaltensmuster zurückführen. Der Rückblick auf den Affen kann gerade beim Thema »Macht« umständliche Erkenntniswege abkürzen. Das ist immer dann so, wenn ein Thema in der Gegenwart tabuisiert ist und von allen möglichen Verstellungen, Verrenkungen und Verleugnungen überlagert wird. Bei Schimpansen kann man sich die Machtspiele sozusagen im Original anschauen, die bis heute wirkmächtig sind, aber vielfältig camoufliert daherkommen. Es ist ein Blick hinter die Fassade der Zivilisation.

Die Geschichte beginnt mit einem Mord. Luit war eines Morgens schwer verletzt im Affenhaus des Zoos von Arnheim aufgefunden worden, auf brutale Art niedergemetzelt von seinen Artgenossen. Er hatte teuer dafür bezahlt, sich gegen zwei andere Schimpansenmännchen zu erheben und sie mit seinem steilen Aufstieg zu frustrieren. Bei dem Mord an Luit handelt es sich somit (auch) um einen Akt der Rache. Vor Luit hatten Nikkie, ein junger Emporkömmling, und

Yeroen, ein Intrigant, dessen beste Tage gezählt waren, die Kolonie der Schimpansen beherrscht. Dass es zu dieser Koalition der beiden gekommen war, lag daran, dass Yeroen alleine schon nicht mehr in der Lage war, der mächtige Anführer der Schimpansen zu sein und einen Gefährten an der Seite nötig hatte. Yeroen nun hasste Luit, weil dieser ihm vor Jahren die Macht entrissen hatte. Luit hatte Yeroen in einem Kampf besiegt, was dieser ihm heimzahlte, indem er Nikkie half, Luit zu entthronen. Seither war Nikkie das Alphamännchen und Yeroen seine rechte Hand. Beide herrschten als Team.

Das Bündnis der beiden kippte – Sex war der entscheidende Punkt: Nikkie ließ niemanden in die Nähe der attraktivsten Schimpansenfrauen, machte aber bei Yeroen eine Ausnahme aus Dankbarkeit für dessen Unterstützung. Frans de Waal im O-Ton: »Nikkie hatte die Macht, und Yeroen bekam seinen Teil der sexuellen Sahneschnittchen ab.« Doch allmählich sah Nikkie nicht mehr ein, warum sich Yeroen derartige Privilegien herausnehmen konnte, an denen dieser freilich verständlicherweise nichts verändern wollte. Kurzum: Das Bündnis der beiden Herrscher ging in die Brüche. Und in der Kolonie der Schimpansen war ein Machtvakuum entstanden, welches Luit listig für sich zu nutzen wusste. Hier nun zeichnete ihn eine Eigenschaft aus, die wir schon – sorry – bei Martin Schulz kennengelernt haben: die Empathie oder zumindest die Fähigkeit, glaubwürdig Einfühlungsgabe und Gemeinwohlorientierung vorweisen zu können. Luit war bei den Schimpansinnen beliebt, schlichtete viele Streitereien, schützte die Unterdrückten (Schulz machte einen Wahlkampf für »soziale Gerechtigkeit«) und verhinderte geschickt Allianzen zwischen möglichen Rivalen, indem er sich der Taktik des Teilens und Herrschens bediente.

Nikkie und Yeroen, ich erzähle immer noch den Hergang nach, wie ihn Frans de Waal spannend beschrieben hat, wirkten nach ihrem plötzlichen Statusverlust schrecklich deprimiert. Sie schienen geschrumpft zu sein. Doch der Eindruck täuschte. Sie schafften es zwar nicht mehr zurück an die Macht, was die Folge davon war, dass ihr Bündnis aus Neid und sexuell begründeter Eifersucht zerbrochen war. Aber zur Rache reichte es immer noch. Die schreckliche Szene des Gemetzels, von der de Waal berichtet, konnte nur bedeuten, dass Nikkie und Yeroen nicht nur ihre Differenzen beigelegt hatten und sich ein letztes Mal verbündeten, sondern höchst koordiniert agierten. Nikkie wies ein paar oberflächliche Kratzer und Bisse auf, Yeroen aber nichts davon, woraus de Waal schließt, dass Yeroen Luit festgehalten und dem Jüngeren ermöglicht haben muss, Luit all die vielen Verletzungen zuzufügen.

Der Wille zur Macht, so viel lässt sich aus dieser Urszene wohl ableiten, entspringt in seiner radikalsten Form dem Trieb der Rache. »Für Mensch wie Tier ist der Tod der äußerste Preis, den man für den Versuch bezahlen muss, an die Spitze zu kommen«, schreibt de Waal. Das Schicksal, das über denjenigen an der Spitze hereinbrechen kann, ist ein unvermeidlicher Teil des Spiels mit der Macht. Der Normalfall ist der Mord am Vorgänger freilich nicht, noch nicht einmal bei den »rohen« Schimpansen.

Rache, daran muss an dieser Stelle noch einmal erinnert werden, war eines der stärksten Motive auf dem Weg Donald Trumps an die Macht. Rache an seinem Vorgänger Barack Obama, den Trump herausforderte, an dessen Sieg lange Zeit aber niemand glauben wollte. Jahre vor dem Wahlsieg, im April 2011, hatte Obama Trump bis aufs Blut gereizt und ihm eine schwere Demütigung zugefügt, die dieser ihm nie vergessen sollte. Beim jährlich stattfindenden sogenannten Korrespondententreffen aller in Washington akkreditierten Journalisten war an diesem 20. April auch Donald Trump geladen. Auf diesem Dinner, einem der glanzvollsten Ereignisse des gesellschaftlichen Lebens in der Hauptstadt, zerlegte Obama seinen späteren Nachfolger vor den Augen der anwesenden Elite des Landes nach allen Regeln der Kunst. Welche Schmach! Der Präsident machte sich lustig darüber, dass Trump ihm abgesprochen hatte, in den USA geboren zu sein – was Voraussetzung dafür ist, Präsident zu werden: Obama spaßte, er werde gleich sein Geburtsvideo zeigen, nannte Trump duzbrüdernd »The Donald«, schüttelte den Kopf darüber, dass Trump die Mondlandung leugnete. Die Gäste klatschten sich vor Freude auf die Schenkel, während Trump gute Miene zum bösen Spiel machen musste, im Gesicht versteinerte und abwechselnd grün anlief und weiß wurde.

Heute sind sich die Trump-Biographen einig: Sollte Trump bis dahin womöglich nur mit dem Gedanken geliebäugelt haben, Präsident zu werden – nach diesem Abend muss er sich geschworen haben, es mit allen seinen Kräften zu versuchen. Trump war wohl schon von Geburt an mit einem überdurchschnittlichen Willen zur Macht ausgestattet. Aber die unbändige Kraft dazu wuchs ihm an diesem Abend zu. Ähnlich wie Yeroen im Zoo von Arnheim hat er seinem Vorgänger diese Schmach der Unterwerfung nie verziehen. »Narzisstische Wut« nennen die Psychoanalytiker die Kraft, die aus dieser Kränkung erwächst und erst dann zur Ruhe kommt, wenn der Rivale gefallen ist.

Vorbild und Inbegriff dieses von narzisstischer Wut motivierten kraftvollen Aufstiegs zur Macht ist die Tragödie von Richard III., aufgeschrieben von William Shakespeare um 1592. Richard ist ein ausgesprochener Soziopath, körperlich missgebildet und mit schlimmen Kindheitserfahrungen geschlagen. Selbsthass und das Bewusstsein der äußerlichen Hässlichkeit vermag er vor sich und den anderen durch eine geradezu aufgeplusterte Selbstüberschätzung zu verbergen. Daraus bezieht er die Kraft, das zu erlangen, was er – mit den Worten des Shakespeare-Forschers Stephen Greenblatt – vernünftigerweise nicht einmal erwarten durfte, weil er dafür weder ansatzweise qualifiziert noch auch im mindesten befähigt war. Der Rest ist schnell erzählt: Richard mordet sich wie die Schimpansen bei Frans de Waal nach oben. Die ganze Tragödie ist ein einziges Blutbad. Unter dem Beil enden nicht nur das gegnerische Herrschergeschlecht, sondern auch alle Getreuen, sofern Richard auch nur den leisesten Zweifel an ihrer Loyalität hegt. Er weiß: Jeder, den er übersieht, könnte sich später rächen. Am Ende wird Richard III. König von England. Seines Erfolgs wird er allerdings nicht froh werden, doch das ist eine andere Geschichte, der wir im nächsten Kapitel nachgehen wollen.

Zunächst stellt sich die Frage, wie es denn so weit kommen kann, dass eine große Nation von einem Psychopathen regiert wird. Wir halten uns an Stephen Greenblatt, der seine Antworten streng auf Shakespeare begrenzt, aber dem Leser nicht verbietet, an den heutigen amerikanischen Präsidenten und seinen aus narzisstischer Wut erfolgten Aufstieg zu denken. Fünf Vermutungen darüber, wie der Mächtige zu seiner Macht kam, sollen genannt werden. Es sind Mutmaßungen über das »Volk«, das einen derartigen Aufstieg zulässt. (1) Man glaubt, alles werde so weiterlaufen wie bisher. Versprechen werden gehalten, Bündnisse bleiben verbindlich, Institutionen bleiben intakt. Damit hängt (2) zusammen, dass man nicht glauben will, dass Richard so böse ist, wie er auftritt. Beides zusammen führt dazu, sich in Sicherheit zu wiegen. (3) gibt es welche, die sich von Richard einschüchtern lassen. »Zur Leiche mache ich den, der nicht gehorcht.« (4) gibt es andere, die sich von Richards Machtergreifung einen Vorteil erhoffen und mit ihm paktieren. Auch das kennen wir bereits von den Schimpansen-Männchen. (5) sind da jene, die großes Vergnügen daran haben, dass sich die lange aufgestaute Aggression gegen »die da oben«, das Establishment, Luft machen kann.

Hier erkennen wir den Zusammenhang zwischen dem Aufstieg des Psychopathen und seinem Populismus. Auch der Psychopath kann sich nicht ohne die Zustimmung des Volkes nach oben morden. Auch er kann sich die Macht nicht einfach nehmen, er muss sie erhalten. Stephen Greenblatt macht darauf aufmerksam, dass Richards Sieg am Ende (anders als bei Macbeth) keine gewaltsame Machtergreifung, sondern akklamiert und durch das Volk legitimiert ist. Das Volk (das mit Lust zuschauende Publikum) wird nämlich immer wieder in Bann gezogen davon, mit welcher verbrecherischen Nonchalence Richard seine Ungeheuerlichkeiten begeht. »Die verführerische Kraft, die von purer Hässlichkeit ausgeht, wirkt begeisternd. Irgendetwas in uns genießt jede Minute dieses schrecklichen Aufstiegs zur Macht.« (Stephen Greenblatt)

Nun hat sich Donald Trump, anders als Richard III. und sein später Bewunderer Frank Underwood, nicht nach oben gemordet. Aber das ändert nichts daran, dass die Mechanismen des Aufstiegs einander verblüffend ähneln. Und es zeigt vor allem auch, dass »wir« uns da nicht heraushalten können. »Die da oben«, auch und erst recht, wenn sie Scheusale sind, brauchen uns. Ohne uns sind sie nichts. Ohne uns haben sie keine Macht. Deshalb kommen auch narzisstische Wutmenschen, bei aller notwendigen Selbstüberschätzung, nicht ohne Empathie aus. Sonst hätten sie uns verloren. Populismus und Narzissmus sind nicht so weit auseinander, wie es scheint.

Populisten versprechen, dass Macht auch Recht schaffen werde. Dieses Versprechen hat eine große Faszination und könnte den Fingerzeig zu einer Antwort auf jenes verstörende Phänomen geben, das uns früher schon begegnet ist: Woher stammt unsere anhaltende Anteilnahme an bösen Menschen? Die antike und klassische Theorie der Ästhetik meinte, wir würden uns dieses Vergnügen als Konsument von Theater und Oper erlauben, um uns von solch bösen Emotionen für die Aufgaben in der Wirklichkeit zu reinigen. Doch dem Genuss am Aufstieg des Bösen ist es offenkundig egal, ob sein Betrachtungsgegenstand fiktiv oder real ist. Der Mächtige verspricht uns Schutz, bedient irgendwie unser kindliches Anlehnungsbedürfnis. Und er nimmt uns unsere eigenen bösen Aggressionen ab. Aber haben wir das Phänomen damit schon verstanden? Wohl kaum.

In Richard III. erkennen wir ein Extrem, wie der Mächtige zur Macht kommt, das freilich strukturell nicht anders ist als der »normale« Weg an die Macht. Der Normalfall, gewiss, ist nicht der Präsidenten- oder Königsmord, sondern die Unterwerfung des Gegners oder Vorgängers. Dabei wird der Herausforderer so lange keine Ruhe geben, bis das frühere Alphamännchen kapituliert. Faktisch sagt der Thronanwärter dem stürzenden König, dass sie nur dann wieder Freunde sein können, wenn er mit Hechelgrunzen seine Niederlage zugibt. Es sei reine Erpressung, schreibt de Waal: Der Herausforderer wartet darauf, dass die Nummer eins um Gnade bettelt. Sollte ein Männchen dem neuen Alphatier dieses Hechelgrunzen verweigern, steht es ganz rasch ganz alleine da. Wir erinnern uns alle an die eindrucksvolle Szene nach der für Gerhard Schröder verlorenen Wahl 2005, wo der Kanzler, der die vorgezogene Wahl selbst herbeigeführt hatte – natürlich um selbst im Amt bestätigt zu werden –, seiner Herausforderin Angela Merkel das Hechelgrunzen verweigert hatte und so tat, als bleibe er das Alphamännchen. Nicht zuletzt diese realitätsblinde Verweigerung der Unterwerfung hat Schröder auch in seinen Kreisen isoliert und der Nachfolgerin lange, unangefochtene Regierungsjahre beschert.

Damit sind wir wieder am Zielpunkt des Machttriebs angekommen. Es ist der Akt der Inauguration, der Inbesitznahme der Macht und des Abtritts des Vorgängers nach dessen Unterwerfung. Niemals zuvor und niemals danach wird der Lustgewinn der Macht größer sein. Es ist ein Paradox, dass die Macht der Mächtigen ihre kreative Potenz vor allem in jener Zeit entfaltet, wenn sie die Macht noch gar nicht errungen haben, sondern erst erringen wollen. Die Macht als Vorschein spornt an, macht produktiv, nimmt Risiken in Kauf – bringt den Fortschritt voran. Selbstüberschätzung und Empathie sind wichtiger Treiber.

Die Macht zu erringen ist kein Spaziergang. Viel schwieriger ist es aber, die Macht zu sichern, worüber im nächsten Kapitel zu sprechen sein wird. Den größten Lustgewinn der Macht darf der Sieger bei seiner Inauguration erleben. Kein

Wunder, dass dieser Moment stets prachtvoll inszeniert wird wie bei Karl IV., bei Donald Trump oder bei Martin Schulz am Tag der Wahl zum SPD-Chef. Am Tag des Sieges huldigen selbst die größten Rivalen, denn die Sache ist entschieden. Es wäre töricht, jetzt noch Widerstand zu leisten; selbst wenn man es wollte, sollte man sich verstellen und dem Neuen schmeicheln.

Der Tag der Inauguration ist der Höhepunkt. Dann dreht sich das Rad der Fortuna weiter. Die neuen Prätendenten auf den Thron tragen den Dolch bereits im Gewande. Der Herrscher ahnt es womöglich, aber er weiß es noch nicht. Hat er bis hierher alles richtig gemacht, in grandioser Selbstüberschätzung, verbunden mit glaubwürdiger Empathie und der Fähigkeit, gute Geschichte zu erzählen, so kommt künftig alles darauf an, wachsam zu sein. Die wenigsten bekommen das hin. Selbstüberschätzung, die im Aufstieg eine Stärke war, erweist sich in vielen Fällen als die größte Schwäche der Mächtigen, die ihnen am Ende zum Verhängnis werden wird. Fortuna kann gnadenlos sein. Niemand wusste das so sehr wie der größte Dichter der Macht: William Shakespeare.

Fortuna – über diese launische Dame wäre viel zu sagen – ist die Allegorie des glücklichen Augenblicks, den jeder Götterliebling auf dem Weg zur Macht braucht. Ihr Requisit ist das Rad. Narzisstische Kränkung, Empathie, Selbstüberschätzung und sicher auch ein Quantum Tüchtigkeit und Zähigkeit – Eigenschaften, die wir in diesem Kapitel genannt haben – sind alles notwendige, aber nicht hinreichende Bedingungen auf dem Weg der Männer zur Macht. Bei Niccolò Machiavelli heißen sie virtù, es ist eine Kraft. Aber hinreichend ist das alles nicht. Sonst wäre die Macht ja irgendwie für jedermann machbar, der nur die besten Ratgeber

(»Machiavelli für Manager«) beherzigt. Doch Fortuna muss dem Machtadepten schon gewogen sein, damit es am Ende klappt. Der Mächtige wird das Glück des Zufalls herunterspielen. Wenn es geklappt hat, wird er sich den ganzen Erfolg selbst zuschreiben, seinen übermenschlichen Fähigkeiten. Mächtige sind Meritokraten, sehen ihre mächtige Stellung als Ergebnis ihrer grandiosen Leistung und halten ihre Macht für unbestreitbar. Was sie nicht ahnen, obwohl sie es hätten wissen können: Fortuna dreht ihr Rad weiter. Wer oben war, ist plötzlich unten. Oder, um mit Mathias Döpfner, dem Vorstandsvorsitzenden von Axel Springer, zu sprechen: »Wer mit der Bildzeitung im Aufzug nach oben fährt, fährt mit der Bildzeitung auch wieder nach unten.« Fortuna stürzt die Mächtigen vom Thron, denen sie zuvor selbst auf den Thron verholfen hat.

Doch halt: Was war eigentlich mit den Frauen? Warum gibt es so viel weniger mächtige Frauen als mächtige Männer? Die Frauenbewegung würde sagen, das liege eben an der verschleppten Emanzipation. Warten wir noch eine Weile, führen wir überall die Quote ein, dann wird am Ende das Verhältnis schon fünfzig zu fünfzig (oder mehr?) sein. Unser Gewährsmann für die Anthropologie und Verhaltensforschung, Frans de Waal, ist anderer Meinung. De Waal sagt, Männer strebten nach Macht auch deshalb, weil Frauen (Schimpansinnen in diesem Fall) mächtige Männer sexuell attraktiv fänden. Aber umgekehrt gilt das offenbar nicht. Schimpansen finden mächtige Schimpansinnen nicht besonders sexy, zumindest nicht, weil sie Macht haben. Weil Schimpansinnen das wissen, ist ihnen der Machttrieb fern, zumindest ist er nicht so in ihnen eingepflanzt wie bei den Männern. Was hätten sie davon, wenn sie sich dem ganzen

Machtkampf unterzögen, bis es schließlich so weit ist, wenn es am Ende von den Männern nicht honoriert würde? Da kann man es doch gleich bleiben lassen.

Oder doch nicht. Lesen wir genau bei de Waal: »Da Männer nicht für mächtige Partnerinnen schwärmen, nützt ein hoher Status Frauen im Reich der Sexualität nichts.« Aber wer sagt denn, dass der Machttrieb nur und ausschließlich der sexuellen Attraktivität unterworfen sein muss? Das hieße ja abermals, die Macht einem anderen, ihr fremden Bereich zu unterwerfen: nur hier nicht der Moral oder dem Recht, sondern der Sexualität. Hatten wir nicht gesagt, die Macht sei eine Wirklichkeit sui generis? Dann aber, wenn die Menschen gleich sind, gibt es keinen Grund, warum Frauen weniger nach der Macht streben sollten als die Männer. Schauen wir uns in der Welt um: Angela Merkel, Christine Lagarde, Ivanka Trump, Marine Le Pen, Frauke Petry, Sahra Wagenknecht, Sheryl Sandberg.

Wer sagt denn, dass Frauen nichts mit der Macht am Hut haben? Wir haben ja »eigentlich eine Kanzlerkandidatin«, sagt Armin Laschet am Tag nach seinem großen Sieg in Nordrhein-Westfalen auf die Frage, ob CDU-Jungstar Jens Spahn ein möglicher künftiger Kanzlerkandidat sei. Merkel kichert nur kurz, um auf der Stelle Laschet in aller Härte abzukanzeln: »Nicht nur ›eigentlich‹. Ganz real«, gibt die Kanzlerin vor den Journalisten zu Protokoll. Armin Laschet wird diesen »Eigentlich«-Satz nicht noch einmal sagen und er weiß auch mittlerweile, warum. Mächtige verstehen, wenn sie an der Macht sind, keinen Spaß und verzeihen keinen Scherz, wenn ihre Macht auch nur andeutungsweise in Frage gestellt wird.

KAPITEL 3: DER ABSTURZ

ODER: DAS RAD DER FORTUNA DREHT SICH WEITER

In seinem zusammen mit Carl Bernstein verfassten Buch »Ein amerikanischer Alptraum« (1988) beschreibt der Washington-Post-Journalist Bob Woodward – der Mann, der den Watergate-Skandal ans Licht gebracht hat –, wie Richard Nixon zusammenbrach, als ihm klar wurde, dass er zurücktreten musste. Verzweifelnd und schluchzend fragte sich Nixon, wie ein einziger Einbruch ihm das alles hatte antun können – 1972 war in seinem Auftrag im Hauptquartier der Demokraten eingebrochen worden, um dort Abhörwanzen anzubringen. Auf den Knien schlug Nixon mit der Faust auf den Teppich und schrie: »Was habe ich getan? Was ist passiert?« Henry Kissinger, sein Außenminister, tröstete den entthronten Führer angeblich wie ein Kind: Er bemitleidete ihn, hielt ihn in den Armen wie ein kleines Kind und zählte all seine großen Leistungen auf, bis der Präsident sich endlich beruhigte.

Die Geschichte ist schrecklich. Und typisch zugleich. Auffällig ist die Leugnung. Nixon, schon lange schwer alkoholabhängig und von krankhafter Paranoia gezeichnet, will nicht einsehen, dass es zu Ende ist. Kissinger muss ihm seine Großartigkeit erzählen, erst dann kann er sich beruhigen. Er redet den Skandal klein, einen der größten zumindest im 20. Jahrhundert, verniedlicht ihn als einen Einbruch (was bei einem amerikanischen Präsidenten allein auch schon reichen würde). Dabei geht es um einen besonders schwerwiegenden Fall von Missbrauch der Macht.

Warum verführt die Macht zum Missbrauch der Macht? »Macht korrumpiert. Absolute Macht korrumpiert absolut«, lesen wir bei Lord Acton, einem katholischen Liberalen des Viktorianischen Zeitalters. Das berühmte Zitat entstammt einem Brief aus dem Jahr 1887 an Madell Creighton, Autor eine Geschichte des Papsttums während der Reformation. Creighton ist der Meinung, man müsse mächtige Männer – Päpste, Kaiser, Könige – nach anderen Maßstäben beurteilen als gewöhnliche Menschen. Lord Acton bestreitet dies und vertritt die Meinung, dass Menschen sich nachteilig verändern, wenn sie Macht in die Hand bekommen, und sich noch fataler verändern, wenn sie unbeschränkte Macht bekommen.

Acton geht zu weit. Sein Diktum leistet der Dämonisierung der Macht Vorschub. Natürlich verleiht das Amt des amerikanischen Präsidenten keine absolute Macht; sie ist relativiert durch ein ausgeklügeltes System der Machtkontrolle (»Checks and Balances«), auf welches die Amerikaner zu Recht sehr stolz sind. Indes verführt das Amt offenbar seine Inhaber dazu zu glauben, sie hätten absolute Macht. Und genau dies droht ihnen zum Verhängnis zu werden.

Widerspricht das nicht dem Gedanken des vorangegangenen Kapitels, wonach Macht eine produktive Kraft ist, denn sie verstärkt sogar die Selbstüberschätzung der meisten Menschen? Nicht wirklich. Wir beobachten nämlich, dass genau jene Stärken, die uns zur Macht verholfen haben, verschwinden oder sich in Schwächen verwandeln, wenn wir die Macht haben. Wer auf Empathie angewiesen war, um nach oben zu kommen, meint – in einem Gefühl der Überheblichkeit –, jetzt, wo er es geschafft hat, darauf verzichten zu können. Er weiß nicht, dass Macht verteidigt werden muss. Sonst geht sie verloren. Empathie, die Fähigkeit, sich in andere einzufühlen, würde auch dringend zur Absicherung der Macht gebraucht: Frühzeitig könnten Widersacher und Intriganten aufgespürt werden. Empathie ist das, was man klassischerweise auch den »Machtinstinkt« nennt. Aber Instinkt kann auch verloren gehen.

Man muss sich das nicht als einen bewussten Akt vorstellen. Es passiert einfach so im Umgang mit der Macht. Aus Selbstüberschätzung wird Selbstsucht, aus Machtanspruch wird Gier, von der instinktgeleiteten Empathie bleibt am Ende nur noch der Narzissmus übrig. Und in allem zeigt sich eine Unersättlichkeit, die nie genug kriegen kann. Nie reicht es. Viel Macht will noch mehr Macht.

Noch einmal: Man soll da nicht moralisieren. Es ist nicht so, dass aus guten Menschen plötzlich böse Menschen geworden wären. Das erklärt auch das unverständige Erstaunen der Mächtigen im Augenblick, wenn es vorbei ist, einem Augenblick, den anzuerkennen sie sich weigern. »Was wird denn dann aus mir«, lautete der berühmte Ausspruch der Heide Simonis, nachdem ihr eine Stimme zur Wiederwahl als Ministerpräsidentin Schleswig-Holsteins fehlte und sie sich weigerte anzuerkennen, dass es aus war. Was soll's, pflegen in solchen Situationen Politiker wie Jürgen Trittin zu sagen, die nach verlorenen Wahlen mit der Gabe einer besonders dreisten Form der Leugnung des Machtverlustes ausgestattet sind: Sie planen eine große Koalition der Verlierer, der womöglich doch wieder die Macht zufallen könne. Die Trittin-Strategie – Giovanni di Lorenzo spricht von »hegemonialem Machtmissbrauch« – ist nicht aufgegangen: Sie hat ob ihrer Dreistigkeit aber erheblich zum Bürgerverdruss beigetragen.

Man kann den Sachverhalt noch etwas weiter zuspitzen: Nie sind wir so mächtig wie zu der Zeit, da wir die Macht noch nicht errungen haben, sie aber mit aller Kraft anstreben. Wir sind zugleich sensibel und achtsam, dass uns kein Fehler unterläuft. Das alles triumphiert als Glücksgefühl am Tag der Inauguration. Nun, meint der Mächtige, komme der leichtere Teil, könne er die Macht genießen, schließlich hat ihr Erwerb ihn auch viele Entbehrungen gekostet. Er weiß noch nicht: Von nun an geht es bergab. Er will es auch nicht wissen. Noch nicht einmal, wenn für alle in seinem Umkreis längst klar ist, dass es aus ist. Anders gesagt: Die Ohnmacht breitet sich schleichend aus und beginnt häufig schon genau an jenem Tag, da dem Mächtigen zum ersten Mal die geballte Machtfülle zu Gebote steht.

Ausgerechnet Peer Steinbrück, der Vorgänger von Martin Schulz im gescheiterten Versuch, die Macht zu erringen, hat das ausgeplaudert: Auf die Frage, was beim Schulz-Hype schiefgelaufen sei, antwortete Steinbrück, die hundert Prozent Zustimmung bei der Wahl zum SPD-Vorsitzenden seien »vergiftet« gewesen: »Die Partei saß plötzlich auf Wolke sieben, es hat sich ein Realitätsverlust eingestellt, und das Publikum hat sich gewundert: Steht da jetzt Erich Schulz-Honecker?« Steinbrücks präzise Beschreibung (er hat Erfahrung in Sachen Machtverlust) ist nur an einer entscheidenden Stelle nicht korrekt: »Schiefgelaufen« ist da gar nichts, es ist gelaufen wie immer, bloß dass wir den von Fortuna erwirkten Zwang der Wiederholung immer wieder vergessen: Das ist gut so. Denn andernfalls fehlte Machtmenschen die Motivation, was wiederum schlecht wäre für den Gang der Fortschrittsgeschichte.

Auch Donald Trump hat relativ rasch zu spüren bekommen, dass es schöner ist, die Macht haben zu wollen, als sie tatsächlich zu besitzen. Wie ein trotziger Dickkopf rannte er Mal ums Mal an die Wände des amerikanischen Rechtsstaats und wurde sogar von dem FBI-Chef James Comey, den er entlassen hatte, gedemütigt. Leute rausschmeißen können stabilisiert per se noch nicht die Macht. Es kann auch nach hinten losgehen. Wohl noch nie hat ein Präsident der USA so kurze Zeit nach seinem Amtsantritt bereits so tief in den Abgrund geschaut wie Trump: Kaum war er an der Macht, erschienen Kommentare, die ein Impeachment-Verfahren für wahrscheinlich oder sogar geboten hielten, um den neu gewählten Präsidenten seines Amtes zu entheben.

Es muss nicht immer gleich bergab gehen. Es gibt auch ein Machtplateau, auf dem der Mächtige sich in Sicherheit wiegen kann, Zeit hat, seine Macht zu stabilisieren oder sogar noch auszubauen. Helmut Kohl ist so ein Fall. Angela Merkel, von der wir im letzten Kapitel gehandelt haben, natürlich auch. Beide CDU-Politiker sind ohnehin Ausnahmeerscheinungen der Macht. Kohl kam Fortuna mit der Deutschen Einheit zu Hilfe, die seine Amtszeit um fast zehn Jahr verlängerte. Kohls Regierungszeit war – folgt man seinen Memoiren – von keinerlei Selbstzweifeln geprägt: »Man kann mit offensichtlichen Selbstzweifeln auch kaum 16 Jahre Bundeskanzler sein«, meinte sein Verleger – nach dessen Tod. Am Ende, während des Parteispendenskandals, hatte Kohl die Empathie der Macht vollkommen verlassen. Der Kanzler der deutschen und europäischen Einheit musste dafür teuer bezahlen. Merkel stattete die Natur mit einer eingebauten Übermutsbremse und zugleich einem hochsensiblen Grundmisstrauen aus. Beide, Kohl wie Merkel, wappneten sich übrigens auch, je länger desto deutlicher, mit einem körperlich sichtbaren Panzer der Macht, an dem vieles abprallt.

Nehmen wir dagegen, sozusagen als Normalfall für das Rad der Fortuna, Frauke Petry, Vorsitzende der Partei Alternative für Deutschland (AfD). Lange stand sie im Schatten des klugen Gründungsvorsitzenden der Partei, Bernd Lucke. Jung, Osten, Frau – die besten Voraussetzungen, um unterschätzt zu werden, siehe Merkel. Aus Luckes Sicht eine nützliche Helferin, die die Rechten in Ostdeutschland brauchen, ohne welche die eurokritische AfD auch in ihrer Anfangszeit nicht hätte groß werden können. Von Unterschätzung geschützt, sammelte Petry ihre Truppen, bereitete generalstabsmäßig die Machtübernahme vor, die ihr dann auf dem Essener Parteitag der AfD 2015 auch furios gelang. Mit Pauken und Trompeten ging Lucke unter, mit Schimpf und Schande (»Lucke raus!«) wurde er vom Hof gejagt. Dann, zwei Jahre später, im März 2017 in Köln, wiederholte sich alles mit Petry. Zwei Jahre lang sah es so aus, als wäre ihre Herrschaft unbestreitbar. Petry absolvierte jede Talkshow bravourös, führte im Flüchtlingsjahr 2016 die Partei zu zweistelliger Zustimmung, war schwanger mit ihrem fünften Kind und träumte davon, im Jahr 2021 Bundeskanzlerin der Bundesrepublik Deutschland zu werden. Durch die Paarung mit dem nordrhein-westfälischen Landesfürsten Marcus Pretzell schien die Macht quasi auch dynastisch gesichert. Am Ende hat sie nicht mitbekommen oder konnte nicht verhindern, wie dramatisch der Wind sich gedreht hatte. Als machtgeile egomane Soziopathin wurde sie in Köln einfach entmachtet. Ihr Ko-Vorsitzender Jörg Meuthen, unzählige Male von ihr gedemütigt, genoss kalt die Rache und ließ sich als völkischer Spießer vom Kongress feiern. In den Träumen der folgenden Nächte könnte ihr Bernd Lucke erschienen sein.

Das Rad der Fortuna dreht sich. Die Machtprätendenten sitzen schon in den Startlöchern. Sie gehen mit denselben Mitteln zu Werk, Empathie und Intrige, derer der Mächtige selbst sich bedient hat, ehe er die Macht hatte. Man kann diese ewige Wiederkehr des Gleichen ungerecht nennen. Man kann es aber auch anders sehen: Gäbe es das Rad der Fortuna nicht, blieben die Mächtigen immer mächtig und könnten nur noch unverschämter ihre Macht gebrauchen. Für den Fortschritt und für die Gerechtigkeit ist die Möglichkeit des Falls gut. Vermachtete Märkte müssen bestreitbar sein, sagen die Ökonomen. In der Politik sollte es genauso laufen.

Fortuna, die Allegorie des Zufalls und des Fortschritts, ist die meistunterschätzte Dame des Weltengeschehens. Kein Wunder: Es kränkt jeden, sich eingestehen zu müssen, den Erfolg im Leben nicht nur eigener Leistung und geschickter Machtstrategie, sondern auch vielen glücklichen Umständen, den berühmten »windows of opportunity«, zu verdanken, ohne welche der klügste Mann oder der gerissenste Intrigant es niemals nach oben geschafft hätte. Beim Weg an die Macht hängt vieles davon ab, den Kairos, den rechten Moment, zu ergreifen und daraus das Beste zu machen. Ist es aber einmal geschafft, neigen wir dazu, dieses Zusammenspiel von Zufall und Leistung zu unterschlagen. Psychologen sprechen von »Erreichbarkeitsheuristik«. Dass wir ein Leben lang für unsere Ziele gearbeitet haben, das vergessen wir nicht. Blut, Schweiß und Tränen sollen sich irgendwann einmal auszahlen. Die kleinen Zufälle aber, die möglicherweise entscheidend waren für den Weg an die Macht, die vergessen oder verdrängen wir am Ende. Dann sind wir allein die Helden, die alles mit unseren großartigen Fähigkeiten geschafft haben; es ist das Spiegelbild der Selbstüberschätzung beim Weg an die Macht. Der Mythos der Meritokratie, der Leistungsgerechtigkeit, hat eine zentrale Funktion: Er legitimiert die Macht als eine gerechte Belohnung für jahrelange entbehrungsreiche Anstrengung. Doch dabei die Rolle der Fortuna zu unterschlagen, rächt sich bitterlich.

Blicken wir einen Moment noch einmal auf Shakespeares Richard III., den wir im letzten Kapitel in jenem Moment verlassen haben, in dem er als König Englands am Ziel seines blutigen Treibens angekommen war. Doch nun will ihm plötzlich nichts mehr gelingen. Seine Position ist nicht zuletzt durch seine Bluttaten unsicher geworden. Und in Frankreich erwächst ihm mit Graf Heinrich von Richmond ein Gegenspieler, dessen Gefährlichkeit er lange Zeit unterschätzt. Am Vorabend der Entscheidungsschlacht begegnen Richard im Traum die Geister jener, die er hinmetzeln ließ, und prophezeien ihm seinen Untergang; Richmond aber sprechen sie Mut zu. Am nächsten Morgen werden Richards Truppen in die Flucht geschlagen, Richards Pferd wird getötet. »A Horse! A Horse! My Kingdom for a Horse!«, fleht Richard, der ehemals mächtige König. Kaltblütig wird er von Richmond getötet. Dabei war die Sache eigentlich schon am Tag der Thronbesteigung entschieden. Konsequent dauert der Untergang auch nur einen Bruchteil der Zeit des Dramas im Vergleich mit dem Weg an die Macht. Gnadenlos nimmt das Schicksal seinen Lauf. Es zeigt die Ohnmacht der Mächtigen in Zeiten ihrer Macht.

Alles Schnee von gestern? Ganz und gar nicht. Es lohnt, die These von der Ohnmacht der Mächtigen seit dem Zeitpunkt ihres Machtantritts an Fallstudien dreier prominenter deutscher Top-Manager zu besichtigen. An Peter Löscher, der einmal als Erlöser des Siemens-Konzerns aus dem Korruptionssumpf galt und an den sich heute nur noch wenige erinnern, an Thomas Middelhoff, lange Jahre CEO des Gütersloher Medienunternehmens Bertelsmann, anschließend Vorstandsvorsitzer des Handelskonzerns Arcandor. Und an Martin Winterkorn, lange Jahre Vorstand von Audi in Ingolstadt und dann oberster Chef bei Volkswagen in Wolfsburg.

Die Verleugnung: Martin Winterkorn

Man muss sich dieses Video mehrmals anschauen, um es zu verstehen. Es dauert zwei Minuten, 33 Sekunden. Es ist ernst, gruselig und traurig. Ein Mann macht sich lächerlich. Martin Winterkorn steht an diesem Dienstag, dem 22. September 2015, starr, fahl, unbeweglich vor einer Wand, auf der vielfach das Wort »Volkswagen« zu lesen ist. Augenscheinlich liest er von einem Teleprompter genannten Textautomaten eine Erklärung ab. Ihm täten die jetzt aufgeflogenen Dinge »unendlich leid«; er entschuldige sich »in aller Form«. Wegen der »Fehler einiger weniger« dürfe jetzt nicht die »ehrliche Arbeit« von 600 000 VW-Arbeitern »unter Generalverdacht« gestellt werden. Martin Winterkorn verspricht, »schonungslos« aufzuklären.

Winterkorn kämpft, aber er wirkt nicht kämpferisch. Winterkorn sagt Dinge, die niemand behauptet hat. Und er sagt Dinge nicht, die alle wissen wollen. Kein Mensch hat für die Abgasfälschungen von VW alle Arbeiter unter Generalverdacht gestellt. Bloß einer steht vor allem unter Verdacht: Winterkorn selbst. Was hat der Mann, der Wolfsburg über Jahre beherrschte, von den Betrugsfällen bei Dieselfahrzeugen gewusst, die VW inzwischen eingestanden hat? Wenn er nichts gewusst hat – wie kann es sein, dass ein Betrug solchen Ausmaßes über lange Jahre von ihm unbemerkt blieb? Hatten seine Leute Angst vor ihm, dem autoritären Choleriker? Wollten sie ihn schonen? Unerklärlich.

Winterkorn stiehlt sich aus der Verantwortung. Das Pathos des Chefaufklärers, der verleugnet, er könne der Angeklagte sein, wirkt hohl. Deshalb kippen die zweieinhalb Minuten Video bei wiederholter Betrachtung ins Lächerliche. Nicht erst deshalb, weil man heute weiß, wie die Geschichte weitergeht. Lächerlich sei etwas nur vor dem Hintergrund des Ernstes, mit dem es kontrastierte, kann man bei Helmuth Plessner lesen, einem deutschen Philosophen. »Das Lächerliche entehrt mehr als Unehre«, schreibt La Rochefoucauld, ein französischer Moralist. Winterkorn hat sich selbst entehrt.

Kurz nachdem das Winterkorn-Video ins Netz gegangen ist, trifft sich in Wolfsburg ein informeller Kreis. Berthold Huber, der damalige Aufsichtsratsvorsitzende und frühere IG-Metall-Chef, ist dabei, Bernd Osterloh, Aufsichtsrat und Betriebsratschef, ein weiterer Gewerkschafter, der oberste VW-Hausjurist. Und Martin Winterkorn. Die Lage hat sich längst dramatisch zugespitzt: Die VW-Aktie verlor zeitweise vierzig Prozent ihres Börsenwertes. Statt 80 Milliarden Euro ist das Unternehmen plötzlich nur noch 55 Milliarden Euro wert. Infiziert davon wurden nicht nur weitere Autoaktien von BMW bis Daimler. Auch der komplette Dax, der es in diesem Jahr schon einmal auf über 12 000 Punkte geschafft hatte, bewegte sich flink in Richtung 9000. Betroffen sollen über zehn Millionen Autos sein; allein die Strafe der amerikanischen Umweltbehörde könnte sich auf bis zu 18 Milliarden Dollar belaufen. Es ist am Ende noch viel teurer geworden.

Es müssten jetzt auch personelle Konsequenzen gezogen werden, sagen die an diesem Abend Anwesenden zu Winterkorn. Winterkorn sagt dazu nichts. Man geht auseinander. Aber es könnte Winterkorn gedämmert haben, dass er nicht mehr bis zum Frühjahr 2018 Vorstandsvorsitzender von VW sein würde.

Schon am Mittwochmorgen um neun Uhr trifft man sich wieder. Es ist eine offizielle Sitzung des Aufsichtsratspräsidiums. Für den Mehrheitsaktionär, die Familien Porsche und Piëch, ist Wolfgang Porsche da. Ministerpräsident Stephan Weil nimmt für das Land Niedersachsen teil. Lange wird um den heißen Brei herumgeredet. Dann gibt Aufseher Huber den Rambo: »Ich werde Sie am Freitag nicht vorschlagen und auch nicht wählen«, sagt er zu Winterkorn. An diesem Freitag, da hätte eigentlich, wie Anfang September angekündigt, Winterkorns Vertrag bis 2018 verlängert werden sollen. Weil und Porsche schließen sich Huber an. Winterkorn ist der Auffassung, dass ihm Unrecht widerfährt. Aber es bleibt ihm nur eins: Er bietet seinen Rücktritt an.

Der aber hat einen Preis. Winterkorn darf öffentlich sagen, dass er sich persönlich nichts habe zuschulden kommen lassen. Anfang 2017, als ein Untersuchungsausschuss des Deutschen Bundestages den Ex-VW-Chef vernimmt, gibt er sich empört: Er sei außer sich, dass ihm seine Leute nichts von den Betrügereien in Amerika gesagt hätten: »Es ist nicht zu verstehen, warum ich nicht frühzeitig und eindeutig über die Messprobleme aufgeklärt worden bin.« Der Angeklagte gibt sich als Ankläger. Keine Rede von Unrechtsbewusstsein. Und das alles, wenige Tage nachdem der FBI ein erdrückendes Dokument »Letter of Facts« veröffentlich hatte, aus dem unzweifelhaft hervorgeht, dass Winterkorn schon im Juli 2015 Kenntnis von Vorfällen gehabt haben muss, die er erst im September zugegeben hat. Und das nur wenige Tage, bevor die Staatsanwaltschaft in Hannover strafrechtlich gegen ihn zu ermitteln begann.

Ein Fall totaler Verleugnung. Wir erinnern uns an Richard Nixon.

Martin Winterkorn taugt auf den ersten Blick nicht gerade zum Charismatiker: Typ trockener Techniker, trägt altmodische Zweireiher, hat große Mühe, schwäbische Sätze einigermaßen unverstolpert zu sprechen. Als er wenige Tage vor seinem tiefen Fall und im Wissen um die zutreffenden Vorwürfe der amerikanischen Behörden wie stets als Letzter die Bühne zur Präsentation der neuesten Modelle aus dem Hause von Volkswagen auf der Frankfurter Internationalen Automobilausstellung IAA betrat, gerieten japanische Girlies kreischend und hyperventilierend außer sich (ich weiß, wovon ich rede, ich saß zufällig daneben), während eine tief hallende Stimme aus dem Off den »Professor Martin Winterkorn« wie den Andacht gebietenden Heilsbringer ankündigte. Die Autoshow in einer großen Frankfurter Arena folgte einer liturgischen Dramaturgie.

Charisma ist bei Max Weber eine von drei möglichen Formen der Herrschaft, mit der Macht ausgeübt wird. Wie passen ungelenke Erscheinung und religiöser Erlösergestus zusammen? Gar nicht schlecht, folgt man Max Weber. Denn Charisma ist keine objektive Eigenschaft, sondern eine Zuschreibung von außen. Es kommt nicht darauf an, wie Winterkorn wirklich sich verhält, was zählt, ist, wie ihn seine Anhänger und Jünger bewerten. Nicht die Charaktereigenschaften des mächtigen Führers sind es, sondern wohl Größe, wirtschaftlicher Erfolg und weltweite Marktmacht des Konzerns (600 000 Beschäftigte, 200 Milliarden Euro Umsatz, 11 Milliarden Euro Gewinn), welche die Charismatisierung von Vorstandschefs auslösen. Ein tiefes und märchenhaftes Bedürfnis ist dafür verantwortlich, dass wir gewohnt sind, uns die Welt- und Wirtschaftsgeschichte als eine Geschichte von großen mächtigen Männern (kaum Frauen!) vorzustellen, womöglich auch ein Bedürfnis nach Vorbildern. Den solcherart aufgeladenen charismatischen Helden kommt dies sehr zupass, weil die Zuschreibung außergewöhnlicher Fähigkeiten, an der sie selbst mitwirken, ihren Marktwert und ihr Einkommen steigert. Nicht zufällig war Winterkorn mit 16 Millionen Euro Jahresgehalt Spitzenverdiener unter den deutschen Top-Managern.

Die Sache ist freilich riskant, wie wir seit September 2015 wissen. Schlagartig musste Winterkorn nach der Veröffentlichung des Abgasskandals erfahren, dass er, der charismatisch Begnadete, von seinem Gott verlassen wurde, was ihm auf der Stelle auch die magische Heldenkraft raubte. Tragisch ist daran, dass Winterkorn selbst inzwischen von seinem Gottesgnadentum derart überzeugt war, dass er die Entcharismatisierung nur als Ungerechtigkeit seiner bösartigen Umgebung missverstehen konnte. Das ist die Kehrseite der Überhöhung: Im Purgatorium der Vorhölle, in dem Volkswagen sich nach Bekanntwerden des Skandals befindet, müssen die neuen VW-Herrscher alles daransetzen, alle jetzt schon bekannten und noch kommenden Enthüllungen Winterkorn anzulasten.

Rechtzeitig, als ob er es gerochen hätte, hatte sich schon im Frühjahr 2015 Winterkorns größter Förderer, Firmengroßaktionär Ferdinand Piëch, abgesetzt. »Ich bin auf Distanz zu Winterkorn«, hatte Piëch, der alte Fuchs, im April geraunt. Das war zwar zunächst ein Satz, der auch den Alten selbst zu Fall brachte – Götterdämmerung zwingt immer gleich mehrere Mächtige in die Knie (siehe Richard Wagner und William Shakespeare) –, aber letztlich sollte Piëch doch triumphieren: Mit aller Bosheit, die ihm zu Gebote steht, und zugleich in aller Unschuld ließ er die Staatsanwaltschaft Anfang 2017 wissen, Winterkorn sei schon viel früher über alle Betrügereien im Bilde gewesen. Es muss eine Form diabolisch-destruktiver Lust sein, mit welcher der Alte alle Beteiligten mit in den Untergang ziehen will, am Ende auch sich selbst. Kann man sein Lebenswerk so zerstören? Und sein Finanzvermögen so ruinieren?

Bevor wir unsere Fallstudie zu Martin Winterkorn abbrechen, sollte zumindest eine Frage noch etwas ausführlicher erörtert werden: Wie kann es sein, dass über Jahre hinweg ein derart eklatanter Fall von Täuschung und Betrug unerkannt bleibt? Und: Wie kann es zu einem derart eklatanten Fall von Machtmissbrauch an der Spitze eines Unternehmens kommen? Das darf man sich nicht allzu simpel vorstellen. Kaum denkbar, dass der Mann ganz oben per Ukas den Betrug in Amerika angeordnet hat. Er wird auch dafür gesorgt haben, dass, sollte so etwas vorkommen, er nicht explizit Notiz nehmen musste. In engster Nähe zu Winterkorn gab es über viele Jahre – wie aus den FBI-Dokumenten hervorgeht – einen Vertrauten, den sie in der Firma den »Feuerwehrmann« nannten und der den vielsagenden Namen Bernd Gottweis trägt. Gottweis war für die »Brandmauer«

zuständig, er hatte dafür zu sorgen, dass Winterkorn nichts entging, ohne dass er zu viel wissen musste. Wer die Macht hat, muss sich einen Raum der Unschuld und des Nichtwissens sichern. Im Strafprozess kennen die Juristen die Formulierung »Mit Nichtwissen bestreiten«. Genau das macht Winterkorn: Es ist die auf den deutschen Juristen Karl Victor von Hase (1834 – 1860) zurückgehende Haltung des »Ich weiß von nichts.«

Ein kleiner Exkurs über Schmeichler, Haushälterinnen, Hofschranzen

Macht funktioniert nur, wenn es einen Vorraum der Macht gibt, der unter anderem die Aufgabe hat, den Mächtigen vor zu viel oder, sagen wir, vor gefährlichem Wissen zu schützen. Vor jedem Raum direkter Macht bilde sich ein Vorraum indirekter Einflüsse und Gewalten, formulierte der Staatsrechtler Carl Schmitt einmal beiläufig: ein Zugang zum Ohr, ein Korridor zur Seele des Machthabers. »Es gibt keine menschliche Macht ohne diesen Vorraum und ohne diesen Korridor.« Das Vorzimmer, in dem die Bittsteller antichambrieren, brachte in unterschiedlichen Zeiten unterschiedliche Rollen und Charaktere eines Hofstaats hervor. Schmitt sieht Minister und Botschafter in großer Uniform, aber auch Beichtväter und Leibärzte, Adjutanten, Kammerdiener und Mätressen. Nicht zu vergessen: die Sekretärin, die gute Seele oder der sprichwörtliche Vorzimmer-Drachen. Durch Ernst Jünger, Schmitts Freund, wird der Vorzimmergesellschaft auch noch die katholische Pfarrhäuserin oder Pfarrhaushälterin hinzugesellt, die als Dienerin große Macht über den

Herrn Pfarrer hatte. Häufig war er ihr Bruder, für den sie sich opferte, indem sie unverheiratet blieb und dafür mit der Macht des Zugangs und ein bisschen exklusiver Geschwisterliebe reichlich entschädigt wurde. Übrig geblieben ist davon heute nur noch eine homoerotische Spielart: Der schöne, alle Welt an George Clooney erinnernde Prälat Georg Gänswein diente im Vatikan, inzwischen im Rang eines Erzbischofs, nicht nur Papst Benedikt XVI., sondern ist auch für dessen Nachfolger Franziskus tätig.

All diese Günstlinge schirmen ab oder lassen ein, haben das Ohr des Meisters. Wenn sie stark sind, können sie dessen Willen auch beeinflussen, ihm gar Widerworte geben. Wenn sie schwach sind, sind sie nur Speichellecker und Echogeber, Ministranten am Altar der Macht, die ihren Herrn vor der Wirklichkeit schützen und mit dazu beitragen, dass er immer weniger von der Realität versteht, was am Ende ihm zum Verhängnis wird. »Wenn das der Führer wüsste«, war eine in der Nazizeit gebräuchliche Formulierung, die den Wunsch des Volkes ausdrückte, dem Mann an der Spitze sollte das Wissen von besonders widerlichen Vorkommnissen erspart bleiben. Das verweist auf eine merkwürdige Dialektik, wonach nicht nur Wissen, sondern auch Nichtwissen Macht sein kann. Wobei es sich allerdings bei dieser besonderen Form des Nichtwissens ganz offenkundig um eine wissende Form des Nichtwissens handelt: Nichtwissen wurde zu einem kollektiven Machtinstrument der Deutschen nach 1945. Albert Speer war darin ihr großes Vorbild und ein Meister.

In vielen Familien gibt es so etwas wie ein »offenes Geheimnis«, ein von allen geteiltes Wissen (zum Beispiel darüber, dass das jüngste Kind einen anderen Vater hat), welches auszuplaudern verboten ist, was wiederum als Verrat geahndet würde. Der Abgasbetrug von VW fällt unter den Typus einer für die Firma »nützlichen Illegalität« (Niklas Luhmann), die man in der Unternehmensfamilie verschweigt: Man handelt gesetzeswidrig, aber für einen guten Zweck und im Interesse des Unternehmens, um Schaden von ihm abzuwenden. Viele Kollegen sind eingebunden: Sie wissen, ahnen dumpf, dulden stillschweigend. Auf diese Weise werden alle voneinander abhängig.

Den Philosophen Avishai Margalit erinnern solche Abhängigkeitsbeziehungen in großen Konzernen an Feudalverhältnisse einer vormodernen Gesellschaft: Ihre Bindewirkung haben sie oberflächlich betrachtet über den arbeitsrechtlichen Vertrag. Doch das Klebemittel, das wirklich haftet, ist die unbedingt geforderte Vasallentreue, Loyalität genannt. Loyalität wirkt als zäher Klebestoff in einer guten Beziehung, schreibt Margalit. Er öffnet die Augen dafür, dass Loyalität nicht nur positiv zu sehen ist, sondern gefährlich werden kann. Ihre stärkste Bindung entfaltet sie in der Familie: Dort wirkt die Blutsverwandtschaft als Kitt. Nicht ohne Grund legen aber auch Unternehmen größten Wert auf die Loyalität ihrer Mitarbeiter, wenn sie diese auf gemeinsame Ziele einschwören – getreu dem Motto: Wir gehören doch alle zu einer großen Familie. Verrat in der Familie ist das Allerschlimmste, was sich denken lässt: So etwas macht man nicht. Es ist eine Art gemeinsames Verschweigen. Der Mann an der Spitze lebt davon. Zumindest, solange es gutgeht. Am Ende allerdings bleibt nicht die kleinste Spur von Loyalität mehr übrig. So schnell kann sich der Klebstoff auflösen, wenn die Macht entschwunden ist.

Ausnahmslos alle Mächtigen nutzen solch kleine Kreise von Getreuen, von denen sie absolute Loyalität erwarten, denen sie sich aber auch rückhaltlos anvertrauen. Der britischen Premierministerin Theresa May, so heißt es, genügen sogar nur zwei Ratgeber. Offiziell fungierten sie als »Stabschefs«, nachdem May den ganzen »Jungsclub« ihres Vorgängers David Cameron zum Teufel gejagt hatte. Es heißt, May tue sich schwer mit Entscheidungen, könne sich häufig nicht zu einer Meinung durchringen. Dann verlasse sie für kurze Zeit den Raum, ziehe sich zur Beratung mit den beiden zurück und komme anschließend mit eindeutigem Urteil wieder. Nach einer Wahlschlappe bei den Parlamentswahlen im Juni 2017 waren die beiden Berater dann freilich auch die Ersten, die May entließ, was umgehend als Vorzeichen ihres eigenen Untergangs gedeutet wurde.

Ist das nun ein Zeichen von Schwäche oder von Stärke? Es wäre naiv, für den besten Machthaber jenen zu halten, der einsame Entschlüsse fasst. Das verweist eher auf Paranoia und wäre ein Indiz für ein Spätstadium im Prozess des Machtverfalls. Angela Merkel, die mit Theresa May in einigem verwandt ist (beide Frauen sind übrigens kinderlos, was im Zusammenhang mit dem »Willen zur Macht« keine Nebensache sein dürfte), stützt sich seit Jahren auf ein stabiles Netz von Vertrauten (zumeist Frauen), von denen sie absolute Verschwiegenheit erwartet. Soweit bekannt, hat niemand dieses Gebot bislang gebrochen (Verrat würde mit Ausschluss bestraft). Spannend wird, wer aus dem Kreis der Vertrauten das Schweigen bricht, wenn Merkel einmal nicht mehr Kanzlerin ist. Das Scharnier nach außen übernimmt im Umfeld Merkels indessen ein Mann: Volker Kauder. Es lohnt, ihm in unserem Text auch eine kleine Nebenrolle zuzuweisen.

Kauder, wenige Jahre älter als Merkel, war einmal im gegnerischen Lager. Im Bundestagswahlkampf 2002, als Edmund Stoiber sich gegen Angela Merkel als Kanzlerkandidat durchsetzte (und bei der Wahl scheiterte), war Kauder auf der Seite Stoibers. Merkel, die ihre Gegner in der Regel vollständig vernichtet, hat ihm das, anders als sonst, nicht verübelt, sondern ihn, den Konvertiten, nachdem er die Seiten gewechselt hat, zu ihrem Generalsekretär, später dann zum Fraktionsvorsitzenden gemacht, mithin zu ihrem wichtigsten Vertrauten mit Aufgaben in die Partei und Fraktion hinein. Merkel hätte ihn vernichten können, Kauder weiß das, stattdessen hat sie ihn zum Politkommissar in der eigenen Partei gemacht. Das macht seine Loyalität, nicht ganz freiwillig, grenzenlos. Kauder agiert wie ein gnadenloser Apparatschik, er ist der Inbegriff des Hofschranzen: Abweichlern (Euroskeptikern) droht er mit der Höchststrafe, dem Entzug des Wahlkreises und Verstoß auf hintere Listenplätze (tödlich für Berufspolitiker). Zugleich hat er als Süddeutscher (aus dem Wahlkreis Rottweil-Tuttlingen) das Ohr an der südwestdeutschen Parteibasis, die nach wie vor merkelkritisch bis -feindlich ist: Frauen aus dem Osten pflegt man dort nicht ernst zu nehmen. Kauder muss sie einfrieden, er muss Merkel Rapport erstatten. Kauder ist von Merkel abhängig, aber sie ist auch von ihm abhängig. Kauder will und kann Merkel das Amt nicht streitig machen. Er könnte aber in ein neues Lager überwechseln, wenn er merkt, dass Merkels Macht bröckelt. Nach der Flüchtlingskrise und in den Honeymoon-Wochen des Schulz-Hypes war es schon einmal fast so weit. Kauder hat beste Verbindungen zum Landsmann Wolfgang Schäuble, der als Senior-Rivale gehandelt wurde. Ihm wäre auch zuzutrauen, dass er sich Nachwuchs-Star Jens Spahn andient. Spahn wäre das gewiss unangenehm – aber womöglich könnte er eine Zeitlang auf Kauder angewiesen sein. Noch ist es nicht so weit. Deshalb zurück zu den tatsächlich Gescheiterten und Gefallenen.

Die Entzauberung: Thomas Middelhoff

Einmal angenommen, der Top-Manager Thomas Middelhoff hätte im Jahr 2009 den strauchelnden Karstadt-Konzern namens Arcandor vor der Pleite bewahrt: Der Mann würde heute als Sieger durch die Welt ziehen, Huldigungen von Kollegen, Politikern und Medienschaffenden entgegennehmen und in den Talkshows über Ethik, Arbeitsplätze und die Verantwortung der Führungskräfte parlieren. Niemand, schon gar nicht die Konzerneigentümerin Madeleine Schickedanz, hätte je gemault, der Mann lebe auf zu großem Fuße, sei gar vom Größenwahn zerfressen. »Das deutsche Strafrecht ist höchst selektiv und hat viel mit Willkür zu tun«, sagt Middelhoffs Verteidiger, der Staranwalt Sven Thomas: »Delikte werden immer erst dann verfolgt, nachdem ein wirtschaftliches Scheitern festgestellt wurde. Sobald eine Pleite da ist, ein Absturz, gelten völlig andere Regeln.«

So ist es. Arcandor endete in der Pleite, und der Insolvenzverwalter prüfte nach – was seine Pflicht ist –, ob Vorstand Middelhoff womöglich Dinge getrieben hatte, deren Unterlassung das Unternehmen zwar auch nicht gerettet, aber den Gläubigern mehr Substanz zur Befriedigung ihrer Ansprüche gebracht hätte. Wäre Thomas Middelhoff nicht ständig mit sündhaft teuren Privatjets und Hubschraubern unterwegs gewesen, wäre am Ende aus der Insolvenzmasse mehr zu holen gewesen. Der Mann soll den Schaden wiedergutmachen und nachzahlen, sagt das Zivilrecht. Der Mann war untreu und gehört weggesperrt, sagt das Strafrecht.

An einem Novembertag des Jahres 2014 wurde Thomas Middelhoff zu drei Jahren Gefängnis ohne Bewährung verurteilt. Statt ins mondäne Saint Tropez zurückzukehren, wo er etliche Jahre seinen Zweitwohnsitz hatte, musste er unverzüglich den Gang in die Justizvollzugsanstalt antreten. Untreue heißt das Verbrechen, dessen der Richter den Angeklagten Middelhoff in 27 Fällen schuldig gesprochen hat. Die Juristen verlangen dafür ein »pflichtwidriges« Verhalten, eine Verletzung seiner »Vermögensbetreuungspflicht«. Dass er sich selbst auf Kosten seiner Firma bereichert hat, ist, anders als beim Betrug, nicht zwingend erforderlich. Leicht nachvollziehen lässt sich das Urteil dort, wo als erwiesen gilt, dass der Manager sich im exklusiven Charterflugzeug für 90 000 Euro zu einem Boardmeeting der »New York Times« nach Amerika fliegen ließ, die Kosten aber dem Arcandor-Konzern in Rechnung stellte. Warum sollen die Eigentümer deutscher Warenhäuser dafür zahlen, dass der Vorstandschef ihres Unternehmens sich mit Aufsichtsratsmandaten internationaler Medienkonzerne schmückt? Dreister noch ist die üppige Festschrift zum runden Geburtstag, die Middelhoff seinem alten Freund und Förderer Mark Wössner beim früheren Arbeitgeber Bertelsmann zudachte, wofür er den Kaufhausaktionären 180 000 Euro in Rechnung stellte.

»Other People's Money«: Mit dem Geld anderer Leute lässt es sich leicht großzügig sein. Ein typischer Fall für die Psychologen der Macht, wo aus Selbstüberschätzung Selbstsucht geworden ist. Ein typischer Fall auch für Lord Acton: Absolute Macht korrumpiert eben auch absolut. So etwas findet auch der juristische Laie pflichtwidrig, und er versteht, warum die Fachleute dafür den Begriff »Untreue« benützen: Der CEO, der treu zu seinem Arbeitgeber sein soll und dafür auch fürstlich honoriert wird, geht fremd und schädigt sein Unternehmen, indem er dessen Eigentum veruntreut und damit Hallodri treibt.

Verlässt man die eindeutigen Fälle, landet man schnell in Gebieten, in denen die Farben etwas grauer werden. Spätestens am Kamener Kreuz mitten im Ruhrgebiet, wo notorisch Stau ist, wurde Middelhoff auf dem Weg von seinem Wohnort Bielefeld zur Arcandor-Zentrale in Essen nervös. Wurde die Unruhe unerträglich, orderte der Mann lieber den Hubschrauber, damit seine Mitarbeiter nicht länger auf ihn verzichten mussten. »Rund um die Uhr im Einsatz« für die Firma, so lautet die Begründung für die zusätzlichen Kosten. Ist es nicht wichtiger, der Führungsmann kommt schnell in sein Vorstandsbüro, wo ständig große Entscheidungen zum Wohle des Unternehmens von ihm verlangt werden, als dass er sinnlos – also letztlich teuer – auf deutschen Autobahnen herumsteht? Das alles ist unerträgliche Aufplusterungsrhetorik, aber es ist zu befürchten, dass Leute wie Middelhoff von ihrer großen Wichtigkeit bis zuletzt überzeugt waren.

Nicht Aufopferung, sondern Statusabsicherung birgt den Schlüssel zum Verständnis. Es reicht, sich in der Welt der Reichen und Mächtigen ein wenig umzusehen, um zu erkennen, dass auch in der vermeintlich entzaubert-rationalen Wirtschaftswelt glanzvoll schmückende Accessoires bis heute gang und gäbe sind. Weil ein Auto der S-Klasse (fast) jedermann fährt, muss für die Leute in den Top-Etagen eben zuweilen ein Privatjet her. Dem Arbeitsplatz im Büro soll der Besucher schnell ansehen, mit wem er es zu tun hat. Warum ist es nicht anstößig, wenn ein Vorstandschef sich hinter seinen Schreibtisch einen originalen Siebdruck von Andy Warhol oder Gerhard Richter hängt?

Statusgemäß ausgeschmückte Protzbüros sind in vielen Unternehmen eine Selbstverständlichkeit. Ihre Bewohner werden sagen, das erwarteten die Kunden, sei also ganz und gar im Interesse des Geschäfts und steigere am Ende gar den Wert des Unternehmens, sollte der Preis der Kunstwerke am Markt sich im Lauf ihrer Vorstandstätigkeit erhöhen. Könnten nicht mit ebensolchem Recht die Eigentümer all dieser Unternehmen geltend machen, die teuren Rechnungen für Innenarchitekten und Galeristen schmälerten ihre Dividende? Es wäre doch wohl absurd, das ganze Statusgeprotze der Mächtigen – ein üppiges Sekretariat, Chauffeur, Kofferträger nebst Edelabsteigen im Fünfsternehotel – komplett als Verstoß gegen die Vermögensbetreuungspflicht unter Strafe zu stellen. Kosten und Nutzen verteilen sich eben nicht evident: Ob das Unternehmen, quasi als Statuskompensation, einen geldwerten Nutzen aus dem vielen Lametta zieht oder einen Schaden erleidet, lässt sich selten zweifelsfrei errechnen. Was er getrieben habe, sei »gelebte Praxis in Großkonzernen«, beteuert Middelhoff: Damit wird er gar nicht so unrecht haben, wiewohl die Grenzen zweifellos fließend sind.

Thomas Middelhoff – er war einmal ein jugendlicher Held. Bei Bertelsmann in den Jahren der Jahrtausendwende brachte er Glanz in die Provinz von Ostwestfalen. Die besten Hochschulabsolventen ließen sich dazu verführen, nach Gütersloh zu kommen. Das will etwas heißen. Das amerikanische Magazin »Newsweek« warf mit Superlativen nur so um sich: Den »berühmtesten unserer neuen Denker« nannten sie Middelhoff. Einen Zauberer der Kapitalmärkte, der mit seinem jungenhaften Charme noch den ausgebufftesten Aktienanalysten und Investor davon überzeugen konnte, dass das Geld bei ihm in besten Händen war. Doch, wenn unsere These einleuchtet, muss am Tag, als Bertelsmann-Patriarch Reinhard Mohn Middelhoff zum CEO des Familienunternehmens machte, ihm die Sache zu Kopf gestiegen sein. Mit absoluter Macht vermeintlich ausgestattet, schwang er sich auch über seine Eigentümer auf, wollte den Konzern an die Börse bringen, was diese nicht zu Unrecht als Versuch der Enteignung durch den Top-Manager ansahen. Das war der Anfang vom Ende, gerade weil es bei Middelhoff Rachegelüste auslöste: Er fühle sich ungerecht behandelt, wo er doch den Wert des Unternehmens so sehr vermehrt habe. Jagt man zum Dank einen dafür vom Hof? Bei Arcandor hatte Middelhoff es mit Madeleine Schickedanz abermals mit einer Familieneigentümerin zu tun, die sich anfangs sehr von ihm blenden ließ. Doch dann ging die Sache schief. Und Schickedanz war, wie weiland Mohn oder Piëch bei Winterkorn, ganz schnell auf Distanz.

Was bleibt am Ende? Das pure Elend. Das wird noch nicht einmal dadurch kompensiert, dass der Schriftsteller Rainald Goetz sogar einen Roman über das Schicksal des Thomas Middelhoff geschrieben hat (»Johann Holtrop«), was nicht jedem gescheiterten Manager vergönnt ist. Erst kam die Gier, dann die Lüge, dann der Realitätsverlust: Bis zuletzt hat Middelhoff auch Journalisten gegenüber immer beteuert, er verfolge noch etwas ganz Großes, irgendeinen Deal, könne nur heute noch nicht darüber sprechen. Es war erbärmlich. Am Ende kam er, von Krankheit gezeichnet, vorzeitig aus dem Gefängnis frei. Es ist ein radikales Scheitern. Es ist anzunehmen, dass er es nach wie vor anders sieht.

Kaum jemand kann so sensibel über das Paradox der Macht sprechen wie Mathias Döpfner, der Vorstandsvorsitzende der Axel Springer AG. Döpfner, geboren 1963, ein großgewachsener Herr und bis heute ein jugendlicher Held, plaudert aus, was der Mächtige nicht missachten darf. Es sei ratsam, Risiken und Unwägbarkeiten ein bisschen zu überschätzen. Die Mächtigen, einmal an der Macht, neigen allesamt dazu, Risiken und Unwägbarkeiten zu unterschätzen, so sehr sind sie von ihrer eigenen Größe überzeugt. Martin Winterkorn dachte nicht im Schlaf daran, dass ihm, dem mächtigen Konzernlenker, von irgendeiner amerikanischen Umweltbehörde das Genick gebrochen werden könne. Mathias Döpfner hingegen hat als Rat eine Liedzeile von David Bowie parat: »The minute you know you're on safe ground, you're dead.« Das hätte man eigentlich von den Schimpansen im Zoo von Arnheim schon wissen können. Man hätte es auch bei Richard III. im Theater durchleben und durchleiden können. Dabei gehört zumindest das Shakespeare-Wissen zum Allerweltswissen. Das nützt aber nichts. Denn der Wiederholungszwang ist stärker, der oder die Mächtige ist ihm, fast blind, ausgeliefert.

Denken wir an Frauke Petry. Das ist die tiefste Ohnmacht der Mächtigen, dass sie gegen den Wiederholungszwang nichts auszurichten vermögen, selbst wenn sie ahnen oder gar wissen, wohin es führt. Man könnte natürlich auch Helmut Kohl nehmen, der, obwohl mit allerhöchstem Machtinstinkt ausgestattet, nicht verhindern konnte, das Angela Merkel ihn zu meucheln trachtete. Man könnte es auch an Wolfgang Schäuble (und einer ganzen Corona wichtiger CDU-Männer, genannt »Anden-Pakt«) exemplifizieren, die meinten, man müsse Angela Merkel nicht ernst nehmen.

Man sollte auch an Angela Merkel selbst denken, die versprochen hatte, rechtzeitig und selbstbestimmt den Abgang von der Macht zu entscheiden. Meist kommt etwas dazwischen, scheinbar objektive Umstände, die den Männern und Frauen der Macht gebieten, sie müssten noch weitermachen.

Fast naiv hat der ehemalige Regierende Bürgermeister von Berlin, Klaus Wowereit, einmal erzählt, wie er ein ums andere Mal mit Klaus Peymann über einen geeigneten Nachfolger als Chef des Berliner Ensembles gesprochen habe. Aber es habe sich einfach keiner finden lassen. Als am Ende mit dem aus Frankfurt kommenden Oliver Reese doch eine Ablösung für den achtzigjährigen Peymann gefunden war, spuckte dieser Gift und Galle über seinen Nachfolger, beleidigte ihn als »handzahmen Verwalter«, Anwalt der Harmonie der Mittelmäßigen und so weiter. Das hat Züge des tobenden Richard Nixon.

Auf Döpfner hören sie zu wenig; Döpfner sagt: »Only the paranoid survive.« Will sagen: Kontrolle allein hilft nicht; Misstrauen muss dazukommen. Auch nicht schön. Man wird abwarten, ob Döpfner und Merkel dieser Wahlspruch zum Überleben hilft. Bislang sieht es so aus. Es wäre eine ernsthafte Korrektur an der These dieses Buches.

Die Intrige: Peter Löscher

Die Märkte kennen kein Pardon und brauchen keine Argumente. Als am Freitag, dem 27. Juli 2013, zwischen 13 und 14 Uhr bekannt wurde, dass sich tags darauf der Aufsichtsrat von Siemens mit der »zukünftigen Zusammensetzung des Vorstands« befassen werde, schnellte der Aktienkurs des

Unternehmens binnen Sekunden um fast drei Prozent nach oben, auf mehr als 80 Euro. Die Botschaft der Kurstafel war eindeutig: »Peter Löscher muss weg.« Die Anleger des Konzerns hoffen auf eine gute Zukunft von Siemens, ohne den derzeitigen Vorstandschef.

Wer den Österreicher Löscher daran misst, welche Wertsteigerung er für seine Eigentümer seit Amtsantritt erreicht hat, der kann den harten Spruch der Märkte verstehen. Verglichen mit den anderen Werten aus dem Dax hinkte der Kurs der Siemens-Aktie zum damaligen Zeitpunkt um rund 20 Prozentpunkte hinterher. Wer Löscher an anderen Kriterien misst, könnte milder gestimmt sein. Immerhin hat es der Mann in den ersten Amtsjahren geschafft, den von Korruptionsskandalen geschwächten Konzern zur Ruhe zu bringen. Als Mann von außen hat er gegen die »Lehmschicht« der Firma einen Neuanfang gewagt. Das wollten sie alle so haben. Gefeiert hatten sie ihn dafür.

Derartige Abwägungen spielten in der aufgeheizten Situation im Juli 2013 nur noch eine untergeordnete Rolle. Von elf Uhr vormittags an tagten die Vertreter der Kapitalseite am Münchner Franz-Josef-Strauß-Flughafen hinter verschlossenen Türen. Gerhard Cromme war gekommen, Vorsitzender des Gremiums und ehemals Oberkontrolleur von Thyssen-Krupp. Vor Ort waren auch sein Stellvertreter Josef Ackermann, einst Chef der Deutschen Bank, und Nicola Leibinger-Kammüller, Miteigentümerin des schwäbischen Maschinenbauunternehmens Trumpf. An getrenntem Ort scharten sich die Vertreter der Arbeitnehmerbank um IG-Metall-Chef Berthold Huber, den wir schon von VW kennen. Auch Huber war ein Stellvertreter Crommes im Aufsichtsrat.

Am Abend war dann die Entscheidung gefallen. Eine Mehrheit in beiden Lagern sprach sich dafür aus, am kommenden Mittwoch in einer regulären Sitzung des Aufsichtsrats Löscher abzuwählen und als seinen Nachfolger den bisherigen Finanzvorstand Josef »Joe« Kaeser zu bestimmen. Freiwillig, das darf man daraus schließen, wollte Löscher nicht zurücktreten. In nur zwei Tagen hatte sich die Lage beim drittgrößten deutschen Industriekonzern mit 370 000 Mitarbeitern und 78 Milliarden Euro Umsatz dramatisch zugespitzt. Ein Unternehmen, das früher einmal auf seine Langweiligkeit stolz war, leiste sich inzwischen eine »Chaostruppe« als Vorstand, hieß es. Auslöser der Dramatik war eine sechszeilige Ad-hoc-Mitteilung des Unternehmens vom Vortag, in der nüchtern konstatiert wurde, man »gehe nicht mehr davon aus, bis zum Geschäftsjahr 2014 eine Ergebnismarge von mindestens 12 Prozent zu erreichen«, als Gewinn, bezogen auf den Umsatz.

Was wie eine unspektakuläre Korrektur der Gewinnerwartung klingt, bedeutete für Löscher eine Katastrophe. Denn er selbst hatte im Jahr zuvor sein ambitioniertes Unternehmensprogramm 2014 verkündet: »Mittelfeld ist für Siemens einfach nicht genug.« Jetzt war Löscher wieder genau dort angekommen, worauf der Kurs der Aktie dramatisch abstürzte. Zum wiederholten Mal war der Vorstandschef genötigt, die eigenen Ziele zu korrigieren. Das erträgt der Kapitalmarkt auf Dauer nicht.

Und die Aufsichtsräte ertrugen es auch nicht. Cromme war mit dem festen Willen zur Sitzung gereist, Löscher zum Rücktritt zu zwingen. »Nicht angekommen« im Konzern sei Löscher, jener Mann, den Cromme selbst vor sechs Jahren als Retter geholt hatte. Doch Löscher hat gekämpft. »Gerade jetzt ist der Kapitän bei Siemens mehr gefragt denn je«, ließ er via »Süddeutsche Zeitung« an Crommes Adresse ausrichten. Auch wenn ihm der Wind ins Gesicht blase, fügte Löscher trotzig hinzu: »Es war noch nie meine Art, aufzugeben oder schnell die Segel zu streichen.«

So reden Manager immer, wenn sie sich an ihr Amt klammern, kurz vor dem Untergang. Doch Löscher präsentierte den Aufsichtsräten zugleich eine Story, die das Zeug zur Siemens-Räuberpistole hat und sogar einen Oberschurken kennt, der ausgerechnet Gerhard Cromme heißt. Dieser habe Löscher ohne Rücksicht auf Verluste in die Falle laufen lassen, um seine eigene Haut zur retten.

Die Geschichte geht, grob gesagt, so: Aus Löschers Sicht bestand überhaupt kein Anlass, die verfehlten Margenziele zu publizieren. Bis 2014 ist es noch lange hin. Wer weiß, was die Konjunktur alles noch anstellt. Das Unternehmen musste die Schlappe nur deshalb eingestehen, weil gewisse Kreise im Unternehmen darauf gedrungen hätten, das Verfehlen der Ergebnisziele feststellen zu lassen. Danach habe kein Weg an einer Ad-hoc-Mitteilung vorbeigeführt. Insider wollen gehört haben, Löscher habe von »Putsch« gesprochen. Und als Putschist wurde einer jener drei Vorstandskollegen Löschers verdächtigt, die schon lange am Stuhl des Chefs sägten: ausgerechnet Finanzvorstand Kaeser, ein smarter Niederbayer mit lang gepflegten Seilschaften im Konzern, der schon im Frühjahr am Renditeziel herumnörgelte. Im kleinen Kreis ließ er keine Gelegenheit aus zu erwähnen, dass die Wettbewerber von Siemens (General Electric zum Beispiel) besser performten.

Glaubt man Löscher seine Story, dann fungierte Kaeser als Crommes Adjutant – perfide berechnend, dass die Veröffentlichung der verschlechterten Aussichten den Absturz der Aktie provozieren würde. Das gab Cromme das Recht, Löscher in die Wüste zu schicken. Zum Dank durfte Kaeser dann Löscher beerben und konnte Macht, die er errungen hatte, stabilisieren. Seit Krupp-Patriarch Berthold Beitz Anfang des Jahres 2013 seinen ›Adoptivsohn‹ Gerhard Cromme verstieß, legten Cromme etliche den Rücktritt auch bei Siemens nahe.

Peter Löscher, von seiner Macht überzeugt, provoziert den Showdown. Und verliert. Welche Intrigen gegen ihn im Gange waren, hat er, wenn überhaupt, viel zu spät gespürt. Sein Plan, die anderen Aufsichtsratsmitglieder von seiner Version der Geschichte zu überzeugen, ist nicht aufgegangen. Einige, auch gewichtige Mitglieder des Gremiums soll er freilich auf seine Seite gebracht haben, heißt es.

Doch die Schlacht war geschlagen. Löscher hat sie verloren. Und Joe Kaeser und Gerhard Cromme haben sie gewonnen. Kaeser zählt zum Uraltgestein bei Siemens. 1980 begann der im Bayerischen Wald geborene Betriebswirt seine Karriere im Siemens-Bereich »passive Bauelemente«. Schritt für Schritt hat der Mann, der lange Zeit einen markanten Schnauzbart trug, sich nach oben gearbeitet. Im März 2006 wurde er vom damaligen Vorstandschef Klaus Kleinfeld zum Finanzchef erkoren. Die Korruptionsaffäre, die Kleinfeld und Aufsichtsratschef Heinrich von Pierer den Kopf kosteten, hat er ohne erkennbare Blessuren überlebt.

Öffentlich hat Kaeser nie Kritik an Löscher geübt. Im Gegenteil: Stets hat er die enge Zusammenarbeit gelobt. »Wenn es zwischen Herrn Löscher und mir Unterschiede gibt, dann in der Frage, ob Borussia Dortmund oder Barcelona in der Champions League weiterkommt«, ließ er noch Anfang des

Jahres 2013 launig verlauten: »Wenn es um Siemens geht, halten wir zusammen und werden keinen dazwischen lassen.« Man muss vor Intriganten Respekt haben. Vor allem, wenn sie so meisterhaft agieren wie bei Siemens. Löscher, den einstmals mächtigen Manager, sehen wir am Ende in vollkommener Ohnmacht. Kaum etwas entmachtet so sehr wie die perfekte Intrige. Klaus Kleinfeld übrigens, Löschers Vorgänger, hat wenig später in Amerika noch einmal große Karriere gemacht, bevor er ein zweites Mal zum Opfer von Fortuna wurde, die ihm doch beide Male auch an die Macht verholfen hat.

Fortuna, so viel ist gewiss, ist eine zutiefst ambivalente Gestalt. Beim Weg an die Macht neigen wir dazu, ihren Anteil am Geschehen zu unterschlagen. Alles soll auf Größe und eigener Leistung beruhen. Für den Sturz indessen machen wir sie gerne verantwortlich; denn am eigenen Können hat es ja nicht gefehlt. So eignet sich Fortuna als Projektionsfläche für Wut und Aggression darüber, dass es in der Welt so ungerecht zugeht. Fortuna übernimmt zugleich aber auch die Funktion der Entlastung: Es waren unglückliche Umstände, böse Intrigen, Widrigkeiten der Zeitläufte, aber mit Sicherheit nicht eigenes Versagen, welche den Untergang zu verantworten hatten. Verlierer können sich allemal mit Fortuna ganz gut arrangieren.

Allmacht ist verführerisch und korrumpiert. Allmachtsphantasien sind allemal Indizien dafür, dass das Ende nahe ist und Fortuna ihre Arbeit macht. Aus Macht wird Ohnmacht. Doch Ohnmacht muss nicht Hilflosigkeit sein.

KAPITEL 4: DIE OHNMACHT

ODER: MASKEN DER NIEDERTRACHT

Es ist an der Zeit, der Ohnmacht ihre Unschuld zu nehmen. Gewiss, Ohnmacht ist eine Form der Hilflosigkeit. Der Preis der Machtlosigkeit kann hoch sein. Die Erfahrung der Machtlosigkeit führt zu Stress, in schlechte Gesellschaft, in Armut, macht viele Menschen dauerhaft unglücklich und ist eine permanente Kränkung. Ungerecht finden es viele, dass der Machtlose innerlich viel mehr an den Mächtigen gekettet ist als umgekehrt der Mächtige an den Machtlosen. Die Herr-Knecht-Dialektik ist asymmetrisch.

Ohnmacht kann ein Anstoß zur Emanzipation sein und Impetus zur Machtergreifung. Doch das gelingt häufig nicht, setzt besondere Stärken und hohe Empathie voraus. Ohnmacht lässt sich auch in Macht verkehren, mit der die »eigentlich« Mächtigen in Abhängigkeit gezwungen werden können. Verkehrte Welt also: Man wird das, im Wortsinn, als eine Form der Perversion interpretieren. In vielen Fällen sind die Mächtigen selbst gar nicht unschuldig daran, dass sie in die Fänge der Ohnmächtigen geraten. Am Ende sind beide unglücklich. Opfer zu sein ist kein Privileg der Ohnmächtigen.

Beginnen wir in Afrika. In Kenia sorgte vor ein paar Jahren eine Fernsehserie für Begeisterung: In »The Samaritans«, die Samariter, geht es um eine fiktive Entwicklungshilfeorganisation, die von den Problemen in Afrika keine Ahnung hat und von einem schmierigen Universitätsabsolventen aus Amerika geführt wird. Den »Samaritern« geht es vor allem darum, Fördergelder einzuwerben. Wofür sie das Geld ausgeben wollen, bleibt unklar. Das Motto der vorgeblichen Weltverbesserer: Helfen um des Helfens willen. Es ist die satirische Umkehrung der bekannten »Hilfe zur Selbsthilfe«.

Satire ist bekanntlich ein Format der Wahrheitsfindung: Wir retten die Welt zu Tode mit viel Geld, das wir für Entwicklungshilfe ausgeben. Doch Afrika kommt trotzdem nicht auf die Beine. Ist das nicht ein Widerspruch? Mehr als 600 Milliarden Dollar Hilfsgelder flossen seit den sechziger Jahren nach Afrika, nicht nur aus humanitären Gründen, sondern auch, um den Kontinent davon abzuhalten, zum Kommunismus umzuschwenken oder kollektiv nach Europa auszuwandern. Doch am Lebensstandard der Menschen hat sich durch die Hilfe praktisch nichts verändert. Linke Entwicklungsökonomen – Jeffrey Sachs von der New Yorker Columbia-Universität zum Beispiel – sagen, das sei ein Beweis dafür, dass wir immer noch zu wenig Geld ausgeben für Entwicklungshilfe. Ich glaube das nicht. Ich glaube an einen Systemfehler. Statt in die Freiheit treibt Entwicklungshilfe die Menschen und die Länder in die Abhängigkeit. Was als Hilfe zur Selbsthilfe vermeintlich gut gemeint war, ist in Wirklichkeit ein Instrument, um Selbsthilfe zu verhindern. »The white man's burden« nennt William Easterly, ein anderer Entwicklungsökonom, mit einem Wort des viktorianischen Schriftstellers Rudyard Kipling dieses bleibende Abhängigkeitsverhältnis der Dritten Welt: Entwicklungshilfe ist Fortsetzung des Kolonialismus mit anderen Mitteln. Sie verhindert, dass die armen Staaten auf eigene Beine kommen, zwingt sie, sich an der Logik der GIZ-Helfer auszurichten. Die Armutsbekämpfung der Industriestaaten ist anmaßend, geht nicht auf die Bedürfnisse der Menschen ein. Statt das

Eigenengagement der Betroffenen zu stärken, werden Lebensmittel gespendet, kostenlose Moskitonetze verteilt und Brunnen gebaut. Das hört sich generös an, stärkt aber eine Haltung der Passivität, sagt Ökonom Easterly. Wir liefern ihnen unsere ausrangierten Klamotten und verhindern den Aufbau einer eigenständigen Textilindustrie. Easterly ist ein Konvertit. Seine Karriere begann er bei der Weltbank, einer jener globalen Institutionen, die meinen, man könne mit internationalen Institutionen Wohlstand in armen Ländern einführen. Easterly sagt heute bitter: »Entwicklungshilfe funktioniert für alle, außer für die Armen.«

So fördert man kein Unternehmertum. Im Gegenteil, man verhindert es. Die von Entwicklungshilfe abhängigen Staaten werden in einen bösen Wettbewerb getrieben, möglichst viele Hilfsgelder von der internationalen Staatengemeinschaft abzugreifen. »Rattenrennen« nennt man das, ein hässlicher Ausdruck. Es wäre aber besser, sie würden den Wettbewerb um die besten Standortbedingungen und die innovativsten Unternehmen aufnehmen. Die Entwicklungshelfer reden zwar immer von »Hilfe zur Selbsthilfe«: Aber sie verhalten sich wie Planwirtschaftler, die die Selbsthilfe verhindern, weil sie die Ärmeren auf die Reicheren ausrichten. Die Zahlen jedenfalls sprechen für sich: Es gibt keine Korrelation zwischen der Summe Geldes, die ein Land an Entwicklungshilfe erhält, und der Wachstumsgeschwindigkeit. Entwicklungshilfe führt zu Expertokratie, der Herrschaft der Fachleute. Aber sie führt nicht zum Wohlstand der Nationen. Nirgends.

Doch wer ist hier mächtig, wer ohnmächtig? Halten wir uns an die Formel des Postkolonialismus von der bleibenden Schuld des weißen Mannes, dann sind es allemal die mächtigen reichen Staaten, welche die arme Welt in ihre Abhängigkeit bringen und sie aus dieser Ohnmacht der Armut nicht entlassen. Erst haben sie die Dritte Welt ausgebeutet und ihre Rohstoffe geklaut, jetzt halten sie sie mit ihrer Entwicklungshilfe in Unmündigkeit. Macht und Ohnmacht wären erwartbar verteilt: Die Erste Welt ist mächtig, die Dritte Welt verharrt in Ohnmacht. So wird das normalerweise von Kritikern der Entwicklungshilfe gedeutet; es ist auch nicht falsch.

Doch man kann den Spieß auch umkehren. Dann wären es die armen Staaten selbst, die den neokolonialen Altruismus der reichen Länder geschickt auszubeuten verstünden. Bei vernünftiger Betrachtung hat es zwar langfristig nur Nachteile, sich in die Abhängigkeit von Entwicklungshilfe zu begeben. Denn das verhindert ja gerade die Entwicklung und verschließt dauerhaft die Chance, auf eigene Beine zu kommen. Aber solche Überlegungen mögen Ökonomen anstellen, die – hoffentlich – das Gemeinwohlinteresse der Armen im Blick haben. Aus Sicht der herrschenden Eliten Afrikas, denen es häufig ganz gut geht, kann es dagegen ganz vernünftig sein, ihr Land in der Abhängigkeit verharren zu lassen: An Entwicklungshilfe-Geldern kann man sich leicht selbst bereichern; Korruption ist üblich und moralisch nicht besonders anstößig. Zugleich braucht man sich keine Gedanken zu machen, eine eigene Wirtschaft aufzubauen: Die Abhängigkeit vom reichen Westen ist bequem. Man ist nicht auf Innovation angewiesen. Innovation ist immer riskant, Entwicklungsgelder sind berechenbar. Noch nicht einmal auf Steuern ist ein solches Land angewiesen: Die Staatsfinanzierung kommt ja aus dem reichen Ausland. Und selbst diesem Ausland gegenüber braucht man nicht besonders devot zu sein. Schließlich handelt es sich um eine Art von Entschädigungszahlungen für den Kolonialismus.

So also kommen die Ohnmächtigen zu ihrer perversen Macht. So schaffen sie es, die eigentlich Mächtigen – ihre Ausbeuter, in linker Sprache – von sich abhängig zu machen. In den vergangenen Jahren wurde dieses Geschäftsmodell durch Migration sogar noch verfeinert. Es sind ja bekanntlich nicht die Ärmsten der Armen, die unter größten Risiken in den Fängen der Schlepperbanden sich über das Mittelmeer nach Europa aufmachen. Es sind die etwas Reicheren unter den Armen, Menschen, die, gewiss aus Not, bereit sind, etwas zu wagen und Risiken auf sich zu nehmen. Sie verlassen ihre Heimatländer, fehlen dort als potentiell aktive Bürger beim Aufbau von Staat und Wirtschaft. Die Einladung aus Deutschland, »Wir schaffen das«, hat diesen Brain-Drain befeuert, die Politologen nennen das Pull-Faktoren: Stärker noch als die Unerträglichkeit des Lebens in armen Ländern Afrikas (Push-Faktoren) wirkte der Verheißungsruf »Kommt alle, die ihr mühselig und beladen seid!«

Die wechselseitige Abhängigkeit wurde durch diese Flüchtlingspolitik nur noch gefestigt. Flüchtlinge, wenn sie im Ausland reüssieren und sich assimilieren, überweisen typischerweise viel Geld an die Daheimgebliebenen. Das bedeutet für sie große Entbehrungen, beruhigt zugleich ihr schlechtes Gewissen, verbessert aber strukturell die Lage in den Herkunftsländern nicht. Im Gegenteil: Es sind abermals Anreize, sich selbst nicht anstrengen zu müssen, auf die eigenen Beine zu kommen. Zumal auch die reichen Staaten in der Flüchtlingskrise sich stets einig waren, man müsse die Entwicklungshilfe verstärken, »um die Ursachen der Flucht zu bekämpfen«. Welche Lüge! Anstatt die wirtschaftlichen

Bedingungen dort, also in diesen Ländern, zu verbessern, schaffen wir hier, in unseren Ländern, die materiellen Bedingungen, damit die Menschen aus ihren fernen Ländern zu uns fliehen.

Worauf es ankommt: Mächtige und Machtlose haben sich selbst in ein symbiotisches Verhältnis wechselseitiger Abhängigkeit begeben. Bei den Armen beobachten wir etwas, was die Psychoanalyse »sekundären Krankheitsgewinn« nennt: den Versuch, sich aus einer objektiven Notlage einen subjektiven Vorteil zu verschaffen. Man macht (scheinbar) das Beste aus dem Schlechten, der Armut. Man verfestigt die Situation der Abhängigkeit und Armut, weil dies die Voraussetzung dauerhafter Entwicklungshilfe ist. Afrika hat sich die Macht genommen, die reiche Welt zu dauerhafter Entwicklungshilfe zu verdonnern. Das ist eine Position aus der Hilflosigkeit abgeleiteter Stärke, denn der Westen könnte sich nie und nimmer erlauben, die Hilfe zu stoppen – aus moralischen, aber auch aus ökonomischen Gründen. Denn das triebe die große staatliche und nichtstaatliche Entwicklungshilfeindustrie in die Pleite. Keine demokratische Regierung in den westlichen Staaten könnte den daraus folgenden Protesten trotzen. Ganz abgesehen von den Konsequenzen für die nächsten Wahlen.

Das Phänomen dieser Macht der Ohnmächtigen ist relativ gut erforscht. Neben der Psychoanalyse, auf die wir später noch zu sprechen kommen, hat sich vor allem die ökonomische Spieltheorie Verdienste erworben. Dort kennt man die perverse Macht – wie in der Fernsehserie in Kenia – unter dem Label »Samariterdilemma«. Dabei geht es um Strategien in Situationen, in denen einer hilfsbedürftig ist und der andere Hilfe leisten kann. Wir erinnern uns an den »barmherzigen Samariter« aus dem Neuen Testament, der dort gut wegkommt (obwohl die Samariter als jüdische Sekte eigentlich einen schlechten Ruf haben), weil er, anders als ein Priester und ein Levit zuvor, nicht achtlos an jenem armen Kerl vorbeigeht, der unter die Räuber gefallen war, sondern ihn ins nächste Krankenhaus transportiert.

Der Verletzte, so sagt uns die Spieltheorie, hat »theoretisch« zwei Wahlmöglichkeiten. Da geht es ihm wie den armen Staaten Afrikas. Er kann sich bemühen, auf eigene Beine zu kommen. Oder er kann sich auf die fortwährende Hilfe des Samariters verlassen und seine Schwäche in eine typische Form perverser Stärke umwidmen. Spieltheoretisch besteht nun das Dilemma darin, dass der Nutzen für den Hilfsbedürftigen – anders als für die Gesellschaft als Ganze – in beiden Fällen gleich groß ist, was bedeutet, dass es für ihn keinen Anreiz gibt, sich aus der Hilfsbedürftigkeit und der Abhängigkeit vom Samariter zu befreien. Er kann die Macht seiner Ohnmacht genießen und sich in ihr einrichten.

In einer etwas anderen Fassung wird aus dem Samariter-Dilemma das »Rotten-Kid-Theorem«. Auch hier sind abermals biblische Anspielungen, und zwar zum Gleichnis vom verlorenen Sohn, durchaus beabsichtigt. Ein Vater, der seinen Sohn liebt, wird diesen aus extremen finanziellen Notlagen befreien, sofern er dazu imstande ist. Für einen strategisch denkenden Sohn ergeben sich daraus Möglichkeiten, den Vater systematisch auszubeuten. Der Sohn kann sich beispielsweise hoch verschulden, den Kredit verprassen und sich dann auf die finanzielle Rettung durch den Vater verlassen. Es ist die Gestaltungsmacht des seinen Sohn liebenden Vaters, genauer gesagt: seine Großzügigkeit und Fähigkeit zur Hilfe, die ihn, den mächtigen und reichen Vater, ohnmächtig werden lässt gegenüber dem Verhalten des Sohnes. Ganz schön raffiniert, möchte man sagen und hinzufügen, dass solche Fälle in Familien häufiger vorkommen, als es auf den ersten Blick scheinen mag.

Samariter- und Rotten-Kid-Metapher unterscheiden sich, obwohl im Kern der Perversionsanalyse identisch, im Design des Kontextes. Das Samariter-Dilemma ist ein Beispiel aus der »anonymen« Gesellschaft, während Rotten-Kid dem Bereich der Familie entstammt, wo es wegen der (Bluts-)Verwandtschaft engere Verpflichtungen gibt, die sich ausbeuten lassen. Für den Samariter gibt es eigentlich keine Verpflichtung, einen Wildfremden zu unterstützen, es sei denn, was ja auch die Pointe des Gleichnisses ist, er erkennt in ihm seinen Nächsten.

Räume der Pervertierung

Auf solch pervertierte Machtverhältnisse treffen wir auch und gerade in der (Wirtschafts-)Politik. Ich will auf drei Beispiele näher eingehen: (1) die Situation der Alleinerziehenden im Sozialstaat, (2) die Staatsschuldenkrise der Eurozone und (3) die aus der Ohnmacht erwachsende Macht der Europäischen Zentralbank.

Als »alleinerziehend« – Beispiel (1) – gelten nach dem Gesetz Personen, die ohne Partner mit einem oder mehreren Kindern im Haushalt leben. Ob es in Wirklichkeit noch einen Partner gibt, der auf demselben Stockwerk in der Nachbarwohnung wohnt oder drei Blocks weiter stadtauswärts gemeldet ist, spielt keine Rolle. Das ginge auch niemanden etwas an, lebten nicht mehr als 40 Prozent aller Alleinerziehenden von staatlichen Unterstützungsleistungen, mithin vom Steuergeld der Allgemeinheit. Viele Alleinerziehende (über 80 Prozent) haben über ihre Ansprüche auf staatliche Unterstützung hinaus auch Unterhaltsansprüche für sich und ihre Kinder an frühere Partner. Ist der Erzeuger unauffindbar, werden die Unterhaltsleistungen vom Staat vorgeschossen, nach einem von den Lobbyverbänden der Alleinerziehenden frenetisch gefeierten Beschluss seit 1. Juli 2017 sogar für Kinder bis zum 18. Lebensjahr (mit monatlich 268 Euro). Taucht der Erzeuger irgendwann wieder auf, hat der Staat – anders als bei Steuersündern – sich bislang nicht sonderlich Mühe gemacht, dieses Geld einzutreiben.

Die Übertragung auf das Samariter-Dilemma liegt auf der Hand. Die Alleinerziehenden sind die »unter die Räuber Gefallenen« (zumindest haben sich die Räuber-Väter in vielen Fällen aus dem Staub gemacht). Der Sozialstaat (also die Gemeinschaft der Steuern und Sozialabgaben zahlenden Wirtschaftsbürger) sind die Samariter, die freilich, anders als der Samariter im Gleichnis, keine Entscheidungsfreiheit haben, ob sie zahlen oder nicht. Das erledigt die – demokratisch gewählte – Exekutive für sie. Sie müssen nur zahlen. Wie viel der Staat übrigens für die Alleinerziehenden jährlich insgesamt ausgibt, wenn man alle Leistungen addiert, das herauszubekommen war mir auch mit Hilfe des vorzüglichen FAZ-Archivs nicht möglich. Es gibt keine staatliche Behörde, die den Überblick hat. Vielleicht ist das gewollt?

Die Mütter stehen nun genau vor der Wahl des Verletzten in der Wüste zwischen Jericho und Jerusalem. Beide Züge im Spiel haben ihre eigene Rationalität. Sie können die Chance ergreifen, ihr eigenes Leben verantwortet und aus eigener

Kraft in die Hand zu nehmen. Das ist der Weg der Würde, gepflastert mit Entbehrungen. Das Verharren in der Lage der Hilfsbedürftigkeit beschädigt die Würde, garantiert aber ein irgendwie auskömmliches, wenngleich gewiss nicht komfortables Leben auf Staatskosten. Hartz IV bezahlt neben dem Lebensunterhalt zusätzlich Geld für die Kinder nebst Wohn- und Heizkosten. Zudem entbinden Kinder bis zum Alter von drei Jahren auch von der Pflicht, eine Arbeit zu suchen. Auch Babyausstattungen, Hilfe für Klassenfahrten oder die Kommunion/Konfirmation gewährt der Staat auf Antrag. Obendrauf gibt es den gesellschaftlichen Mitleidsbonus und Solidaritätsbekundungen, die nichts kosten.

Ökonomen sprechen hier von einer »perversen Anreizstruktur«. Mit anderen Worten: Eine alleinerziehende Hartz-IV-Empfängerin wäre nicht nur dumm, sich offiziell wieder einen Partner zuzulegen. Es wäre auch unklug, wenn sie einen regulären Job annähme, dessen Bezahlung geringfügig über den Transferansprüchen liegt. Denn dann verlöre sie ihren Anspruch auf staatliche Hilfeleistungen. Kein Wunder, dass die Gesellschaft immer mehr Geld für Alleinerziehende ausgibt. Kein Wunder auch, dass die Zahl der Alleinerziehenden seit Jahren wächst. Das mag auch mit einer wachsenden Individualisierung unserer Gesellschaft zusammenhängen. Es hängt aber auch mit der hier nachgezeichneten Attraktivität des »Geschäftsmodell Alleinerziehende« zusammen. Es wäre indes zu viel an Rationalität unterstellt, würde man auch noch das Kinderkriegen selbst als aktiven Bestandteil dieses Geschäftsmodells bezeichnen.

Der Sozialstaat steckt in einem Dilemma, vergleichbar der staatlichen Entwicklungshilfe für Afrika. Eine Verschärfung der Zuwendungsregeln und eine Einschränkung der Sozialleistungen verbieten sich: Alleinerziehende gelten als die »Ärmsten der Armen«, sie sind die Hätschelkinder der Nation. Daran etwas zu ändern würde mehr als einen Aufschrei der Empörung durch das Land hallen lassen. Der Weg weist in die andere Richtung: Um zu zeigen, dass sie etwas für die Alleinerziehenden tun, überbieten sich die Parteien in einem Wettbewerb mit dem Versprechen, deren (noch einmal: nicht rosige) Situation finanziell zu verbessern. Das aber macht den perversen Gebrauch der Ohnmacht zum Machtgewinn für die Alleinerziehenden attraktiver.

Wenn es um das Verhältnis zwischen finanziell unterschiedlich gesunden Staaten – Beispiel (2) – geht, firmiert das Samariter-Dilemma unter der Überschrift »Bail-out«. Darüber wurde in der Euro-Krise geredet und geschrieben, die im Übrigen bis heute nicht ausgestanden ist. Eigentlich kennen die Verträge von Maastricht ein Verbot, einander in der Not beizuspringen. Die Staaten des Euroraums verstehen sich gerade nicht wie eine große Familie, in der die Nächstenliebe Pflicht ist. Jeder soll für sich selbst sorgen, so hatte man sich vor 25 Jahren in Maastricht geeinigt, und gleich gar nicht darauf hoffen dürfen, wenn es einem Staat schlechtginge, von den anderen herausgepaukt zu werden.

Es ist anders gekommen, wie wir inzwischen wissen. Viele Staaten insbesondere in Südeuropa, aber auch Irland, haben die vom Euro ermöglichten niedrigen Zinsen zu einem großzügigen Ausbau des Sozialstaats genutzt und sich bis über die Halskrause verschuldet. Als die Schuldenquoten dann auf über hundert Prozent der Wirtschaftsleistung stiegen und die Gläubiger an der Schuldentilgungsfähigkeit und -willigkeit der Schuldenstaaten zu zweifeln begannen, gebärdeten die Schuldner sich, als wären sie unter die Räuber gefallen, nahmen von der Euro-Staatengemeinschaft der vorbeiziehenden Samariter großzügige Unterstützungsleistungen in Anspruch. Dabei war eigentlich vertraglich gar nicht vorgesehen, dass ein Land in der Eurogruppe zum Pflegefall für Samariter werden könne.

Die Sache verschlimmerte sich noch dadurch, dass auch die Banken in Not gerieten, freilich, um im Bild zu bleiben, nicht selbst unter die Räuber gefallen waren, sondern sich räuberisch am Geld der Steuerzahler bedienten. Ähnlich wie das No-Bail-out-Gebot in der Eurozone hatte der Kapitalismus auch bei den Banken anders gewettet: Gewinne zu privatisieren und großzügig über Boni und Dividenden an die Aktionäre und Manager auszuzahlen, Verluste aber zu sozialisieren: das hatte man immer für eine böswillige Unterstellung linker Antikapitalisten gehalten, doch nicht für ein Kalkül der Banken selbst. Aber genauso trieb es die Finanzindustrie jetzt. Die Banken haben geschickt und pervers ihre Ohnmacht in Macht gewandelt, indem sie den Staaten vermittelten, es sei auch ihr Schaden, sollten sie sich weigern, die Finanzinstitute herauszupauken. So etwas nennt man Erpressung. Man kann sogar mit Fug und Recht davon ausgehen, dass die Banken wie ein »Rotten-Kid« immer schon mit der Unterstützung von Vater Staat kalkuliert haben, weswegen sie immer nur geringe Risikoaufschläge zahlen mussten, wenn sie selbst Geld am Kapitalmarkt aufnahmen. Auch die privaten Geldgeber kalkulierten mit der Erwartung aller, der Staat werde am Ende schon den Samariter geben. So ist es auch gekommen.

Wie kann es kommen, dass trotz vertraglich gesichertem und rechtlich bindendem Ausschluss von Bail-out die Staatengemeinschaft gleichwohl in das Samariterdilemma gerasselt ist, aus dem sie sich bis heute (auch bezogen auf die Banken) nicht befreit hat? In unserem Zusammenhang wird man wohl sagen müssen: Die »Erzählung« des Samaritergleichnisses ist verführerischer und wirkmächtiger als die von Autonomie, Unabhängigkeit und Freiheit. Warum? Weil die Opfer ihre gefährliche Intrige raffiniert zum Machtgewinn ausgesponnen haben und die Helfer sich plötzlich in einer Situation befanden, aus der sie nicht mehr entkamen. Und weil beide Teile – der Geschundene und der Samariter – sich etwas davon versprechen.

So führte am Ende die Krise zum Machtgewinn derer, die sich als ohnmächtig zu vermarkten wussten, und zugleich zum dramatischen Machtverlust der Mächtigen: »Staatsversagen« lautete das böse Wort, das in der Eurokrise (und später dann in der Flüchtlingskrise) die Runde machte. Es meint die Erosion staatlicher Souveränität und Macht als Folge eines zerbröselnden Rechtsrahmens. Das Recht, die stärkste Stütze staatlicher Macht, kam nicht mehr zur Anwendung; noch nicht einmal die Verfassungsgerichte Deutschlands und Europas trauten sich, dies zu erzwingen. Das war eine Situation, die Carl Schmitt bekanntlich »Ausnahmezustand« nennt.

An dieser Stelle muss die Theorie der perversen Macht der Ohnmächtigen zu einer Viktimologie werden – zu einer Theorie des Opfers. Dabei wird klar: Erfolgreich als Opfer agieren und dauerhaft sich als Opfer zu installieren geht nur, wenn es dem Opfer gelingt, die Opferhilfe als im Interesse der Helfer unabdingbar darzustellen. Das ist in allen hier kurz angerissenen Fällen – von der Entwicklungshilfe über die Alleinerziehenden bis zur Eurorettung – gelungen. Die Macht der Ohnmächtigen hängt davon ab, dass sie den Helfern den Weg in ihre eigene Abhängigkeit als alternativlos darstellen können. So drohen die Griechen ihren Geldgebern, ein Ende der Hilfe werde auch zu ihrem Schaden sein, weil Kredite dann ein für alle Mal verfaulen. Sie verschweigen, dass sie mit diesen Krediten sogar noch ein Geschäft machen, weil sie sich im Saldo positiv auswirken: Sie zahlen keine Zinsen, sie bekommen Zinsen auf ihre Schulden. Die Alleinerziehenden drohen der Gesellschaft, sie werde sich moralisch ein Ende der Unterstützung nicht leisten können, weil sie den Druck auf das schlechte Gewissen nicht aushalten könne. Und Afrika droht für den Fall einer Beendigung der Entwicklungshilfe nicht nur mit einer Zunahme der Armut, sondern auch mit einem Anstieg der Flüchtlingswelle. Entsprechend profitiert haben in der Flüchtlingskrise 2016 die Entwicklungsorganisationen, weil jetzt das Argument Mode war, man müsse die »Ursachen der Flüchtlingskrise« bekämpfen – was selbstverständlich übersetzt hieß, mehr Geld nach Afrika zu schicken.

Mein drittes Beispiel betrifft die Rolle der Europäischen Zentralbank seit der Eurokrise. Ich verdanke es Kai Konrad, Direktor am Max-Planck-Institut für Steuerrecht und Öffentliche Finanzen in München und Finanzwissenschaftler. Die Väter der Maastricht-Verträge haben der EZB ein recht enges Mandat erteilt. Das schien ihnen nötig, um die Unabhängigkeit zu rechtfertigen, die es der EZB erlaubt, von politischen Einflüssen frei zu agieren. Die EZB sollte in ihrer Politik nur ein einziges Ziel verfolgen: das Geld stabil halten, technisch gesprochen, dafür zu sorgen, dass die Preise in der Eurozone Jahr für Jahr nicht mehr, aber auch nicht viel weniger als zwei Prozent steigen. Von einem Mandat zur Rettung der Eurozone oder einer Abwendung von Staatsinsolvenzen durch

Ankauf von Schulden eines Mitgliedslandes mit maroden Staatsfinanzen oder von einem Auftrag zur Wahrung der Finanzmarktstabilität war nirgends die Rede. Die EZB sollte gerade kein Erlöser der Weltwirtschaft sein. Der Preis der Unabhängigkeit war eine enge Begrenzung der Macht.

Doch seit der Eurokrise wollte die EZB sich mit dieser strategischen Begrenzung der Macht nicht zufriedengeben und maßte sich eine Fülle von Macht an, wie sie noch keine nationale Notenbank im Euroraum je besessen hat. Die EZB als Retter von Pleite-Staaten, so hat sie sich selbst ins Spiel gebracht und damit ungebeten als Samariter aufgespielt, eine Anmaßung, die ihr nicht zusteht. Diese vorgebliche Machtausweitung hat die Zentralbank in Wirklichkeit geschwächt. Zwar ist Mario Draghi, der Präsident, inzwischen – ohne jegliche politische oder juristische Kontrolle – einer der wichtigsten Akteure der Finanzmärkte. Aber er ist auch Opfer seiner eigenen Machtusurpation. Denn die Hilfeländer, denken wir vor allem an Griechenland, haben nun keinen Anreiz, aus eigener Kraft auf die Beine zu kommen: Sie gingen dann ja der Unterstützung durch die Helfer verlustig. Die EZB kommt aber auch nur schwer aus der Rolle des billigen Geldschöpfers wieder heraus: Drehte sie ihre Politik (Niedrigzins und Milliarden-Anleihenkauf), stünde sie als Strangulierer schwacher Staaten da – eine Rolle als Angeklagter, die Draghi auf jeden Fall vermeiden will. »In der Rolle des Samariters muss sie ihr mächtiges Instrumentarium zur Krisenbewältigung einsetzen, und sie schafft damit zugleich Anreize für eine europäische Reform- und Haushaltspolitik, die den Nährboden für weitere Krisen bildet« (Kai Konrad). Ihre Machtausweitung ist am Ende Ursache ihrer Ohnmacht, ihre Machtbeschränkung hätte die Macht besser gesichert.

Dabei ist es – Beleg für die Theorie der Viktimologie – nicht nur den Krisenstaaten gelungen, die Hilfe der EZB als einen Rettungsakt im Sinne der Allgemeinheit in ganz Europa auszugeben. Auch die Politiker der Retterstaaten hatten die Hilfe gerne an die EZB delegiert. Denn die Zentralbank muss sich ihre Legitimation nicht erst mühsam und von Fall zu Fall von den Parlamenten gewähren lassen. Die Staaten haben sich der unangenehmen Pflicht der parlamentarischen Legitimation des Vertragsbruchs entledigt. Die EZB druckt Geld, ohne dass sie vorher jemandem die Rechnung zeigen muss. Das brachte Ruhe in den Ländern der Eurozone. Oder formulieren wir es als Gesetz der Viktimologie: Das Opfer wird nur dann mächtig werden können, wenn auch der Täter daraus für sich einen Nutzen zu ziehen vermag.

Für den Egoismus der Krisenländer war die Hilfe ein »Segen«. Unter dem fadenscheinigen Vorwand, man habe jetzt durch die EZB »Zeit gekauft«, leiteten sie für sich ab, auch weiterhin undiszipliniert haushalten und Schulden machen zu können – allem Lamento über die ihnen aufgezwungene »Austerität« zum Trotz. Man gibt sich als Opfer der Austerität – des Zwangs zu sparen – und hat in Wirklichkeit die Machtverhältnisse pervertiert: Der Norden ist in die Hand des Südens geraten und in die Hand der Zentralbank, von welcher die Sparer fortan enteignet wurden. Selten hat sich so klar gezeigt, welch große Macht die Machtlosen sich nehmen können, wenn sie es nur geschickt anstellen und die Mächtigen (aus welchen Gründen auch immer) mitspielen.

Es war der Ende 2016 verstorbene amerikanische Ökonomie-Nobelpreisträger Thomas Schelling, der in einem bahnbrechenden Essay zur Theorie der Verhandlungsmacht

(»Essay on Bargaining«) gezeigt hat, dass der Spieler mit dem besten strategischen Verhandlungsgeschick (mächtig, stark, gewieft) nicht notwendigerweise auch als Sieger aus einer Verhandlung hervorgeht. Verhandlungspartner, die stur, phantasielos und uneinsichtig sind, erreichen oft mehr als ihre weitsichtigen Gegner mit einem weiteren Repertoire an möglichen Handlungsweisen. Das heißt, es gibt viele Spielsituationen, in denen der Ohnmächtige der eigentlich Mächtige ist. Schellings Beispiel: Wenn jemand mit blutunterlaufenen Augen vor Ihrer Tür steht und droht, er werde erst wieder abrücken, wenn Sie ihm zehn Dollar geben, geben Sie ziemlich wahrscheinlich seiner Drohung nach. Die Gegendrohung, er werde, sollte er Gewalt anwenden, nicht nur Ihnen, sondern auch sich selbst schaden, können Sie sich bei einem Gegner sparen, der zu unintelligent ist, dies verstehen zu können oder zu wollen.

Ein anderes Beispiel, das Schelling gibt (im Übrigen 50 Jahre vor Griechenland und der Staatsschuldenkrise): Eine Regierung, der es nicht gelingt, ihren Staatshaushalt unter Kontrolle zu halten oder anständig Steuern einzutreiben, wird wahrscheinlich von anderen Ländern Unterstützung erhalten, die sie nicht bekommen hätte, wenn sie besser mit Geld umgegangen wäre. Es zahlt sich aus, dumm und starrköpfig zu sein, könnte man sagen. Und es mag unklar bleiben, ob Unvermögen oder auch eine Art dümmlicher Cleverness dahinterstecken.

Ein Aufstand der Schwachen

Halten wir fest: Es ist ein Aufstand der Schwachen, den wir hier zu sehen bekommen. Die Schwachen haben die Kraft, gerade diese ihre Schwäche in Stärke zu wenden und sich ihrerseits die Mächtigen als Opfer zu suchen. Wer oder was ist prädestiniert, in diesem Sinn zum Opfer der Ohnmächtigen zu werden? Die französische Psychoanalytikerin Marie-France Hirigoyen hält Neid für einen entscheidenden Treiber. »Die Opfer wecken Neid, weil sie zu viel zeigen.« Wohlgemerkt: Mit »Opfer« sind hier die Glücklichen und Erfolgreichen gemeint, die keine Probleme damit haben, dieses ihr Glück zur Schau zu stellen. Dadurch fallen sie den Schwachen ins Auge, die an ihnen ihre perverse Macht ausleben. In unserer Gesellschaft, die die Gleichheit herausstelle, sei Neid immer suspekt, behauptet sie in ihrem faszinierenden und zugleich erschreckenden Buch über die »Masken der Niedertracht«: »Es ist die vitale Kraft der Opfer, die sie zur Beute macht.«

Man könnte auch dies noch einmal auf die drei hier diskutierten Fallstudien anwenden. Hirigoyen geht es indessen um Formen der perversen Machtanmaßung insbesondere in Liebes- und Arbeitsbeziehungen. Aufregend ist dabei zu sehen, wie eine Beziehung, die anfangs unverdächtig oder gar stabil erschien, schleichend kippt. Dahinter stecken die Bosheit und Niedertracht eines der Beteiligten, der seine eigene Schwäche oder Ohnmacht nicht aushält und es ablehnt, die Verantwortung – etwa für das Scheitern einer Beziehung – auf sich zu nehmen. Zu diesem Zweck setzt er Techniken der Destabilisierung des Partners ein: versteckte Anspielungen, böswillige Andeutungen, Lügen, Demütigungen. Man wundert sich, dass die zum Opfer gemachten Partner nicht merken, dass sie manipuliert werden. Die Opfer versuchen zu verstehen, fühlen sich verantwortlich und fragen sich, was sie falsch gemacht haben. Damit sitzt das Opfer bereits in der Falle und ist den weiteren Attacken ziemlich hilflos ausgeliefert. Es wird gequält und vermag sich nicht zu wehren. Stellt es den Angreifer zur Rede, wird dieser sich entziehen, den Unschuldigen mimen, mit den Achseln zucken und sagen: »Ich weiß gar nicht, was du hast.«

Zentral ist der Satz bei Hirigoyen: »So viel Bosheit kann nur von vielem Leid herrühren.« Aber die Psychologin warnt sehr davor, diese Erkenntnis zum Ausgangspunkt verstehenden Mitleids zu machen. Das wäre den Opfern gerade recht, sie nähren diese Deutung geradezu. Was hat Griechenland in der Eurokrise nicht alles zur Entschuldigung der eigenen Disziplinlosigkeit ins Feld geführt – die ganze Geschichte des Landes, eine einzige Geschichte der Demütigungen durch fremde Mächte.

Dass Führungskräfte störende Mitarbeiter mobben, wenn sie keine anderen vertragsrechtlichen Möglichkeiten haben, ist üblich, wenngleich nicht schön. Es gibt aber auch das umgekehrte Mobbing: Da kommt ein neuer Vorgesetzter in eine Abteilung, trifft dort auf einen Rivalen, der sich ebenfalls Hoffnungen auf die Stelle gemacht hat, was der Neue aber nicht weiß. Aber er spürt es: Der Unterlegene lässt ihn auflaufen, verweigert die Kooperation, schafft es, die anderen in der Gruppe auf seine Seite zu ziehen, die das Spiel mitspielen. Schnell merkt der Neue, dass er keine Chance hat. Das Unternehmen rudert zurück: Wenn er es nicht hinkriege, sich Respekt zu verschaffen, habe er eben auch nicht das Kaliber,

Vorgesetzter zu sein. Man legt ihm die Versetzung auf eine andere Stelle mit geringerer Verantwortung nahe. Das Ergebnis ist eindeutig: Der unterlegene Rivale geht am Ende als Sieger aus dem Machtkampf hervor.

Es ist am Ende dieses Kapitels wieder einmal höchste Zeit für eine Tragödie Shakespeares. Nirgendwo sonst in der Literatur werden die Mechanismen der Macht so klar, schonungslos, plausibel – und unterhaltsam gezeigt wie hier. Von Richard III. war schon die Rede. Jetzt also Othello. Zur Erinnerung: Othello ist Feldherr in der Armee der Republik Venedig. Er hat die junge, schöne und wortgewandte Desdemona geheiratet. Der gehässige Fähnrich Jago, der gehofft hatte, von Othello zum Leutnant befördert zu werden, sieht nun den unerfahrenen Cassio seine Stelle einnehmen und sinnt auf Rache.

Wenn man will, ist auch Othello ein Drama des Mobbings von unten nach oben. Aber das wäre dann doch eine zu banale Interpretation. Jago spinnt eine Intrige. Der Leitfaden heißt: den anderen zur Eifersucht treiben. Othello ist nicht von Natur aus eifersüchtig, er wird als naiv, gutgläubig, edel und großherzig beschrieben. Er ist nicht rachsüchtig, noch nicht einmal ungestüm. Eifersüchtig wird er aufgrund der gerissenen Machenschaften Jagos, der es schafft, ihm einzureden, Desdemona sei ihm untreu. Jago verrät den Zuschauern der Tragödie ganz offen, Böses tun verschaffe ihm Vergnügen. So etwas gibt es, mehr als man denkt. Das ist die Höchstform sadistischer Perversion. Begegnet man solchen Menschen mit Mitleid, finden sie das putzig. Jago will sich dafür rächen, dass man ihm seine Karriere kaputtgemacht hat. Es ist aber auch viel Neid im Spiel: auf Othello (»So zeigt sein Leben täglich eine Schönheit, die mich verhässlicht«), auf die Tugend, den Adel eines redlichen Mannes, die Reinheit – und auf die erotische Anziehung Desdemonas. Aus diesem Gemisch entsteht nach Hirigoyen die Lust an der Niedertracht, die Gier, ausgeklügelte Machenschaften anzuzetteln und mit Intelligenz zum Erfolg zu führen.

Die Geschichte geht fürchterlich aus. Othello wird rasend eifersüchtig und erdrosselt Desdemona in ihrem Ehebett. Als er seinen Irrtum begreift, ersticht er sich.

Was kann man machen? Die Frage erscheint angesichts des schrecklichen Endes der Tragödie leicht geschmacklos. Gibt es dennoch Möglichkeiten zu verhindern, Opfer der perversen Machtanmaßung der Ohnmächtigen zu werden? Hirigoyen ist skeptisch: »Gegenüber einem Perversen gewinnt man niemals.« Bestenfalls könne man etwas über sich selbst lernen. Aber *eine* Form des Widerstandes gibt es doch, findet die Psychologin: Man muss sich aus der Situation des gelähmten Opfers befreien und zum Spielverderber werden. Das hätte mal einer rechtzeitig Othello sagen sollen. Dann wären Othello und Desdemona heute noch am Leben. Aber ein grandioses Werk der Weltliteratur würde uns fehlen.

Spielverderberei ist der einzig wirkungsvolle Ausweg gegen diese Perversion. Gehen wir noch einmal zum Ausgangspunkt zurück, den Samariter- und Rotten-Kid-Gleichnissen. Die möglichen Helfer könnten sich dem Hilfesuchenden entziehen. Der Vater könnte versuchen, aus dem Rotten-Kid-Dilemma herauszukommen, und seinem Sohn die Hilfe verweigern. Dann kann er zwar im Ernstfall den Sohn nicht retten und muss gegen sein Gewissen anarbeiten. Für den Sohn entfällt aber der Anreiz, diesen Ernstfall der Hilfe bewusst-unbewusst herbeizuführen. Der Sohn wäre wahrscheinlich nie Rotten-Kid geworden, hätte der Vater ihm glaubhaft vermittelt, er sei selbst für sein Schicksal verantwortlich. Indes, was heißt glaubwürdig? Wenn der Sohn ein Gambler ist, spekuliert er darauf, dass im Falle eines Falles der Vater schon zur Stelle sein wird.

In der Eurokrise war Deutschland immer wieder kurz davor, den Spielverderber zu geben. Es wäre der einzige Weg zur Lösung der Krise gewesen. Und bei den Alleinerziehenden? Da wäre es schon ein Fortschritt, wenn der Staat sich die Millionen-Unterhaltsleistungen zurückholen würde, die er den Müttern vorgestreckt hat, weil die Väter sich unsichtbar machen oder von ihren Ex-Partnerinnen lieber im Verborgenen gehalten werden. Aber schon das traut der Staat sich nicht. Erst recht würde er dem moralischen Druck nicht standhalten beim Versuch, die Leistungen für das Geschäftsmodell »Alleinerziehend« zurückzunehmen, was die Voraussetzung für verantwortete Elternschaft und Haftung für das Kind wäre.

Denn bekanntlich will niemand gerne Spielverderber sein. Die Macht, das sollte dieses Kapitel nahelegen, ist nicht nur die Macht der Trumps dieser Welt. Nicht selten kommt sie in anderem Gewande daher, als wir denken. Ein ganz erstaunlich erfolgreiches Gewand der Macht ist die Ohnmacht. Es ist die Macht der Ohnmächtigen, die Mächtigen auflaufen zu lassen.

KAPITEL 5: DIE GÖTTER

ODER: WARUM DER EINE GOTT NICHT ALLMÄCHTIG IST

»Ich bin der Herr, dein Gott … du sollst keine anderen Götter neben mir haben.« Das erste Gebot, Moses von Gott selbst auf dem Berg Sinai geoffenbart, stellt den monotheistischen Glauben in das Zentrum der biblischen Religion. Es bleibt allerdings etwas im Unklaren, ob der sich selbst offenbarende Gott anweist, ihn als den einzigen legitimen Gott anzuerkennen und die anderen Götter zu meiden. Oder ob Gott-Jahwe, wie er in der Bibel heißt, davon ausgeht, dass außer und neben ihm gar keine anderen Götter existieren. So oder so ist es ein etwas eigenartiges Gebot, das keinen moralischen Auftrag (»Du sollst nicht lügen!«) formuliert, sondern die Anerkennung einer theologischen Erkenntnis (»Es gibt nur einen Gott«) und die Unterwerfung unter diesen Sachverhalt fordert.

Das erste Gebot der Bibel ist der Endpunkt eines Prozesses der Monopolisierung der Macht. In polytheistischen Systemen der Religion herrscht fortwährende Konkurrenz um die Macht, welche die rivalisierenden Götter untereinander aufteilen müssen. Der Glaube an einen einzigen Gott ist zwingend verbunden mit dem Glauben an seine Allmacht: »Ich glaube an Gott, den Vater, den allmächtigen Schöpfer des Himmels und der Erde«, so beginnt das christliche Glaubensbekenntnis, das die Allmacht Gottes als seine wichtigste »Eigenschaft« benennt. Theologen machen darauf aufmerksam, dass es neben seiner Allmacht keine andere Eigenschaft

Gottes gibt, die derart prominent im Glaubensbekenntnis erscheint. Alles fängt mit einem Monopol und der Macht an und geht in ein absolutes Machtmonopol über.

In diesem Kapitel soll es nicht, oder nur sehr indirekt, um Theologie gehen. Es soll um das Verhältnis von Macht und Religion gehen und darum, was Machtausübung mit Religion alles anrichten kann, zum Bösen und zum Guten. Wenn Macht ein Monopol beansprucht, gibt das freilich immer zu denken. Erst recht, wenn es sich um göttliche Macht handelt. Man sage nicht, wir lebten heute in einer säkularen Welt. Um dies in Zweifel zu ziehen, genügt ein Hinweis auf den islamistischen Terror, der sich selbst häufig religiös motiviert. Brutale Gewalt legitimiert ihren Anspruch aus göttlichem Recht. Wenn wir uns hier also mit den Machtkämpfen im Himmel befassen, dann steht dahinter die zentrale Frage, wie sich Macht bestreiten und begrenzen lässt – eine Frage der politischen Ökonomie, veranschaulicht an den Götterdramen der politischen Theologie, bevor es dann in den folgenden Kapiteln wieder zurückgeht zu den säkularen Machtkämpfen.

Unsere Überlegungen in den vorangegangenen Kapiteln hatten einerseits – gegen ein gängiges Verständnis – darauf insistiert, dass Macht eine produktive Kraft sei, die anzuerkennen nicht nur aus Gründen der Wahrhaftigkeit ratsam ist: Der Drang, Macht zu erringen, ist Triebfeder des zivilisatorischen Fortschritts. Der Wille zur Macht ist Leistungsansporn und Lustgewinn; er sollte weder geleugnet noch als machiavellistisch dämonisiert oder gar diabolisiert werden. Macht kann missbraucht werden, erst recht, wenn sie in Gewalt umschlägt. Womöglich tendiert Macht sogar stets zum Missbrauch. Dies ist ihre dunkle Seite. Es sieht danach aus, als ob alle Mächtigen den Drang hätten, ihre Macht in ihrem

Herrschaftsbereich zu monopolisieren. Sie neigen zur Ansicht: »Ich bin dein mächtiger Führer (Regierungschef, Vorstandvorsitzender, Patron, Vater etc.). Du sollst keine anderen Führer neben mir haben.« Macht ist wesensmäßig intolerant. Macht setzt sich gerne absolut. Andernfalls würde ihr etwas fehlen, und dann wäre sie keine Macht mehr. Die Idee der Balance of Power ist keine Idee der Macht.

Wenn Gott allmächtig ist, kann der Mensch nicht auch allmächtig sein. Denn Gottes Macht gilt nicht nur im Himmel, sondern auch auf Erden, andernfalls wäre sie keine Allmacht. So gesehen lässt sich das erste Gebot aus guten Gründen als Kritik menschlicher Machtanmaßung verstehen. Das Machtmonopol hat nur einer, der Eine und Einzige Gott, der es bei allen anderen, die es beanspruchen, bestreitet und als Götzendienst brandmarkt. Überspitzt gesagt: Gott ist allmächtig, um menschliche Allmachtsphantasien in die Schranken zu weisen. Die monotheistische Religion fände dann ihren humanen Sinn darin, einen Beitrag zu leisten zur Zivilisierung, Humanisierung und Relativierung der Machtkämpfe auf Erden. Passt auf: Es kann nur einen Allmächtigen geben, heißt die Mahnung an alle weltlichen Potentaten.

Von Gottes Allmacht her gedacht, erweist sich menschliche Macht als Ohnmacht. Wir meinen nur, dass wir mächtig sind. »Mit unsrer Macht ist nichts getan, wir sind gar bald verloren«, so geht ein bekanntes protestantisches Kirchenlied. Damit verbunden sind die Anerkennung der Kontingenz und die Einsicht in die Vergeblichkeit der menschlichen Selbstermächtigung. Der Gedanke ist sympathisch und von subtiler Raffinesse: Allmacht im Himmel dient der Machtbegrenzung auf Erden.

Gott der Allmächtige hat immerhin einiges geleistet, was

seinen monotheistischen Allmachtsanspruch legitimiert: Er ist der Schöpfer der Welt, die er aus dem Nichts geschaffen hat und die er – auch nach dem Abschluss der direkten Schöpfungsgeschichte – erhält (creatio continua): Der Schöpfungsprozess geht weiter. Er war vor der Welt, ewig, während Welt und Menschen endlich sind. Damit ist der größte denkbare Gegensatz von Gott und Welt aufgerissen. Mensch und Welt verdanken sich diesem Allmächtigen, sind deshalb von ihm und seiner Macht auch abhängig. Bescheidenheit und Dankbarkeit statt Größenwahn und Allmachtsgehabe sind die angemessenen Haltungen des Menschen, die daraus entspringen. Im ersten Gebot wird dies anerkannt.

Gottes Allmacht als Relativierung menschlicher Machtansprüche zu deuten, ist eine gängige Interpretation. Sie ist sympathisch, gemäßigt kritisch, allerdings auch ein wenig gefällig – und erweist sich am Ende als nicht ganz durchdacht, ignoriert sie doch eine Reihe von Konsequenzen und Selbstwidersprüchen, in welche der allmächtige Gott sich bei einigem Nachdenken verstrickt. Da zeigt sich dann, dass sich der Begriff der Allmacht nicht widerspruchsfrei durchhalten lässt und am Ende weniger harmlos ist, als man auf den ersten Blick meint.

Das Präfix »All« macht erkennbar Probleme. Allein schon, gleichzeitig Gott Allmacht und Allwissen zuzuschreiben, geht nicht gut zusammen. Müsste es ihm nicht möglich sein, dass er sich in seiner Allmacht entschließt, Dinge zu unternehmen, die selbst er nicht wissen konnte? Am sinnfälligsten für die Widersprüchlichkeit steht das sogenannte Stein-Paradoxon, das die philosophische Logik seit Jahrhunderten mit Lust traktiert. Dabei handelt es sich um die logisch nicht aufzulösende Frage, ob der allmächtige Gott einen so schweren

Stein zu erschaffen vermag, dass er ihn selbst nicht hochheben kann. Da gibt es kein Entkommen: Kann er ihn nicht erschaffen, so ist er logischerweise nicht allmächtig. Kann er ihn zwar erschaffen, aber nicht hochheben, so gilt das Gleiche. Da aber nach dem logischen Grundsatz »tertium non datur« (entweder a oder b) nur eine der beiden Antworten wahr sein kann, steckt man in der Falle fest und kommt nicht mehr aus ihr raus.

Weniger spielerisch, logisch aber von vergleichbarer Qualität ist das sogenannte Theodizee-Problem: Wie kann Gott, wenn er allmächtig (und nicht sadistisch) ist, das Böse in der Welt zulassen? Er scheint gerade dann, wenn es nun wirklich darauf ankäme, von seiner Allmacht keinen Gebrauch zu machen und die Welt alleine zu lassen. Wozu ist dann die ganze Allmacht gut, wenn sie nicht einmal hilft, dass es auf der Welt weniger grausam und ungerecht zugeht? Üblicherweise hilft man sich aus der Verlegenheit mit einem Hinweis auf die menschliche Freiheit, die Gott gewollt habe und die außer Kraft gesetzt wäre, hätte Gottes Allmacht dem Menschen die freie Wahl, böse zu sein, verboten. So wird die Verantwortung für das Böse dem allmächtigen Gott, der es hätte verhindern können, aus Rücksichtnahme auf seine Göttlichkeit und Güte abgenommen und dem Menschen und seiner Freiheit überantwortet. Das klingt ein bisschen sophisticated, braucht aber hier nicht weiter verfolgt zu werden. Lieber legen wir die letzte CD des großen Musikers Leonard Cohen »You want it darker« auf: Cohen führt dort ein ergreifendes Zwiegespräch mit Gott, wirft ihm vor, er habe nicht verhindert, dass in seinem Namen Kriege geführt werden. Und verzweifelt an seiner Allmacht: »A million candles burning for the help that never came.« Er, so der zutiefst religiöse Leonard Cohen wenige Wochen vor seinem Tod im November 2016, will damit nichts mehr zu tun haben: »If you are the dealer, I'm out of the game.«

Was passiert, wenn die Macht ein Monopol hat? Gehen wir noch einmal zurück zum Anfang des Monotheismus und der Offenbarung der Gebote am Sinai. Während Mose oben auf dem Berg noch mit der Offenbarung beschäftigt ist, fangen die Israeliten unten bald an, ungeduldig zu werden, weil Moses so lange nicht herunterkommt. »Wer weiß, ob der wiederkommt«, maulen sie. In dieser Unsicherheit macht ihnen Aaron, der ältere Bruder des Moses, ein unanständiges Alternativangebot, fordert sie auf, ihre goldenen Schmuckgegenstände abzugeben, um sie einzuschmelzen und daraus ein Goldenes Kalb (manchmal auch Goldener Stier genannt) zu formen. »Da sagten sie: Das sind deine Götter, Israel, die dich aus Ägypten herausgeführt haben. Als Aaron das sah, baute er vor dem Kalb einen Altar und rief aus: Morgen ist ein Fest zur Ehre des Herrn. Am folgenden Morgen standen sie zeitig auf, brachten Brandopfer dar und führten Tiere für das Heilsopfer herbei. Das Volk setzte sich zum Essen und Trinken. Sie feierten ein rauschendes und ausschweifendes Fest.«

So schnell kann es gehen. So schnell kann es mit dem Monotheismus zu Ende gehen, noch bevor er überhaupt richtig eingeführt wurde. Alternative Götter sind offenkundig der Sinnlichkeit gegenüber aufgeschlossener und haben nichts gegen rauschende Feste, solange sie opfermäßig auch etwas davon abbekommen. Der Monotheismus ist moralisch deutlich rigider.

Der »Rückfall« in den Polytheismus des Götzendienstes sollte den Israeliten freilich nicht gut bekommen. Moses kam ja dann tatsächlich vom Berg Sinai zurück, wurde wütend und zerschlug nicht nur den Götzen, das Goldene Kalb, sondern auch die Gesetzestafeln, die er vom Berg mitgebracht hatte. Anschließend wurden von den Leviten (das ist einer der zwölf Stämme Israels) auf Moses' Anweisung 3000 Menschen erschlagen. Das ist ein erster Fingerzeig, wie brutal der eine und einzige Gott (vertreten durch Moses, seinen Repräsentanten auf Erden) zurückschlagen kann, wenn man seine Allmacht bestreitet. Zur Einschüchterung der Gläubigen schreckt er auch vor einem religiös motivierten Massenmord nicht zurück. Der Gott der Bibel, so lesen wir vielfach, ist ein eifersüchtiger Gott. Er wird zur Furie, sollten plötzlich Rivalen auftauchen. Eifersucht, eine Kränkung, ist ein starker und zugleich äußerst gefährlicher Treiber der Macht. Das dritte Gebot sagt: »Du sollst dich nicht vor anderen Göttern niederwerfen und dich nicht verpflichten, ihnen zu dienen. Denn ich, der Herr, dein Gott, bin ein eifersüchtiger Gott: Bei denen, die mir Feind sind, verfolge ich die Schuld der Väter an den Söhnen, an der dritten und vierten Generation; bei denen, die mich lieben und auf meine Gebote achten, erweise ich Tausenden meine Huld.«

Monotheismus und Gewalt

Den Übergang von der polytheistischen zur monotheistischen Phase der Religion kann man als entscheidende Zäsur der Menschheitsgeschichte deuten; der Ägyptologe Jan Assmann hat darüber Aufregendes geschrieben. Die polytheistischen Religionen (zum Beispiel die Götterwelten der Griechen und Römer) sind historisch im Rahmen einer Kultur,

Gesellschaft und Sprache gewachsen. Tauchte ein neuer Gott oder eine neue Göttin auf, war nicht gleich der Teufel der Eifersucht los, solange man die neuen Götter genealogisch in die Verwandtschaft integrieren konnte. Die monotheistischen Religionen (Judentum, Christentum und Islam), die bis heute dominant sind, entstammen hingegen einem Akt der Offenbarung und der Stiftung (Moses auf dem Berg Sinai) und überschreiten alle politischen und ethnischen Grenzen.

Man muss sich von der überkommenen Wertung freimachen: Wir, aufgewachsen in unserer jüdisch-christlichen Kultur, sind es gewohnt, den Monotheismus als einen Fortschritt im religiösen Bewusstsein zu verstehen. Dagegen gilt der Polytheismus als eine quasi mythische oder heidnische Vorform des Religiösen. »Götzen«, abwertend gemeint wie das Goldene Kalb, werden von Menschen »gemacht«, verfallen somit der biblischen Religionskritik. Der wahre, allmächtige, einzige Gott offenbart sich uns, ist gerade kein Artefakt. Das ist gerade die Idee göttlicher Allmacht und Einzigartigkeit, einen Absolutheitsanspruch der eigenen Religion universal für alle zu begründen, der brutal zwischen dem einzigen wahren Gott und den vielen falschen Göttern, zwischen wahrer und irriger Lehre unterscheidet – und damit die Logik der Intoleranz bereits am Berg Sinai in sich trägt. Der Preis des Monotheismus ist die Geburt der Intoleranz und Gewalt aus dem Geist der Religion, was intellektuell dadurch nur noch schwerer erträglich wird, dass ein zentraler Inhalt dieser Religion das Gebot der Toleranz ist.

Verglichen damit kommt dem Polytheismus eindeutig ein Sympathievorsprung zu. Polytheismus ist die Religion der Vielfalt, der Sinnlichkeit und Fröhlichkeit des Lebens und Lebenlassens, somit auch eine Form der Toleranz, welche ihre eigene Wahrheit nicht gleich jedermann verpflichtend-autoritär zumuten möchte. Der Monotheismus hingegen ist intolerant, schon rein begrifflich, denn Toleranz müsste bereit sein, andere Götter im Himmel zu ertragen. Der Monotheismus ist gewaltsam, wenn es darum geht, seinen Allmachtsanspruch durchzusetzen: Die Religionskriege der Weltgeschichte wären dann kein Abfall vom wahren und guten Glauben, sondern unmittelbare Folge seines Universalismus. Die Andersgläubigen sind Heiden, die an einen anderen Gott glauben, oder, schlimmer noch, Abtrünnige wie die Israeliten, die um das Goldene Kalb tanzen. Sie werden bestraft.

Nimmt man den Allmachtsgedanken des biblischen Monotheismus ernst, dann wären die Grausamkeiten der Religionsgeschichte kein Betriebsunfall, sondern zwangsläufige Folge der religiösen Überzeugung – allerdings nicht generell jeder Religion, sondern verursacht vom Furor des Monotheismus. Schuld hätte ein Gott, der sich für allmächtig, einzig und einzigartig hält. Oder, weniger fromm ausgedrückt: Eine monotheistische Religion hätte die Funktion, mit solchen religiösen Vorstellungen ihren Machtanspruch und ihre Grausamkeiten zu legitimieren. Der allmächtige Gott wird in Dienst genommen für die Allmachts- und Unterwerfungsphantasien der Menschen.

Wenn islamische Terroristen heute bei ihren Attentaten »Allahu akbar« (»Gott ist unvergleichbar groß, der Größte«) ausrufen, dann ist es jedenfalls nicht sehr überzeugend, wenn viele wohlmeinende Beobachter umgehend beteuern, mit Religion habe das nichts zu tun. Auf merkwürdige Weise nimmt diese Beschwichtigungsformel den Terroristen nicht beim Wort, der sich doch gerade auf seinen einzigartigen, großartigen und allmächtigen Gott beruft, der ihm seine Tat – Lohn des monotheistischen Puritanismus – im Himmel vergelten wird. Religion, Macht, Gewalt und Terror sind eine Einheit, die man nicht auflösen sollte, um die Religion zu schützen. Moses hat nach seiner Rückkehr vom Berg Sinai auch keine Rücksicht darauf genommen, was spätere Kirchentage über sein Gemetzel denken würden.

So kippt am Ende die theologische Figur der Allmacht Gottes in ihr Gegenteil. Anstatt die weltlichen Machtansprüche zu relativieren, werden sie legitimiert. Das begründet bis heute den religiös motivierten Terror: inzwischen mehr den islamistischen als den christlichen Terror. Allerdings haben, nach einem bitteren Wort Navid Kermanis, die Christen bis heute immer noch einen deutlichen Vorsprung von im Lauf der Geschichte angesammelten religiösen Grausamkeiten. Aufrechnen führt ohnehin nicht weiter. Christen und Muslime sind Brüder und Schwestern innerhalb untereinander verwandter monotheistischer Religionen. Sie konkurrieren um die Wahrheit, weil doch gerade ihr monopolistischer Gott den Wettbewerb der Götter verboten hat. Man braucht den Polytheismus gar nicht als tolerante Welt der Vielgötterei zu verklären, um zu sehen: Monopole sind immer schädlich (dazu gleich noch mehr); bei religiösen Monopol-Ansprüchen ist das nicht anders: Es ist sogar noch schlimmer. Man kann gewiss entdramatisieren und einwenden, dass der Zusammenhang zwischen Monotheismus und Gewalt kein Verhältnis der Kausalität, sondern eines der Potentialität ist. Mit anderen Worten: Das Christentum zwingt nicht jeden zum Kreuzzug. Das macht die Gewalt aber auch nicht besser.

Trinität und Wettbewerb

Doch blicken wir noch einmal etwas genauer in den Götterhimmel, vor und nach dem mosaischen ersten Gebot. Hätte der sich offenbarende Gott Recht, müsste es dort sehr einsam um ihn sein. Ein Gott eben, keine anderen Götter neben ihm. Also Leere. Aber, wir staunen, so ist es nicht, wie uns neuerdings die Religionsforscher sagen. Das ist, nach allem, was der Monotheismus angerichtet hat, geradezu tröstlich. Monotheismus war offenbar immer schon eher ein Ideal der radikalen Theologie, aber keine Realität. So rein und eindeutig hätte man es gerne gehabt. Aber so war es nicht. Sieht man genau hin, behauptet noch nicht einmal die Bibel, der biblische Gott hätte plötzlich, an einem Tag, alle konkurrierenden Götter besiegt, um sich fortan allein (und auch ziemlich einsam) im großen Himmel seiner unbegrenzten Allmacht zu erfreuen. Ganz im Gegenteil: Der biblische Götterhimmel dieser angeblich monotheistischen Religion war immer recht dicht bevölkert. Da gab es mit Jahwe konkurrierende Gottheiten – sie hießen zum Beispiel El oder Baal. Der monotheistische Wunschgedanke hat später so getan, als wären das nur andere Namen des einen und einzigen Gottes. Aber das kann man rasch als nominalistischen Taschenspielertrick entlarven: Unterwerfung durch Einverleibung.

Mehr noch: Es gab sogar Göttinnen, mit denen Jahwe im Himmel sich wundervoll verstand. Noch im fünften Jahrhundert vor Christus hören wir von jüdischen Söldnern, die in der ägyptischen Grenzfestung Elephantine siedelten und neben ihrem Gott Jahwe auch zwei Göttinnen verehrten – ohne dass die Jerusalemer Tempelgemeinde dagegen vorgehen konnte oder wollte. Daran sieht man: Polytheismus, der Jahwe seine Alleinherrschaft streitig macht, propagiert Toleranz und relativiert Einzigartigkeit.

Um die himmlische Welt geteilter Macht und die anhaltenden Machtkämpfe auch in der »polytheistischen Zeit« erkennen zu können, muss man einen gewissen Spürsinn ausbilden. Offene Götterrivalität findet sich selten. Denn ganz offenkundig war es äußerst riskant und immer latent häretisch, den »herrschenden«, als Ideal und Norm angestrebten Monotheismus zu unterlaufen, wie wir schon an der Geschichte vom Goldenen Kalb sahen. Die himmlische Rivalität muss also hierarchisch entschärft werden; Nebengötter müssen sich tarnen. Man findet Camouflagen aller Art dafür, um das himmlische soziale Netzwerk auszumalen. Am einfachsten geht es, wie in jeder Firma, durch mehr oder weniger klare Hierarchien. Die Engel sind quasi die geborenen Rivalen Jahwes. Aber sie heißen Engel, nicht Götter, gleichwohl stiften sie ziemlich viel Unruhe. Luzifer/Satan ist der bekannteste unter diesen Unruhestiftern, von dem wir zwar die Geschichte der göttlichen Doppelherrschaft neben Jahwe nicht wissen dürfen (das wäre zu gefährlich). Aber wir kennen das Ende: den Absturz in die Hölle als Strafe dafür, dass Luzifer Gott dem Allmächtigen seinen Monotheismus streitig machte. Das ist nicht viel anders als in den Geschichten der Schimpansenmännchen, die wir von Frans de Waal kennen. Luzifer repräsentiert die dunkle Seite der Macht.

Es ist ein ständiges Kommen und Gehen in diesem biblischen Götterhimmel. Der »Menschensohn«, auch so ein Rivale, von dem in vielen frommen Geschichten die Rede ist, wird vom Himmel auf die Erde gesandt. Den umgekehrten Weg durchmisst Henoch, eine messianische Erlösergestalt und ebenfalls Menschensohn, er kommt von der Erde in den Siebten Himmel, wo er es schafft, irgendwo neben Jahwe seinen Platz zu finden. Hier ist der Menschensohn als endzeitlicher Richter auf dem »Thron seiner Herrlichkeit« inthronisiert. Und Jahwe lässt sich das gefallen? Oder hat keine Macht, das Treiben des Nebenbuhlers zu unterbinden. Das heißt doch nur: Göttliche Allmacht kann bestritten werden und wird ständig bestritten. Der Monotheismus ist nicht so erfolgreich, wie es im Nachhinein aussieht. In Wirklichkeit geht es im Himmel so zu, wie wir es aus unseren weltlichen Machtkämpfen auch kennen.

Schauen wir noch einmal nach im Himmel, dann treiben sich dort auch noch ziemlich mächtige Allegorien herum (wie wir sie aus barocken Dramen kennen), abstrakte Begriffe, die aber wie Personen behandelt werden: Die schöne Sophia zum Beispiel, die Weisheit, oder der listige Logos, die Vernunft, wären hier zu nennen. Von Weisheit oder Vernunft heißt es, sie seien vor aller Zeit schon gewesen – ganz wie Gott der Allmächtige. So geht es zum Beispiel im Johannesevangelium los: Im Anfang war der Logos. Also nicht Gott? Doch, das ist alles eins, hat man später beschwichtigend gesagt. Das heißt, der Monotheismus ist in sich ziemlich antagonistisch und konfliktträchtig.

»Binitarisch« nennen die Religionsforscher heute diese nicht seltene Koexistenz zweier Götter im biblischen Himmel. Der Begriff erinnert mit Absicht an die »trinitarische« Existenzform des christlichen Gottes. Mehrere altkirchliche Konzilien haben sich mit grandioser Begriffsakrobatik zu zeigen bemüht, dass es hier zwar um drei Personen geht. Diese gleichen jedoch eher dreierlei Masken, denn sie sind eines Wesens (also keinesfalls drei Götter). Deshalb wird der

Monotheismus nicht verletzt und es liegt keine Häresie gegenüber dem ersten und wichtigsten Gebot vor: »Du sollst neben mir keine anderen Götter haben.« Doch Christus, der Sohn Gottes, und der Heilige Geist sind gleichursprünglich mit Gott, dem Vater. Diese Konstellation deutet nun doch auf eine langwährende fragile Rivalität oder friedliche Koexistenz hin. Die Spannung wird nur dadurch entschärft, dass der Erste im Dreierbund der Vater genannt wird; dadurch kommt ihm eine gewisse genealogische Vorrangstellung zu. Es ist faszinierend zu beobachten, wie man einerseits auf Differenzierung, Spannung, ja ›heiligen‹ Wettbewerb (ohne Christus gäbe es schließlich keine Erlösung) nicht verzichten wollte, aber andererseits die monopolistische Idee auch nicht aufgeben konnte.

Allerdings: Alle binitarischen und trinitarischen Götter bleiben doch strikt männlich-klösterlich himmlische Gesellschaften. Frauen im biblischen Götterhimmel sind die große Ausnahme, anders als in der griechisch-römischen Religion, wo Liebe und Sex als Instrumente des Machtkampfes eingesetzt werden. Ein wenig verschämt und mehrdeutig kommt als einziger Frau Maria eine wichtige Rolle zu. Immerhin ist sie die »Mutter Gottes«: Und ihr wird große Macht zugeschrieben.

Kann es also sein, dass die Mutter Gottes keine Göttin ist? Doch nur dann, wenn der Mensch, den sie jungfräulich zur Welt gebracht hat, erst später vergöttlicht worden wäre. So ist es aber im Christentum gerade nicht, denn Christus war vor aller Zeit Gottes Sohn. Und immerhin: Im Lauf der Deutungsgeschichte hat man sich auch angewöhnt – analog zu Jesus Christus –, an die leibliche Aufnahme Mariens in den Himmel (Mariä Himmelfahrt) zu glauben. Irgendwie wird sie dann ja wohl doch im christlichen Götterhimmel gelandet sein, auch wenn sie keinen Zugang zur exklusiven Dreifaltigkeit bekam. Später dann wurde es im Himmel wieder voller, nachdem auch Heilige beiderlei Geschlechts Zugang bekamen. Doch hier insistiert die Frömmigkeitslehre eindeutig, dass sie damit nicht vergöttlicht wurden. Einen Wettbewerb der mächtigen Helfer gibt es trotzdem: Antonius ist dafür zuständig, verlorene Gegenstände wiederzufinden, Blasius hilft gegen Erstickungsanfälle etc.

Fassen wir unseren Ausflug in den biblischen Götterhimmel zusammen: Im Himmel geht es nicht viel anders zu als auf Erden. Das kann auch kaum anders sein, sind es doch die Erfahrungen der Irdischen, die sich den Himmel ausmalen. Aber es ist nicht nur ein Spiegelbild der weltlichen Machtkämpfe; dann brächte uns die Religion und Frömmigkeit ja nichts Neues. Es muss wohl Gründe haben, warum der biblische Gott Allmacht und Monopol für sich beansprucht: Der göttliche Allmachtsanspruch wirbt für sein Monopol (genannt: Monotheismus) mit dem Versprechen eines geordneten Gemeinschaftszusammenhalts, dessen Schöpfer, Erhalter und Vollender Gott ist. Alle, die sich ihm anschließen, werden zu Brüdern und Schwestern gemacht. So gesehen hätte der Monotheismus eine friedenstiftende soziale Funktion. Monotheismus und Monogamie gehören eng zusammen (»Du sollst nicht nach der Frau deines Nächsten verlangen«). Es ist Gott, der das Eigentum schützt (»Du sollst nicht nach dem Haus deines Nächsten verlangen«) und die Strafrechtsordnung garantiert (»nicht töten«). Hierarchie und Loyalität, sozialer Kitt, wie wir ihn an großen Unternehmungen in den vorangegangenen Kapiteln kennengelernt haben, bekommen ihre Legitimation, wenn es ganz oben einen gibt, der vor aller

Zeit war und allmächtig ist. Soziale Kohäsion, so könnte man mit aller Vorsicht sagen, kann den Monotheismus zur Legitimation gut gebrauchen. Die Macht des Allmächtigen eint und verleiht allen Schutz.

Der bunte Götterhimmel des Polytheismus ist dagegen gefährlicher, Loyalitäten können getauscht werden, kommen miteinander in Konflikt. Es geht äußerst spontan zu in den Mehrgötterreligionen, am Ende vielleicht auch eine Spur anarchisch.

Dagegen gibt es eine Kehrseite des Monotheismus, die notwendige Verabsolutierung göttlicher Allmacht, die, trotz aller Toleranzpredigt, zu Intoleranz und Gewalt neigt, eine Gefahr, die nicht nur theoretisch ist, sondern in der Geschichte sich grausam gezeigt hat. Dass es irgendwann anfing, friedlicher in der Welt zuzugehen, ist (anders als sie gerne behaupten) gerade keine Leistung der monotheistischen Religionen, sondern die Leistung des modernen Staates, wie ihn Thomas Hobbes (1588–1679) entwarf und begründete, der die rivalisierenden Wahrheitsansprüche der Religionen einem staatlichen Gewalt-Monopol unterwarf: Auctoritas, non veritas fecit legem; die Macht, nicht die Wahrheit macht das Gesetz. Die Monopolisierung der Wahrheit tendiert zu Intoleranz. Toleranz dagegen wird in Hobbes' Staatsphilosophie vom Staat autoritär durchgesetzt werden, wenn es sein muss auch mit dem Schwert, also mit Gewalt. Sonst hätten wir immer noch Religionskriege. Immerhin: Die Religionen haben sich meist dieser Auctoritas des staatlichen Schwerts unterworfen.

Ambivalenzen, Anerkennung des Anderen als Anderen, Toleranz – all das sind Eigenschaften, mit denen der Monotheismus aus sich selbst heraus seine Schwierigkeiten hat, bringt ihn das doch gleich in die Nähe des Götzendienstes. Insofern gilt der Satz von Lord Acton auch für den Himmel: Macht korrumpiert, absolute Macht – himmlische Allmacht des einzigen Gottes – korrumpiert absolut. Wen? Die Menschen natürlich, die ihre soziale Ordnung von diesem religiösen Glauben her entwerfen.

Deshalb muss man es als einen Glücksfall ansehen, dass der Monotheismus trotz aller brutalen Drohungen es nicht geschafft hat, sich in den monotheistischen Religionen durchzusetzen. Monotheismus ist Ideal, nicht Realität. Die polytheistische Alternative war ihm nicht nur äußerlich. Es scheint so zu sein, dass zur Macht quasi begrifflich dazugehört, dass sie bestritten werden kann. Sogar im Himmel ist es so. Noch nicht einmal da kann der eine und einzige Gott seine Allmacht behaupten. Und das ist gut so. Keine Macht hält sich auf Dauer absolut und monopolistisch durch. Allerdings ist die Balance of Power eine prekäre Angelegenheit. Rivalisierende Götterkämpfe scheinen in den idealtypisch monotheistischen Religionen verboten zu sein. Machtkämpfe, so haben wir früher schon gesehen, sind nicht in Permanenz durchzuhalten. Die Idee der »permanenten Revolution« bleibt ein Hirngespinst von Karl Marx und Rosa Luxemburg; die Menschen auf Erden überfordert sie. Die Götterwelt im Himmel auch: Deshalb lässt sich auf den Machtkampf immer nur implizit rückschließen, erzählt wird er schon nicht mehr. Man hat sich auf binitarische, trinitarische Ordnungen geeinigt, welche die – auf eifersüchtiger Rivalität basierenden – Religionen durch die labile Balance einer Binnenhierarchie stabilisieren sollten.

So steht am Ende fest: Macht muss bestreitbar sein und wird faktisch stets bestritten. Absolute Allmacht endet stets in Gewalt und Unterdrückung. Und verhindert Innovation, als die man die Erlösung der Menschheit durch Jesus Christus durchaus verstehen könnte (Gott wird Mensch). Permanenter Machtkampf indes ist niemandem zumutbar, weder im Himmel noch auf Erden, so war es schon bei den Primaten. Als fragiler Kompromiss bieten sich temporäre Hierarchien unter und zwischen den Rivalen an, die die Lage entspannen. Machtprätendenten werden dann eben zum Senior Vice President ernannt. All das kann einem der Blick in den Himmel beibringen. Man sollte dem Rat Heinrich Heines also nicht folgen, der meinte, den Himmel solle man besser den Engeln und den Spatzen überlassen.

Der biblische Gott verhält sich im Übrigen wie jeder machtbewusste Unternehmer. Er beansprucht ein Monopol, nachdem er alle Konkurrenten ausgeschaltet hat, oder aber – da waren wir uns in der Deutung des ersten Gebots nicht ganz sicher – er verbietet unter Androhung der Höchststrafe, sich bei anderen Anbietern zu bedienen, um die Konkurrenten auszuhungern und in die Pleite zu drängen.

Ein Monopol anzustreben ist keine Verirrung böser Unternehmen, ganz im Gegenteil: Es ist das Sinnen und Trachten eines jedes Konzerns. Der Unternehmer wird viele Gründe benennen, warum seine Monopolstellung auch im Interesse seiner Kunden gut ist. Es erspart ihnen den mühsamen Marktüberblick hinsichtlich Kosten und Qualität, bietet der Einfachheit halber sozusagen alles aus einer Hand. Doch der Schaden des Monopols ist evident: Der Monopolist kann zwar keine Mondpreise nehmen, denn dann verzichten die Leute vermutlich lieber ganz auf sein Gut. Aber er kann satt überhöhte Preise verlangen, weil die Kunden ja keine Alternativen haben. Zugleich braucht der Monopolist es bei der

Qualität nicht ganz so ernst zu nehmen. Eine Notwendigkeit zur Innovation gibt es für ihn gleich gar nicht. Kurzum: Trau keinem Monopolisten – selbst wenn er Gott ist –, und mag er auch noch so verführerische Argumente dafür ins Feld führen.

Monopol ist das Ende von Wettbewerb. Das heißt: Die Menschen nehmen gravierende Preis- und Qualitätsnachteile, mithin Wohlfahrtsverluste in Kauf, wenn es keinen Wettbewerb gibt. Gerne spricht man vom »brutalen« Wettbewerb. Darin drückt sich aber die Perspektive des Unternehmers aus, für den Wettbewerb immer störend ist. Für »die Verbraucher« gibt es nichts Besseres als »brutalen« Wettbewerb. Wettbewerb ist das Entdeckungsverfahren, das Neues in die Welt bringt. Ohne Wettbewerb gäbe es nichts Neues. Und der monopolistische Machthaber könnte mit Willkür schalten und walten, wie er will.

Es gibt keine Macht, die nicht zugleich bestreitbar ist. Absolute Macht ist gefährlich, das lehrt nicht zuletzt die Religionsgeschichte. Macht hingegen ist gut, denn sie ist ein Mittel der Entmachtung sich absolut setzender Ansprüche im Wettbewerb. Wettbewerb als Entmachtungsverfahren ist ein ökonomisches Prinzip, das weit über den Bereich der Wirtschaft hinaus relevant ist.

Macht ist nie böse, solange es Wettbewerb gibt. Erst wenn Macht sich absolut setzt, wird sie gefährlich. Das ist die Lehre des mosaischen Gesetzes, des Versuches, der Allmacht ein ewiges Monopol im Götterhimmel zu sichern. Gottlob hat sich der Monotheismus auch in den biblischen Religionen nie absolut durchsetzen können. »Ich glaube an Gott, den Allmächtigen«, ist Bekenntnis zu einem Ideal, das anhaltend polytheistisch gestört wird.

KAPITEL 6: DIE DATEN

ODER: DIE MACHT IM NEUEN INTERNET-KAPITALISMUS

Seit Anbruch des dritten Jahrtausends erwacht die Menschheit, streckt ihre Glieder und reibt sich die Augen. Und sie wird gewahr: Die meisten der großen Menschheitsprobleme sind gelöst. So beginnt das monumentale Werk »Homo Deus« des jungen israelischen Historikers Yuval Noah Harari, auf Deutsch erschienen im Frühjahr 2017. Jahrtausendelang drückte jeden neuen Morgen dieselbe große Last auf den Menschen: Hunger, Krankheit, Krieg waren die großen Plagen der Menschheitsgeschichte. Generationen über Generationen beteten die Menschen zu ihrem Gott, er möge ihnen gnädig sein. Und trotzdem starben sie weiterhin an Hunger, Epidemien und Gewalt. Die Menschen wussten: Die Endlichkeit mit all ihren Plagen ist Bestandteil von Gottes Plan oder unserer unvollkommenen Natur, und erst am Ende aller Tage werden wir davon befreit werden. Getreu nach Luthers Psalmenübersetzung: Unser Leben währet siebzig Jahre, und wenn's hoch kommt, so sind's achtzig Jahre, und wenn's köstlich gewesen ist, so ist es Mühe und Arbeit gewesen; denn es fährt schnell dahin, als flögen wir davon.

Neben dem Dank an den allmächtigen Schöpfer, der alles geschaffen hat – worüber wir im vorigen Kapitel nachgedacht haben –, ist das Bittgebet über Jahrtausende der zweite religiöse Grundgestus: Die Bitte um Beistand in all den vielen Situationen der Angst, Hilflosigkeit und Unvollkommenheit. Inzwischen brauchen wir viele dieser Sorgen nicht mehr zu haben. Arbeit, Mühe und Leid sind zwar nicht aus der Welt verschwunden, aber längst nicht mehr so drückend wie ehedem. Der menschliche Fortschritt mache Gott arbeitslos und am Ende überflüssig, so Harari. Die menschlichen Errungenschaften sind uns inzwischen schon derart selbstverständlich geworden, dass wir den Erfolg und die Veränderungen gegenüber früher gar nicht mehr wahrnehmen. Harari hat Recht. Bis vor kurzem dachte man, die Armut auf der Welt sei unausrottbar. Doch in kürzester Zeit ist es gelungen, die Zahl der Armen von zwei auf eine Milliarde Menschen zu halbieren – trotz des Wachstums der Weltbevölkerung. Gewiss, eine Milliarde Arme ist immer noch eine Milliarde armer Menschen zu viel. Aber der Erfolg lässt hoffen: Wenn eine Milliarde aus der Armutsstatistik verschwindet, dann haben wir vielleicht am Ende großes Glück und die Armut wäre dereinst als Plage der Menschheit verschwunden.

Zum ersten Mal in der Geschichte sterben heutzutage mehr Menschen, weil sie zu viel essen, nicht weil sie zu wenig zu essen haben. Übergewicht ist inzwischen das größere Menschheitsrisiko als Kriege, Gewaltverbrechen und Terrorismus. Das hört sich merkwürdig an in einer Welt, in der die Terrorangst in den Städten des Westens täglich wächst und die Kriege in Syrien oder Afghanistan nicht zu enden scheinen. Aber es kommt hier allein auf die Relation an: Im Vergleich mit früheren Jahrhunderten – nicht zuletzt mit dem dunklen 20. Jahrhundert und seinen barbarischen Vernichtungskriegen – leben wir inzwischen in fast paradiesischen Zeiten.

Mehr noch: Der medizinische Fortschritt der vergangenen zwei Jahrhunderte hat die Menschen physiologisch derart robust werden lassen, dass der Traum vom ewigen Leben hier auf Erden nicht mehr nur als utopische Spinnerei abgetan werden kann. Ewige Jugend muss nicht erst erfunden werden. Es gibt sie bereits. Naturwissenschaftler basteln an Möglichkeiten, die Zellalterung zu stoppen. Schon heute winkt jedem Neugeborenen eine durchschnittliche Lebenserwartung von hundert Jahren, mehr als der Psalmist des Alten Testaments sich vorstellen konnte. Und das ist, wenn es normal verläuft, ein Leben bei guter Gesundheit. Lange Jahre des Siechtums sind die Ausnahme. Das Leiden im Greisenalter verlängert sich nicht, sondern wird verkürzt, mögen auch heute noch Anekdoten über demente Großeltern im Umlauf sein. Die Annahme, es gebe eine natürliche Grenze des Alterungsprozesses, bestreiten immer mehr Forscher. Der Anti-Aging-Prophet Aubrey de Grey, ein exzentrischer Visionär von hagerer Gestalt mit langem Zauselbart und rotbraunem Zopf, versteigt sich gar zu der Ansicht, der erste Mensch, der tausend Jahre alt wird, sei heute schon geboren.

Auch das ist noch längst nicht alles. Inzwischen modellieren die Forscher an Möglichkeiten, neues Leben zu schaffen. Sex und Fortpflanzung haben sich lange schon voneinander entkoppelt. Auch die Annahme, wonach zwei Geschlechter, also Mann und Frau, vonnöten sind, um einen neuen Menschen zu zeugen, gilt als überholt. Eine einzelne Frau kann sich selbst fortpflanzen, die fehlende Samenzelle lässt sich aus den Stammzellen ihres eigenen Körpers gewinnen; bei Männern geht die Sache umgekehrt. Und wer der Technik heute noch nicht traut, lässt seine Ei- oder Samenzellen einfrieren und wartet noch ein wenig ab. Durch die Kombination von organischem Leben mit anorganischen Apparaten vervielfältigen sich die menschlichen Möglichkeiten. Schon heute können gelähmte Patienten mittels der Kraft ihrer Gedanken bionische Gliedmaßen bewegen. Es gibt mittlerweile Helme zu kaufen, die die elektrischen Signale im Gehirn lesen und die als Fernbedienung im Haushalt dienen. Über solche Fernwirkung lassen sich auch Roboter steuern. Ob eines Tages die Menschen auch die Möglichkeit erfinden, wie weiland der Schöpfergott eine ganz neue Welt zu erschaffen? Wer weiß?

Wer diese ganze Erfolgsgeschichte nicht glaubt oder für Übertreibungen einiger Utopisten hält, geht am besten auf die Internetseite »ourworldindata.org« der britischen Universität Oxford, die der deutsche Ökonom und Philosoph Max Roser betreibt. Dort wird der Fortschritt völlig ohne Heilsanspruch, vielmehr quantitativ und ausschließlich mit sehr sprechenden Grafiken abgebildet, die lange Zeiträume ausgewählt haben (meist seit Beginn der industriellen Revolution Anfang des 19. Jahrhunderts). Hier nur ein paar Kostproben: Wenn die Welt ein Dorf mit hundert Einwohnern wäre, hätten 1820 fast alle, nämlich 94 Bewohner, in extremer Armut gelebt; heute sind es noch zehn. Gerade 17 Dörfler hätten damals über eine Schulbildung verfügt; heute sind es 86. Während zu Beginn des 19. Jahrhunderts 42 Dorfkinder vor ihrem fünften Lebensjahr starben (somit fast jeder Zweite), sind es heute nur noch vier. Bei Roser kann man anhand der Zahl der Morde auch sehen, dass das Leben heute viel sicherer geworden ist. Das Risiko, eines unnatürlichen Todes zu sterben, war noch Anfang des 20. Jahrhunderts um ein Vielfaches höher als heute, von den Kriegen und Raubzügen früherer Jahrhunderte ganz abgesehen. Es geht uns ziemlich gut, aber wir glauben es nicht: Nur ein geringer Bevölkerungsanteil will akzeptieren, dass die Welt sich zum

Besseren verändert hat. In Deutschland sind es gerade einmal vier Prozent, die um das Positive wissen. In China sind es immerhin 41 Prozent. Offenbar hat dort die rapide Wohlstandsgeschichte seit Dengs Xiao Pings Reformen ihre bleibenden Überzeugungsspuren hinterlassen. Die beeindruckenden Daten aus Oxford zeigen: »Homo Deus« ist mehr als eine Metapher des Verlagsmarketings für Hararis Buch. Menschen haben sich im Laufe ihrer Fortschrittsgeschichte Eigenschaften angemaßt, die früher den Göttern vorbehalten waren. Das Versprechen der Schlange im Paradies: »eritis sicut deus« – ihr werdet sein wie Gott –, ist dabei, sich zu erfüllen, ganz ohne Beistand des Teufels oder, wie noch in Goethes »Faust«, einen verführerischen Pakt mit Mephisto. Der Philosoph Hans Blumenberg hat die Vermutung geäußert, dass der »Baum der Erkenntnis« in Wirklichkeit ein »Baum der Macht« gewesen sei. Das Versprechen der Schlange wäre somit als ein Allmachtsversprechen zu deuten, verbunden mit der Aufforderung zum Putsch. Abermals eine Infragestellung des Machtmonopols – und das von den eigenen Geschöpfen. Kein Wunder, dass Gott darauf mit der Höchststrafe reagieren musste, der Verstoßung aus dem Paradies. Doch die ins Erdental verstoßenen Menschen haben mit List auf diesen Rauswurf reagiert und das Beste daraus gemacht: Wir haben die Sache selbst in die Hand genommen und sind darin mittlerweile derart erfolgreich, dass wir Gott nicht mehr brauchen. Eine »Bonum-durch-Malum-Figur« nennt dies Odo Marquard, Blumenbergs philosophischer Freund aus dem Kreis der Münsteraner Schule: Wir drehen die Schande um in eine Erfolgsgeschichte.

Der Machtkampf zwischen Gott und den Menschen scheint entschieden: Der Allmächtige ist entmachtet. Die

Menschen haben seine Macht usurpiert. Dass es selbst dem allmächtigen Gott nicht gelingt, seine Allmacht absolut zu setzen, und dass der Monotheismus monopolisierter Macht am Ende scheitert, haben wir im vorigen Kapitel gesehen. Doch inzwischen ist Gott selbst entmachtet, wie Friedrich Nietzsche vorausahnte.

In Gesellschaften, etwa im Vorderen Orient, die bis heute quasi in der Vormoderne verharren, mögen die Menschen sich weiterhin auf eine religiöse Macht beziehen. Dort legitimiert sich immer noch mit Allah, wer Gutes oder Böses tut. Im Westen aber sind die Menschen selbst »allmighty« – allmächtig – geworden. Durch den Fortschritt ist Gott überflüssig, machtlos, ja ohnmächtig geworden. Wir Menschen haben uns seiner Macht bemächtigt. Damit müssen wir nun leben, ob wir wollen oder nicht. Es hilft jedenfalls nichts, die Macht, die uns zugewachsen ist, zu leugnen, als böse zu denunzieren oder als gut zu glorifizieren. Macht ist Conditio humana, mehr denn je. Der Umgang mit der neuen Macht muss trainiert werden.

Indes deutet es sich längst an, dass die Entmachtung Gottes eine ambivalente Angelegenheit ist, nicht nur für Gott, sondern erst recht für die Menschen. Die Allmacht nämlich ist Versprechen und Fluch zugleich: Es ist die Ambivalenz des Perfektionismus. Wer allmächtig ist, darf es sich nicht leisten, Fehler zu machen. Zero-Toleranz und Null-Fehlerquote, das waren schon Gottes Probleme. Jetzt haben wir Menschen sie von ihm geerbt. Wer alles kann, hat keine Entschuldigung mehr, wenn er etwas falsch macht. Keine Ausflucht bleibt, sich auf sein Unvermögen, seine Ohnmacht zurückzuziehen. Schicksal gibt es nicht. Zufälle sind auf ein Minimum zu reduzieren. Mit der angemaßten Allmacht seiner beeindruckenden Fortschrittsgeschichte unterliegt der Mensch dem Zwang der Perfektion: Weder auf Autobahnen noch in menschlichen Beziehungen sind fortan Unfälle mehr genehmigt. Denn das wäre ja nur Beweis, dass der Mensch immer noch hinter seinen Möglichkeiten zurückbliebe. Das ganze Leben ist Anstrengung unter dem unerbittlichen Gebot des Perfektionismus und im Stress-Wettbewerb mit unseren Mitmenschen, die angeblich damit besser zurechtkommen und denen vieles gelingt.

Kein Wunder, dass viele es inzwischen für fahrlässig halten, Entscheidungen dem freien, aber getrübten, gar verschmutzten Willen des Einzelnen anheimzustellen. Bei aller inzwischen erreichten Vervollkommnung der menschlichen Handlungsmöglichkeit bleibt am Ende doch immer noch ein Fehlerrisiko. Dabei gibt es inzwischen bessere Möglichkeiten, zu einer perfekten Entscheidung zu kommen, wollen wir auf Nummer sicher gehen. Sie heißen: künstliche Intelligenz und Algorithmen. Das sind quasi unbestechliche mathematisch agierende und extrem lernfähige Entscheidungsmaschinen. Für das »Matching«, die optimale Befriedigung aller möglichen Präferenzen und Bedürfnisse unterschiedlicher Akteure, lassen sie sich bestens nutzen. Algorithmen sind die wahren Agenten des Perfektionismus. Sie haben alle nötigen Daten verfügbar; nichts entgeht ihrem unbestechlichen mathematischen Entscheidungsprinzip.

Algorithmen sind für die Wahl des optimalen Partners zuständig, dessen Angebote und Profile uns von Tinder, Elitepartner & Co. passgenau überspielt werden. Nötig ist ein solches Matching nicht nur, um einer Partnerschaft zum Gelingen zu verhelfen, sondern auch, um die optimale Entwicklung des Nachwuchses zu garantieren. Welche Kränkung es wäre, wenn die Kinder den eigenen Gelingenserwartungen nicht gerecht würden, lässt sich rasch ausmalen. Umso entscheidender ist es, die paternalistische Matchingheuristik bis mindestens zum Eintritt der Brut in das Berufsleben heranzuziehen: Die Wahl der Kita, die Wahl des Internats (England oder USA?), die Wahl der Universität, die Wahl des Arbeitgebers – alles verlangt nach Plattformen des Matchings. Kleinere Dinge des Lebens – die beste Route nach Apulien, das beste Hotel oder das ideale Bed & Breakfast – übernimmt die Maschine im Internet ohnehin. Alles könnte schiefgehen, gerade weil die Menschen inzwischen Meister des Gelingens geworden sind, die keines Gottes mehr bedürfen, von dem sie Hilfe erwarten, dem sie sich aber auch nicht mehr in ihrer Hilflosigkeit anzuvertrauen wagen. Die Welt des Algorithmus verbietet Erfahrungen des Scheiterns – gerade weil Scheitern im Prinzip nicht mehr nötig ist. Fast will es scheinen, als wolle diese Welt es einem abnehmen, überhaupt noch Erfahrungen zu machen.

Der Segen des Algorithmus

»Hör mal, Google«, wird die junge Frau sagen, »sowohl Peter als auch Paul wollen was von mir. Ich mag beide. Was würdest du mir raten, Google?« Und Google wird antworten: »Nun, ich kenne dich vom Tag deiner Geburt an. Ich habe alle deine E-Mails gelesen, kenne deine Lieblingsfilme, deine kulinarischen und deine sexuellen Vorlieben. Ich kann dir sekundengenau zeigen, welchen Puls und Blutdruck du hattest, als du dich mit Peter oder Paul getroffen hast. Nach all dem kann ich dir sagen, dass deine Beziehung mit einer

Wahrscheinlichkeit von 87 Prozent auf lange Zeit glücken wird, wenn du dich an Peter hältst.« Das ist noch nicht alles. Google weiß auch, dass die Ratsuchende lieber gehabt hätte, Google hätte ihr zu Paul geraten. Aber Google warnt, diese Hoffnung sei Ausfluss der Überbewertung des Aussehens und anderer Äußerlichkeiten, die, nach allem, was wir statistisch wissen, gerade keine Gewähr für langfristige Stabilität in der Beziehung böten.

Wie dieses Beispiel eindrücklich belegt, wäre der Algorithmus ohne Daten blind. Hätte er nur wenige Daten zur Verfügung, wäre er hilflos. Der Algorithmus verwandelt Daten in relevante Informationen. Je mehr Daten ihm zur Verfügung stehen, je mehr Datenmengen in seiner zeitlichen Abfolge (z. B. die Zahl der Autos auf der A 66 zwischen Frankfurt und Wiesbaden zwischen 7 Uhr 30 und 7 Uhr 35), umso besser ist er: Umso präziser kann er seine Entscheidungen – »Fahr lieber über Rüsselsheim!« – rechtfertigen und im Bedarfsfall ebenso schnell wieder revidieren. So oder so: Die unfassbare Menge der Daten, die wir inzwischen sekündlich messen, und die Algorithmen, die wir mit diesen Daten sekündlich speisen, sie sind unbestechlich und dem wankelmütigen Menschen unendlich überlegen.

Mit Fug und Recht lässt sich von einem Plattform- oder Datenkapitalismus sprechen, der inzwischen die Welt dominiert. Dessen Macht beruht nicht nur auf den beschriebenen Daten-, sondern zudem auf den sogenannten Netzwerkeffekten: Je mehr Nutzer, umso größer der Nutzen für diese Nutzer, lautet kurz gefasst die Definition. Je mehr Fahrer sich beim Taxiunternehmen Uber anmelden, desto besser wird der Service für die Fahrgäste, desto mehr Kunden nehmen Uber in Anspruch, desto mehr Fahrer werden bei Uber ihr

Geld verdienen wollen. So schaukelt sich die Sache auf: ein Pendel rascher Perfektionierung, die einem Anbieter aufgrund dieser Netzwerkeffekte eine privilegierte Stellung verspricht. Warum sollte man noch bei Yahoo suchen, wenn alle anderen es bei Google tun?

Ist es Zufall, dass die meisten Maschinen des neuen Perfektionismus Erfindungen des Silicon Valley der amerikanischen Westküste sind? Wohl kaum. Das liegt nicht nur daran, dass die genialsten Innovationen der Menschheit im späten 20. Jahrhundert aus Amerika kamen. Und es liegt auch nicht nur an jenem Phänomen, das die Wirtschaftsgeographen »Clustereffekt« nennen: Wenn es irgendwo eine geniale Garage gibt, gibt es dort bald auch eine zweite, dritte oder vierte geniale Garage nebst entsprechenden coolen und marktgängigen Erfindungen. Es muss noch etwas hinzukommen: Das heilsgeschichtliche Sendungsbewusstsein eines Kapitalismus, in dem die Unternehmen sich vorgeblich längst nicht mehr damit zufriedengeben, einfach nur Milliarden verdienen zu wollen. Nein, dahinter steht das Versprechen, durch Kapitalismus die Menschheit von all ihren Lasten – Krieg, Hunger, Leid – erlösen zu können und, mehr noch, ihnen Mittel und Wege des glücklichen Lebens an die Hand zu geben: Das Silicon Valley schickt sich an, das Versprechen der amerikanischen Verfassung einzulösen: Wer guten Willens und bei einigermaßen klarem Verstand ist, soll, »the pursuit of happyness«, seinem Glück nachjagen dürfen – mit freundlicher Unterstützung von Google, Facebook, Microsoft, Apple, Amazon.

Damit bekommen die neuen Unternehmen des Silicon Valley tatsächlich eine Macht, die weit über die Milliardensummen ihrer Marktkapitalisierung hinausgeht. Es ist die

Macht des Matchings und der Erlösungsversprechen, Fähigkeiten, welche die Menschen selbst ihnen zuschreiben, selbstverständlich mit freudiger Zustimmung ihrer Aktionäre, die an den zugehörigen Kursgewinnen prächtig verdienen. Die Macht des neuen kalifornischen Kapitalismus, der in die Welt gekommen ist, hat nichts, aber auch gar nichts mehr gemein mit der Macht jenes Kapitalismus, die Marx und die Marxisten noch erschreckte. Es geht nicht mehr um Unterjochung der Ausgebeuteten durch die Ausbeuter, gegen die sich die Revolution stellt. Es geht, ganz im Gegenteil, um Erweiterung und Perfektionierung der menschlichen Lebensmöglichkeiten durch den neuen Kapitalismus, der allen einen größten Nutzen verspricht. Am Ende aber, so fürchten es viele, dominiert eine kleine Zahl von Großkonzernen: Und genau das könnte gefährlich werden. Übt das Heilsversprechen des Kapitalismus also am Beginn des 21. Jahrhunderts eine Macht über die Menschen aus, der sie nicht mehr entrinnen können? Das wäre am Ende bedrohlicher als jener »Frühkapitalismus«, den Arbeiterbewegung und Sozialdemokratie mit dem Sozialstaat zu humanisieren vermochten.

Zwischen 1990 und heute hat das Internet eine Revolution ausgelöst, für die das Modewort »Disruption« tatsächlich angebracht ist. Disruption heißt, dass die alte Welt durch eine neue Welt ersetzt wurde, die zwar weder die Gesetze der Logik noch jene des Kapitalismus außer Kraft gesetzt hat, die aber gleichwohl unser Leben gründlich durchzuschütteln vermochte. Drücken wir es in Zahlen aus: Im Jahre 1990 hatten die großen drei Autohersteller in Detroit – Ford, GM und Chrysler – eine Marktkapitalisierung, also der kumulierte Preis aller Aktien zu diesem Zeitpunkt, von 36 Milliarden Dollar. Sie gaben insgesamt 1,2 Millionen Arbeitern und Angestellten Lohn und Brot. Im Jahr 2014 glänzten die drei Giganten des Silicon Valley – Google, Apple, Facebook – mit einer Marktkapitalisierung von einer Billion (das sind 1000 Milliarden) Dollar. Für ihr Geschäftsmodell reichten ihnen dabei knapp 140 000 Beschäftigte. Das zeigt, wo inzwischen die wahre Großindustrie ihren Sitz hat.

Lassen wir an dieser Stelle die nicht ganz triviale Frage beiseite, ob der neue Kapitalismus ein Kapitalismus ohne oder mit sehr viel weniger Beschäftigten sein wird, so springt zuerst die Tatsache ins Auge, dass hier eine alte, vertraute durch eine komplett neue Welt ersetzt wurde. Das Kapital, das Geld der Investoren, fühlt sich offenbar bei den Unternehmen Kaliforniens wohler als im mittleren Westen des Rust (!) Belt. Autos rosten, Google glänzt. Nebenbei korrigiert das die Vorstellung des alten Kapitalismus, Kapitalismus brauche vor allem physisches Kapital: Maschinen und Fabriken. Der neue Kapitalismus beruht auf Köpfchen, kreativen Ideen von Leuten wie Bill Gates oder Mark Zuckerberg, die zum rechten Zeitpunkt die Wünsche ihrer Kunden vorausahnen, die zu diesem Zeitpunkt noch gar nicht wissen, dass sie diese Wünsche später einmal haben werden. Es sind Burschen und Mädels, die in ihrem Studium die verrückte Idee haben, Busse lokaler Butterreisen unter dem Label »Flixbus« für 15 Euro quer durch Deutschland zu schicken – und die für diese Idee nicht viel mehr als einen Laptop nötig haben. Gewiss: Flixbus und Blabla-Car lassen am Ende auch reales Kapital – Busse oder PKWs – über die Straßen fahren. Das wäre aber totes Kapital ohne die Idee der über das Internet abgewickelten Buslinien oder Mitfahrgemeinschaften. Diese Ideen sind das eigentliche Kapital der neuen Ökonomie.

Auch wenn das Silicon Valley bis heute gerne den Eindruck vermittelt, es wäre eine Welt der ständig im Modus kreativer Zerstörung sich befindenden Startups und des unternehmerischen Dauer-Labors: Palo Alto und sein Umland sind in Wirklichkeit Standort einer ziemlich stabilen Großindustrie des neuen Kapitalismus geworden, zu dem neben Google, Apple und Microsoft noch Amazon und Facebook gezählt werden müssen. Noch im Jahr 2006 listete das Ranking der größten Konzerne der Welt (abermals bezogen auf die Marktkapitalisierung) auf den ersten drei Plätzen den Ölkonzern Exxon Mobile, den Mischkonzern General Electric und den russischen Gazprom-Konzern auf. Heute (2016) stehen auf diesen drei Plätzen Apple, Alphabet (der neue Name für Google) und Microsoft. Dann kommen Berkshire Hathaway (der Finanzkonzern des Investors Warren Buffett) und erst jetzt das verdrängte Exxon Mobile – und auf Platz sechs schon Amazon. Danach folgt gleich Facebook. GM rankt inzwischen auf Platz neun, Gazprom taucht in den Top Ten nicht mehr auf. Das ist eine Disruption, wie sie der Kapitalismus nur einmal alle hundert Jahr zuwege bringt. Für Amazon, Apple, Facebook und Microsoft addierten sich allein im ersten Quartal 2017, als dieser Text verfasst wurde, die Nettogewinne auf 25 Milliarden Dollar. Jeder zweite online ausgegebene Dollar geht an Amazon; und fast jeder Dollar, den Unternehmen für Werbung ausgeben, verteilt sich ausschließlich auf Google und Facebook. Die Internetkonzerne sind ein gigantischer Geldmagnet.

Wie konnte das passieren? Die verblüffende Antwort lautet: Es war Leistung. Offenbar liefern die neuen Konzerne den Menschen einen derart großen Nutzen, dass diese ihre Dienste gerne annehmen. Offenbar sind die Nutzer so viele und im Schnitt so zahlungskräftig, dass die neuen Plattformen etwa bei Google oder Facebook für die Werbung treibende Wirtschaft so interessant sind, dass sie hier Milliarden investieren, um für Produkte und Dienste aller Art zu werben. Das ist das Typische des sogenannten Plattformkapitalismus, dass er von zwei Seiten finanziert werden kann – von den Werbekunden und von den Nutzern seiner Dienste.

Beginnen wir mit dem Nutzen für die Endkunden: Google, wir sprachen schon davon, sammelt Daten über alles auf der ganzen Welt. Das Wissen der Welt, bisher in Büchern der großen Bibliotheken verschlossen, ist jetzt für jedermann von quasi jedem Punkt der Welt aus verfügbar. Datenanalysen bringen in Echtzeit Wetterdaten aus jedem Winkel der Welt zu Bewusstsein und offenbaren, dass in Süddeutschland eine Erkältungswelle sich ausbreitet: daran ersichtlich, dass überdurchschnittlich viele Leute Aspirin und Nasenspray einkaufen. Mit Big Data, so der Oberbegriff, lassen sich entstehende Krankheiten voraussagen, noch bevor sich erste Symptome zeigen. Datenanalysen zeigen, wo noch freie Parkplätze sind und dass im Café drei Häuser weiter eine alte Freundin gerade eine heiße Schokolade trinkt. Gewiss könnte es sein, dass es der alten Freundin gar nicht recht ist, dass ich weiß, dass sie gerade hier in dieser Sekunde ihre Schokolade trinkt. Aber insgesamt werden wir gewahr, dass Billionen von Daten plötzlich zu nützlichen Informationen geworden sind. Der Datenkapitalismus ist ein großer Wert, der unser Leben angenehmer und billiger macht. Mit Big Data lassen sich mehr und andere Erkenntnisse generieren, als dem Einzelnen in seiner begrenzten Perspektive möglich ist: Big Data hat das Auge Gottes – dem Einzelnen überlegen. Big Data bietet Vollständigkeit aus der Vogelperspektive.

Die Bedingung der Existenzmöglichkeit solcher Datensammelstellen sind Sensoren, die ihre Informationen von überallher überallhin durch das Netz schicken. Dabei vernetzen sich Autos mit Versicherungsunternehmen und teilen präzise Informationen über risikoreiches Verhalten ihrer Fahrer ebenso mit, wie sie zugleich melden, wo auf Autobahnen die Unfallwahrscheinlichkeit besonders groß ist. Es gibt die Schätzung, dass ein selbstfahrendes Auto in jeder Sekunde hundert Gigabytes (das sind 100 000 Megabytes) Daten absondert. Zum Vergleich: Ein gängiges iPhone 7 hat insgesamt 32 Gigabyte Speicherkapazität. Was man »Internet der Dinge« zu nennen sich angewöhnt hat, meint genau diese Möglichkeit, unfassbar große Datenmengen über das Netz zugänglich zu machen, die für die großen Internetunternehmen Informationen enthalten, welche für sie von größter wirtschaftlicher Bedeutung sind.

Es ist deshalb im strikten Sinne korrekt zu sagen, Daten seien die neue Währung des Internetzeitalters. Wir bekommen von Amazon, Google oder Facebook nützliche Informationen über Produkte oder Freunde, die wir suchen. Amazon, Google und Facebook erhalten dafür unsere Daten. Google weiß, wonach die Menschen suchen; Facebook weiß, was sie teilen; Amazon sieht, wofür sie zahlen (längst nicht nur für Bücher). Daten sind dabei gleichermaßen Währung und zugleich Rohstoff, Schmiermittel des Internetzeitalters wie im 19. Jahrhundert das Öl. Tatsächlich haben John D. Rockefellers Konzern Standard Oil und Larry Pages Google mehr miteinander gemein, als man auf den ersten Blick erkennen kann: Daten sind Treiber von Wachstum und Veränderung, wie es im 19. Jahrhundert das Öl war, ohne das die Erfindungen der Industrialisierung nicht zum Laufen gekommen wären.

Indessen ist die Rede von den Daten als neuer Währung nicht ganz unproblematisch: Denn zwar sind diese die Gegenleistung für eine Suchanfrage, so wie es der Euro beim Einkauf im Supermarkt ist. Doch anders als bei Rewe, wo ich weiß, dass mein Geld im Portemonnaie reicht, um Nudeln, Eier und Salat zu kaufen, wissen die Nutzer im Datenspiel des Internets nicht, was ihre Daten wert sind. Auch Amazon weiß das meist nicht, es weiß nur, dass Daten insgesamt Gold wert sind und dass, je mehr man von ihnen sammelt, ihr Wert sich vermehrt. Daten sind als Währung quasi archaisch, weil es (noch) keine Preise gibt – die entscheidende Voraussetzung jeglicher Zahlungsbereitschaft. Oder hat jemand schon einmal ein Preisschild gesehen in der Art von: Ihre Suchanfrage kostet Sie 500 persönliche Daten?

Für die Nutzer bedeutet dieser Nebel der Unsicherheit, ein Verhalten »erlernter Hilflosigkeit« an den Tag zu legen: Sie kapitulieren, unterschreiben den in den Allgemeinen Geschäftsbedingungen formulierten Kaufvertrag – Daten abschöpfen gegen Dienste nutzen – mit einem pauschalen »I agree« am Ende der allgemeinen Geschäftsbedingungen und kümmern sich fortan nicht mehr darum, was sie alles dem Unternehmen bezahlen und ob sie das auch wollen. Das ist so, als würde man beim Betreten eines Restaurants pauschal zustimmen, dass der Restaurantbesitzer nach Gutdünken eine Menge Euros von unserem Konto abbuchen darf – so wie Google nach Gutdünken eine Anzahl Megabytes von uns abzieht und damit Geschäfte macht. Erschwerend kommt hinzu, dass die Konzerne uns zwar versprechen, die Daten zu anonymisieren, inzwischen aber längst bekannt ist, dass, wenn sie wollen, sie alle hinterher wieder personenbezogen rekonstruieren können, ohne uns dafür ausspionieren zu müssen. Mehr noch: Die Netzwirtschaft hat ein großes Interesse an der Re-Individualisierung, denn sie will uns ja ganz individuelle Dienste und Werbebotschaften verkaufen. Einiges spricht dafür, dass der Wunsch nach Sorglosigkeit (»I agree«) ganz offenkundig ein Akt der Verdrängung ist, dass er seine Kehrseite hat in jener diffusen Angst vor den undurchschaubaren Mächten des neuen Datenkapitalismus, der uns alle versklaven könnte, ohne dass wir uns rechtzeitig dagegen zu wehren vermöchten. Das Verdrängte kehrt im Gewand der Angst zurück.

Beschreiben wir den Mechanismus einmal etwas detaillierter am Beispiel von Amazon. Amazon kennt uns besser als wir selbst, die wir vergessen haben, dass wir vor Jahren schon einmal Robert Gernhardts im Insel Verlag gesammelte Gedichte bestellt haben. Amazon empfiehlt uns aufgrund unserer bisherigen Vorlieben – also der von uns inzwischen über Jahre gesammelten Daten – neue Bücher, die treffender unsere Wünsche erfassen als der Buchhändler unseres Vertrauens früher (auch wenn viele Menschen dies aus einer Art von Buchhandelsnostalgie nicht wahrhaben wollen). Amazon, inzwischen weit mehr als ein Buchhändler, bringt uns als Prime-Kunden auch ohne zusätzliche Transportkosten den Toner für den Drucker ins Haus – oder was das Herz sonst noch begehrt. Amazon ist inzwischen auch der führende Anbieter für Cloud-Computing, hält also Speicher- und Transaktionsplätze für die Internetaktivitäten anderer Großkonzerne feil, die er vermietet. Und, noch gar nicht überall richtig bemerkt, ist Amazon auch ein Filmkonzern geworden, Wettbewerber zu den alten Hollywood-Konzernen, der uns mit Serien von »Mozart in the Jungle« bis zum neuesten Woody Allen versorgt. Amazon hat »Alexa« erfunden, unsere künstliche Helferin in Haus und Heim, die sprechen kann und, wenn wir wollen, auf eigene Initiative bei Rewe Milch und Eier nachbestellt, weil sie mit ihrer Künstlichen Intelligenz diesen Mangel längst wahrgenommen hat. Amazon betreibt riesige Warenlager und hat zuletzt für 1,5 Milliarden Euro in Kentucky ein gigantisches Flugdrehkreuz errichtet. Amazon bietet nicht nur Waren und Dienstleistungen, sondern baut sich selbst dafür die notwendige Infrastruktur.

Amazon, so hätte man das früher genannt, ist ein Konglomerat, ein Mischkonzern wie General Electric, was an der Börse üblicherweise zu einem Abschlag bei der Bewertung und bei den Kursen führt, weil Konglomerate als risikoscheue Unternehmen gelten. Bei Amazon ist das offenbar anders. Seit Anfang 2015 hat sich der Aktienkurs um 175 Prozent verbessert, zwölf Mal so gut wie der Standard & Poor's-Index, der sich außergewöhnlich verbesserte. Mit einer Marktkapitalisierung von 400 Milliarden Dollar steht das Unternehmen auf Platz fünf der Weltkonzerne. Noch nie zuvor in der Geschichte des Kapitalismus hat es eine Firma zu einem solchen Wert geschafft, obwohl sie fast keinen Gewinn macht. 92 Prozent ihres Wertes speisen sich aus Profiten, die erst nach dem Jahr 2020 erwartet werden und an die man nur glauben kann. Welches Vertrauen der Anleger spiegelt sich hier!

Das alles macht Freude für Nutzer, Investoren, Unternehmer und Nerds, die es cool finden, bei solchen Firmen zu arbeiten. Aber das alles macht vielen auch große Angst. Ballt sich hier private wirtschaftliche Macht zusammen, die schädlich, ja gefährlich ist? Hier nun sind wir beim Kern dieses Kapitels angekommen: der Frage nach der wirtschaftlichen Macht, der Frage nach dem Monopol! Laufen wir auf einen neuen Monopolkapitalismus zu? Oder sind wir gar schon mittendrin?

Ähnlich wie die amerikanischen Räuberbarone beim Eisenbahnbau im 19. Jahrhundert, so erscheinen heute vielen Menschen die »monopolistischen« Konzerne des Internetzeitalters. Sie verdächtigen Google, Amazon, Facebook & Co. der ungerechtfertigten Machtusurpation, die uns unsere privaten Daten klauen und uns ihren Willen aufzwingen will. »Google kennt dich besser als du dich selbst«, wir haben eine Reihe von Beispielen genannt, die nahelegen, dass es sich hier nicht (nur) um eine Verschwörungstheorie handelt. Da wir nicht mit Geld, sondern mit unseren Daten bezahlen, merken wir zumeist noch nicht einmal, auf welche Weise die Konzerne ihre Monopolrendite erzielen. Mehr noch: Während die Internetgiganten uns Daten abnehmen und diese lukrativ verwerten, entziehen sie sich dem Zugriff des Staates, wenn sie ihren Firmensitz aus Gründen der Steuervermeidung in den Niederlanden oder gleich auf den Kaiman-Inseln registrieren lassen. Google & Co. verstehen sich immer mehr jenseits staatlicher Gewalt – oder, gefährlicher noch, als parastaatliche Institutionen. Wer ist hier also mächtig?, wer ist hier ohnmächtig?, fragen viele: Mächtig sind die globalen Unternehmen, ohnmächtig ist der Staat in Zeiten der Globalisierung, würden viele sagen.

Macht und Monopole

Vor etwas über hundert Jahren veröffentlichte der österreichische Ökonom und Jurist Eugen Böhm Ritter von Bawerk (1851–1914) seine inzwischen zum Klassiker gewordene Studie »Macht oder ökonomisches Gesetz«. Böhm-Bawerk war nicht nur Hochschullehrer, sondern dreimal auch österreichischer Finanzminister. Die zentrale Fragestellung seines epochalen Aufsatzes lautet, ob irgendeine private Macht die Chance habe, sich gegen das ökonomische Gesetz durchzusetzen. Und die Antwort, kurz gefasst, lautet: Nein. An dieser Stelle muss es deshalb ein klein bisschen theoretisch werden. Doch die kleine Anstrengung eines Ausflugs in die ökonomische Theoriegeschichte lohnt sich, kann man doch andernfalls nicht seriös, sondern nur gefühlsmäßig und vom Ressentiment getrieben über Monopol- und Daten-Kapitalismus und seine möglichen Gefahren für die Menschheit sprechen.

Böhm-Bawerk leugnet nicht das Vorhandensein privater Macht. Im Gegenteil sieht er Anfang des 20. Jahrhunderts in der modernen Wirtschaftsentwicklung den Einschlag sozialer Macht immer stärker werden. Trusts, Kartelle, Monopole aller Art drängen auf der einen Seite, Arbeiterorganisationen und Gewerkschaften von der anderen Seite mit Streiks und Boykotten in den Markt, allemal mit der Absicht, in die Preisbildung und in die Verteilung von Einkommen und Vermögen einzugreifen und das Marktergebnis zu ihren Gunsten zu manipulieren. Der Markt ist vermachtet. Monopole wollen durch die Verknappung des Angebots und höhere Preise die Produzentenrente auf Kosten der Konsumentenrente vergrößern.

Was ist damit gemeint? Unter der Konsumentenrente verstehen Ökonomen die Differenz zwischen dem Geldbetrag, den ein Verbraucher für ein Gut äußerstenfalls zu bezahlen bereit wäre (seine maximale Zahlungsbereitschaft), und dem Marktpreis, den er am Ende zahlen muss. Je größer diese Differenz, desto besser für den Verbraucher, salopp gesprochen. Logisch, dass die Unternehmen die Konsumentenrente schrumpfen und im Gegenzug die Produzentenrente vergrößern wollen. Es ist ein Umverteilungskampf zwischen Kunden und Unternehmen: Sind die Unternehmen erfolgreich, fahren sie höhere Profite ein, obwohl sie ihr Gut auch zu niedrigeren Preisen abzugeben bereit gewesen wären. Eine höhere Produzentenrente gibt ihnen die Möglichkeit, weniger Güter bereitzustellen, ohne auf Gewinn verzichten zu müssen.

Dieser Machtgewinn im Verteilungskampf ist der eigentliche Schaden für die Allgemeinheit, den ein Monopolist anrichtet. Der Schaden geht zu Lasten der Verbraucher. Sie erleiden Wohlfahrtsverluste, weil das Angebot größer sein könnte, als es tatsächlich ist, noch dazu mit einem für sie günstigeren Preis. Entstandene Wohlfahrtsverluste sind letztlich die ökonomische Begründung dafür, warum private wirtschaftliche Machtballung schädlich ist. Das nützt wenigen, schadet aber vielen. Aber der Kapitalismus ist für den Verbraucher da, nicht für den Kapitalisten!

Böhm-Bawerk sucht nun zunächst zu beweisen, dass auch der hinterhältigste Monopolist keine schrankenlose Macht besitzt, Profite zu seinen Gunsten zu maximieren. Ohnehin verdankt er seine Macht nur einer Nachfrage von hoher oder höchster Intensität oder, anders gesagt: Der subjektive Wert des monopolistischen Gutes ist extrem hoch; die Menschen werden nur sehr ungerne darauf verzichten wollen. Sonst stünde der Möchtegernmonopolist rasch nackt da. Doch je höher unser Monopolist aus egoistischen Gründen der Gewinnmaximierung den Preis setzt, umso weniger Menschen werden, bei aller Liebe zu seinem Angebot, bereit sein, ihm sein Gut abzunehmen. In Böhm-Bawerks Worten: Der

Monopolist kann den Preis doch nie weiter erhöhen als äußerstenfalls bis knapp an die Wertschätzung der obersten, intensivsten Nachfrageschicht. Was aber noch wichtiger ist, er muss immer in Kauf nehmen, dass mit der gewählten Preishöhe die Eingrenzung der absetzbaren Menge verknüpft ist. Daraus folgt: Anders als es die populären Antikapitalisten bis heute meinen, wird es privater wirtschaftlicher Macht nie gelingen, sich rein willkürlich zu betätigen. Der Monopolist hat, anders als sein Begriff es unterstellen mag, gerade keine schrankenlose Macht. Er kann seine Macht »nicht anders als in Erfüllung der Preisgesetze ausüben«.

Allerdings gilt dies eben nur, wenn Preise und Zahlungsbereitschaften einigermaßen exakt zu quantifizieren sind. Wir haben gesehen, dass dies schwer wird, wenn nicht unmöglich, wenn es um Daten im Internet und nicht um Euros im Rewe-Markt geht. Wir wissen nicht, ob die Menschen viel weniger Informationen von sich preiszugeben bereit wären, wenn sie wirklich wüssten, welchen Schatz sie Amazon, Google & Co. überlassen. Oder, was genauso denkbar ist, ob sie nicht sogar noch mehr mit ihren Daten um sich zu werfen bereit wären, weil sie dafür eine entsprechende Gegenleistung an Diensten im Netz bekämen, die ihr Leben leichter und ihre Entscheidungen vollkommener werden ließen.

Zurück zur Dogmengeschichte des wirtschaftlichen Monopols. Während die deutschen und österreichischen Ökonomen zu Beginn des 20. Jahrhunderts – wie Böhm-Bawerk – noch einigermaßen sorglos waren im Umgang mit Monopolen, hatten die Amerikaner schon früh größere Bedenken. Louis Brandeis (1856–1941), ein oberster Richter und Berater des US-Präsidenten Woodrow Wilson, war der Meinung, Größe sei per se ein Problem. In demokratischen

Gesellschaften, so Brandeis, werde »die Existenz großer Zentren privater Macht gefährlich für die Zukunft der Vitalität freier Bürger«. Mit anderen Worten: Monopolisten ziehen die Kunden nicht nur mit überhöhten Preisen über den Tisch. Sie machen die Wirtschaft auch träge und, schlimmer noch, sie machen die Menschen am Ende unfrei. Das Monopol, so Richter Brandeis, ist freiheitsschädlich. Konsequenterweise plädierte Brandeis dafür, Monopole zu »zerschlagen« – was der US-Staat in legendären Aktionen dann auch beim Standard-Oil-Konzern der Rockefellers wie auch, später, bei der monopolistischen Telefongesellschaft AT&T konsequent durchgezogen hat. Der Erfolg rechtfertigte die Zertrümmerung: Die Qualität der Telekom-Dienstleistungen war nach der Zerschlagung für die Verbraucher deutlich verbessert, während es zugleich erheblich billiger wurde zu telefonieren.

Auch in Deutschland vollzog sich ein Sinneswandel, den der junge Jurist Franz Böhm (1895–1977) mit seinem berühmten Aufsatz »Das Problem der privaten Macht« von 1928 einleitete. Böhm setzt sich dort mit der zeitgenössischen kartellfreundlichen Rechtsprechung und Rechtslehre in Deutschland auseinander, der er »grundlegende Irrtümer und Fehlschlüsse« vorwirft: Sie verkenne, dass mit der Grundentscheidung für eine marktwirtschaftliche Ordnung eine Wirtschaftsverfassung in Kraft gesetzt worden sei, deren zentrales Ordnungsprinzip die Wettbewerbsfreiheit sei. Diese dürfe nicht zur Disposition privatrechtlicher Vereinbarungen stehen. Wettbewerb als Entmachtungsverfahren, das ist jene umstürzlerische Grundeinsicht der später »Freiburger Schule« genannten Denkrichtung (Franz Böhm, Walter Eucken, Wilhelm Röpke), die auf verblüffend einfache Weise klarmacht, das Marktwirtschaft etwas grundsätzlich anderes ist als ein Legitimationsapparat kapitalistischen Handelns. Im Gegenteil geht es um »Saving capitalism from the capitalists« (Raghuram Rajan): Kapitalisten wollen wesenseigen Kartelle und Monopole schmieden, um möglichst viel Profit zu machen – bei schlechter Qualität und überhöhten Preisen. Eine Marktwirtschaft muss einen staatlich garantierten Ordnungsrahmen bereitstellen, der dies verhindert und die Unternehmen unter das Gesetz des Wettbewerbs stellt. Das ist, zumindest in seiner frühen Form, etwas völlig anderes als »Zerschlagung« oder »Regulierung«, wie es Brandeis vorgeschlagen hatte.

Während die Kapitalisten aus rationalem Egoismus nach einer marktbeherrschenden Macht streben, ist es Aufgabe einer guten marktwirtschaftlichen Ordnung, dies zu verhindern. Der entscheidende Hebel dafür ist nun einmal der Wettbewerb. Kronzeuge für diese kritische Theorie privater Macht ist neben dem Juristen Franz Böhm der Ökonom Walter Eucken (1891–1950). In einem Vortrag aus dem Jahr 1950, »Das Problem wirtschaftlicher Macht«, findet sich quasi in reifer und zugleich einfacher Form der Nukleus dieser »neoliberalen« Freiburger Macht- und Entmachtungstheorie. Euckens zentraler Punkt lautet: Das Recht der Vertragsfreiheit, wonach es jedermann gestattet ist, Verträge zu schließen, die sowohl hinsichtlich des Vertragspartners als auch des Vertragsgegenstandes frei bestimmt werden können, darf nicht dazu benutzt und missbraucht werden, um die Konkurrenz zu beseitigen und um durch Sperren, Boykott etc. die Freiheit anderer zu beschränken. Vertragsfreiheit kann nämlich dazu eingesetzt werden, einen Zustand herzustellen, in dem Vertragsfreiheit faktisch ausgeschaltet ist. Das sind Verträge von Kartellbrüdern, die nicht nur zu Lasten Dritter gehen, sondern zu Lasten des Wettbewerbs selbst, was die Marktwirtschaft, folgt man Eucken, nicht tolerieren dürfe, eben wegen der negativen Folgen und Wohlfahrtsverluste, die ein Monopol nach sich zieht. Zwei liberale Prinzipien geraten dabei miteinander in Konflikt, weil »der Liberalismus sich niemals klar entschieden hat für freie Konkurrenz à tout prix gegen Vertragsfreiheit à tout prix oder für diese gegen jene.«

Eucken lässt keinen Zweifel daran, wo er steht: im Zweifel auf Seiten des Wettbewerbs, in dessen Interesse die Vertragsfreiheit eingeschränkt werden dürfe, wenn sie dazu pervertiert wird, den Wettbewerb zu unterbinden. Kartelle politisch zu zerschlagen wird, diesem Grundsatz zufolge, eine Aufgabe zur Wahrung des Wettbewerbs. Das ist nun entscheidend und nimmt dem Freiburger Entmachtungsverfahren seine Unschuld: Der Wettbewerb braucht, wenn er es aus eigenen Stücken nicht schafft, gegen vertraglich verschweißte Kartelle oder Monopole anzurennen, die Hilfe der staatlichen Macht. Dass dabei auch Eigentumsrechte in Frage gestellt werden, etwa wenn Fusionen verboten oder Konzerne aufgespalten werden, sieht Eucken nicht oder, wenn er es sieht, verschweigt er es. Eucken scheint gleichwohl ein mulmiges Gefühl beschlichen zu haben, den Staat als Hüter des Wettbewerbs gegen die Wirtschaft zu bemühen, wird er doch nicht müde, darauf zu verweisen, Kontrolle durch vorwegnehmenden Wettbewerb sei stets die beste Kontrolle und weitaus besser als eine Kontrolle durch Beamte, die den Wettbewerb mit den Mitteln staatlicher Intervention sichern. Denn allein die Erwartung der Bestreitung der Marktmacht durch mögliche Konkurrenten führt dazu, Preise nicht willkürlich zu setzen und das Qualitätsversprechen ernst zu nehmen. Mithin bedarf es eines Ordnungsrahmens, der darauf ausgerichtet ist, so weit wie überhaupt möglich Konkurrenz zu ermöglichen, damit so wenig wie möglich staatliche Macht zu Hilfe gerufen werden muss. Damit ist am Ende für Eucken das zentrale liberale Argument gegen die Verabsolutierung privater Macht ausgesprochen: »Das Problem der wirtschaftlichen Macht ist die andere Seite des Problems der Freiheit in der modernen industrialisierten Wirtschaft.« Wirtschaftliche Macht ist um der Freiheit willen nicht zu dulden, meint Eucken.

Darin schießt Eucken übers Ziel hinaus. Bei aller Bewunderung für den Freiburger zeigt sich im Kontext der Überlegungen dieses Buches: Auch Ökonomen sind Träumer, sie träumen von einer Welt ohne Macht. Sie glauben, sie könnten eine Wettbewerbsordnung entwerfen, in der Macht weitgehend unschädlich ist, damit Freiheit ungehindert ihr Recht bekommt. Das ist eine paradiesische Hoffnung, eine Utopie der Machtlosigkeit, mit der wir uns im letzten Kapitel dieses Buches kritisch auseinandersetzen werden. Auch unter Ökonomen gibt es eine »bürokratische Machtphobie« (Erich Streissler): Es ist ein utopisch-positives, romantisch-verklärtes Bild von den Menschen und vom Staat.

Als ob eine Welt vollkommener Konkurrenz, wenn es sie überhaupt gäbe, nicht immer noch eine Welt mit Macht wäre. Da ist zumindest das Privateigentum, das mithilfe des Rechts Macht verleiht. Wer es nicht glaubt, soll versuchen, am Strand des Starnberger Sees sein Handtuch zu platzieren und dort eine Grillparty zu veranstalten. Er wird rasch, notfalls mithilfe der Polizei, darüber belehrt werden, dass er sich auf privatem Grund und Boden befindet, was die legale

Macht begründet, andere vom Platz zu verweisen. Eigentum ist Macht, von der Ordnung der Marktwirtschaft sogar zum Grundgesetz erhoben. Mehr noch: Auch die Marktwirtschaft selbst übt Macht aus: Wer nicht vom Platz verwiesen werden will, muss anerkennen, dass Preise von Angebot und Nachfrage geregelt werden, dass Privateigentum, Vertragsfreiheit und Wettbewerb zu respektieren sind. Mithin, so könnte man in Foucaults Denken sagen, ist es der liberale Diskurs selbst, der Macht im Kapitalismus setzt. Die Marktordnung verlangt Unterwerfung. Auswandern nützt heute nicht mehr viel, seit es wirkliche Alternativen zur Marktwirtschaft nur noch in Venezuela und Nordkorea gibt. Es ist nicht hilfreich, wenn wohlmeinende Anwälte des Marktes meinen, alles verschweigen zu können, oder gar glauben machen wollen, die Marktwirtschaft sei, weil eine Ordnung vollkommener Konkurrenz, eine Welt ohne Macht. Nein, die Marktwirtschaft ist eine Machtwirtschaft. Da beißt die Maus keinen Faden ab.

Soll man Google zerschlagen?

Damit haben wir nun zentrale Kategorien erarbeitet, die uns erlauben zu prüfen, ob der neue Daten- und Plattformkapitalismus eine private Machtagglomeration darstellt, die schädlich und gefährlich ist, und deshalb Gegenmaßnahmen erfordert. Wohlgemerkt: Google & Co. sind extrem mächtige Unternehmen. Macht aber, so die These dieses Buches, ist per se nicht schlecht und auch per se keine Störgröße in einer Marktwirtschaft. Und schiere Größe ist – anders als Louis Brandeis meinte – noch kein Verbrechen. Man müsste schon zeigen können, dass Macht missbraucht wird und dadurch erheblicher Schaden entsteht. Dabei lautet – in Anlehnung an Franz Böhm und Walter Eucken – unser Grundgesetz erlaubter ökonomischer Macht: Private Macht ist so lange unbedenklich, solange Macht (eines einzelnen Unternehmens oder einer ganzen Branche) durch Wettbewerb prinzipiell bestreitbar bleibt. Es ist die Chance der Entmachtung, auf der wir insistieren. Wettbewerb ist das beste und wirkungsvollste Entmachtungsinstrument – wie im Himmel (Kapitel 5) so auf Erden (Kapitel 6). Wenn also Peter Thiel, deutscher Silicon-Valley-Pionier und Freund von Donald Trump, arrogant-provokant behauptet: »Competition is for losers« – Wettbewerb sei eine Sache für Verlierer –, gilt es, auf der Hut zu sein. Wenn aber trotz bestreitbarer Machtansprüche die Menschen Kunden bei Amazon und Google bleiben, dann wäre das der Beweis dafür, dass sie der Meinung sind, dort beste Leistungen zu akzeptablen Preisen zu erhalten. Und es gäbe dann keinen Grund, die Konzerne zu entmachten, nur weil sie riesengroß geworden sind.

Also ist Vorsicht geboten gegen vorschnelle Entmachtungsrhetorik. In den Debatten um die Macht von Google & Co. fällt nämlich auf, wie schnell sich die Nerds des Internets zu Verschwörungstheoretikern gewandelt haben, die uns von finsteren Mächten umstellt sehen. »Zerschlagt Google« heißt der Schlachtruf, der durchs Land geht. Das Internet, das lange Zeit als cool galt, ist in Verruf geraten. In Europa ist die Googlephobie ausgebrochen; die Deutschen sind darin Marktführer. »Angst vor Google« habe er, sagt sogar Mathias Döpfner, Vorstandsvorsitzender der mächtigen Axel Springer AG. War nicht Axel Springer früher, in den siebziger Jahren, die Inkarnation des Bösen, der Monopolist schlechthin? Wann ist die Stimmung gekippt? Hierzulande, wo seit dem

Boykott gegen die Volkszählung in den späten achtziger Jahren eine große Angst vor dem Verlust der Privatheit durch öffentlichen Zugang zu persönlichen Daten herrscht, lässt sich das ziemlich eindeutig zeigen: Edward Snowden markiert die Wende. US-Regierung in Tateinheit mit dem US-Kapitalismus führen uns in den totalen Überwachungsstaat, so das Schreckensszenario. Das meint Döpfner, der Freund des US-Kapitalismus, gewiss nicht. Aber es ist diese Stimmung, die er wie viele andere nutzt, wenn er vor den mächtigen Wettbewerbern des Internets warnt.

Gehen wir lieber noch einmal zurück zu den Fakten: Google hat – in Deutschland, nicht weltweit – als Suchmaschine einen Marktanteil von gut 90 Prozent, in Amerika immerhin aber auch von fast 70 Prozent. Erfindung und Aufstieg von Google sind eine grandiose Leistung des unternehmerischen Kapitalismus, die auf ungeahnte Weise die Präferenzen der Menschen weltweit verändert hat. Der Erfolg von Google stützt sich vollständig auf eigene Kräfte. Es gab kein staatliches Anschub- oder Subventionsprogramm. Es gab auch keine Verträge, die die Vertragsfreiheit anderer aushebelten. Am Eigentumserwerb ist alles legitim, sogar meritokratisch, also auf Leistung beruhend. Die Marktwirtschaft hat funktioniert, wie sie funktionieren soll. Aus Ideen werden marktfähige Produkte oder Dienstleistungen, von denen man hinterher denkt, dass sie trivial sind.

Dass Google seine Marktmacht, die das Unternehmen zweifellos hat, missbraucht und den Wettbewerb behindert, lässt sich nicht eindeutig nachweisen. Im Gegenteil: Dass »Google plus«, ein soziales Netzwerk, das eigentlich Facebook Konkurrenz machen sollte, in massive Schwierigkeiten kam, ist ein deutlicher Beweis dafür, dass der Wettbewerb funktioniert. Der Kunde fühlt sich von Google offenbar nicht gefangen genommen. Gerade unter den großen Vier der Silicon-Valley-Ökonomie (Google, Facebook, Amazon, Apple), die einander in vielem immer mehr ähneln, ist der Wettbewerb hart und gnadenlos. Und das kann man als Kunde und Freund der Marktwirtschaft nur begrüßen. Sie begnügen sich gerade nicht damit, lediglich den Markt untereinander aufzuteilen: Sie wollen alles haben. Das führt zu oligopolistischer Konkurrenz, die nach der neueren Ökonomie in der Regel zu mehr und nicht zu weniger Wettbewerb führt.

In der Old Economy sind die Zutrittsbarrieren zum Markt meist hoch, weil der Angreifer nicht nur eine Idee, sondern auch viel Geld braucht. Wer Daimler Konkurrenz machen will, braucht eine Autofabrik, ein Presswerk, eine Lackiererei und so weiter. Im Internet ist der Kapitaleinsatz, der für jeden Angreifer nötig ist, vergleichsweise gering. Snapchat, um nur ein Beispiel zu nehmen, ist der beste Beweis dafür, dass der Markteintritt möglich ist und rasch erfolgreich sein kann. Marktmacht ist in der Internetökonomie viel besser bestreitbar als in der früheren Wirtschaft. Plattformen wie Uber oder Airbnb sind ihrerseits Angreifer, die die Macht der klassischen Platzhirsche, des Taxikartells oder der Hotel-Lobbyisten, attackieren. Hier sind die Internetkonzerne ihrerseits Agenten der Entmachtung – zur Freude der Nutzer, die mehr Vielfalt zu günstigeren Preisen geboten bekommen. Hier gibt es an den Neuen gar nichts auszusetzen. Viel gäbe es dagegen auszusetzen an der Art und Weise, wie Staaten und Rechtssysteme sich vielerorts auf die Seite der alten Machtkartelle (Taxiinnungen, Hoteliers-Lobby) geschlagen haben und der Innovation die Chancen verbauen.

Allerdings sollten wir es uns auch nicht zu leicht machen.

Eine Gruppe von ernsten Einwänden bleibt am Ende übrig. Nicht nur die Datenmengen, die die Internetkonzerne ihr Eigen nennen, mehr noch der Zugriff auf die Emittenten dieser Daten kann einen besorgt machen. Google & Co. haben, weil sie die Daten haben, den »God's Eye view«, einen allmächtigen Blick der Big Data auf das, was sich in der Welt zuträgt. Das gibt ihnen in den Märkten eine privilegierte Stellung. Sie riechen sozusagen ihre künftigen Wettbewerber, noch bevor diese überhaupt aus ihren Garagen herauskommen, können einfach kopieren, was die Neuen machen – und sie haben zudem genügend Geld, die Neulinge aus dem Markt herauszukaufen, um sie unschädlich zu machen. Ein Angriff auf die Großkonzerne aus dem Verborgenen heraus ist praktisch kaum mehr möglich. Google hat die Informationen schon. Das stärkt sie, die ohnehin schon die Stärkeren sind, im Machtkampf noch mehr. Viele sagen, der Fakt, dass Facebook für 22 Milliarden Euro WhatsApp kaufte, habe genau diesen Zweck verfolgt, den möglicherweise gefährlichen Angreifer durch Übernahme unschädlich zu machen: »shoot-out-acquisitions« nennen die Amerikaner dieses Verfahren. Man schießt die Wettbewerber frühzeitig aus dem Markt heraus. Man macht das aber mit marktkonformen Methoden – vulgo mit Milliarden Dollar, über die sich die WhatsApp-Gründer wahrlich nicht beschweren können. Das wäre, weil als Methode im aggressiven Wettbewerb auch gar nicht so neu, alles nicht problematisch, müsste man nicht befürchten, das »Gottesauge« der Etablierten gäbe ihnen einen »unfairen« Vorteil gegenüber den Newcomern. Das Gottesauge wirkt als Scanner oder besser als Radar, mögliche Rivalen und ihr womöglich attraktives Geschäftsmodell frühzeitig zu identifizieren und auf sie zu reagieren. Eine

Verschiebung im Machtkampf zwischen Neu und Alt ist das schon – zugunsten von Alt. Das muss einen besorgt sein lassen, wenn man aus Eigeninteresse ein Herz für Neu hat.

Soll man aber deshalb Google & Co. zerschlagen? Keinesfalls. Und zwar selbst dann nicht, wenn Kartellbehörden Belege dafür hätten, das Google seine Marktmacht missbraucht (wir glauben das nicht). Warum? Eine Zerschlagung würde gar nichts bringen. Konzerne zerschlagen, das ist altes Denken aus der Welt von Standard Oil oder AT&T. Würde man heute Google in fünf kleine Googlechen zerschlagen in der Absicht, den Internetkonzern unschädlich zu machen: Es würde nichts bringen. Denn sowohl die Netzwerk- als auch die Dateneffekte, die wir oben als die entscheidende Neuheit der Netzökonomie beschrieben haben, wären nicht verschwunden. Rasch würde einer der fünf kleinen Neugoogles sich Netzwerk- und Dateneffekt zu eigen machen. Dann ginge das Ganze wieder von vorne los. Es wäre wie beim Haupt der Hydra, wo immer neue Schlangenköpfe nachwachsen, wie oft man sie auch enthauptet.

Soll man Google & Co. staatlich regulieren? Kommt darauf an, was damit gemeint ist. Wenn Wettbewerber, wie beispielsweise Axel Springer, jammern, ist dieser Protest leicht durchschaubar und kein Regulierungsgrund: Ein Konkurrent kommt im Strukturwandel unter Wettbewerbsdruck und sucht sein partikuläres Konkurrenzinteresse als Dienst am Allgemeinwohl zu kaschieren. Springer & Co. kämpfen für sich, aber nicht für die Menschheit. Das dürfen sie, aber nur und ausschließlich mit den Mitteln des Wettbewerbs und nicht, indem sie die Politik und andere Medien für sich als Regulierer einspannen – sie müssen einfach besser sein als Google. Die Marktwirtschaft ist für den Kunden da. Wenn

Wettbewerber sich im Gang des technologischen Fortschritts bedroht fühlen, muss man das hinnehmen. Marktwirtschaft hat nicht die Aufgabe, die Existenz von einmal existierenden Firmen auf immer zu konservieren. Im Gegenteil: Entmachtung ist der Treiber des Fortschritts. Politik hat die Rahmenbedingungen so zu gestalten, dass die Entstehung neuer Firmen nicht behindert wird. Niemandem ist es in Europa verboten, ein neues Google zu bauen.

Allerdings gäbe es sanfte Möglichkeiten der Regulierung, über die man nachdenken könnte. Tatsächlich ist Werbung für eigene Google-Produkte nicht immer klar zu erkennen, was ein Problem für den Nutzer darstellt, was aber durch eine sanfte Marktintervention einer Art Kennzeichnungspflicht zu heilen ist, wie wir es aus der Trennung von Werbung und Nachricht im Journalismus immer schon kennen. Google & Co. müssten uns deutlicher sagen, wo wir es mit Werbung zu tun haben. Wenn Amazon uns Bücher empfiehlt, dann denkt niemand, Amazon sei unser Freund, der uns gute Ratschläge gibt. Amazon will Geld verdienen. Ähnliches könnte man von allen anderen Internetkonzernen verlangen, nicht zuletzt von Facebook, wo es so aussieht, als würden unsere Freunde uns auf den Lieferdienst Foodora aufmerksam machen. Dabei, sie kennen uns doch, würden sie uns nie im Leben an einen Pizzadienst auf Fahrrädern ausliefern – fast schon wieder ein Argument gegen Regulierung, denn wir durchschauen den billigen Trick.

Das A und O einer guten Regulierung hieße Transparenz. Es ist zugleich am schwersten und steckt noch ganz am Anfang. Gewiss, der Grundsatz ist klar: Dass Google & Co. Daten brauchen, ist nicht zu beanstanden. Daraus wird für die Verbraucher ja auch Gutes (Staumeldungen, Wettervorhersagen, unfallfreies Fahren). Aber sie möchten selbst entscheiden können, ob und welche Daten sie hergeben. Verbraucher müssen aus der »erlernten Unmündigkeit« (AGB-Kreuzchen setzen, um seine Ruhe zu haben) befreit werden. Immerhin: Viele Unternehmen weisen inzwischen darauf hin, dass sie Cookies benutzen, um Daten abzufischen, aus denen sie Informationen machen. Der Verbraucher kann entscheiden, ob er das will oder nicht. Ein erster Schritt zur Wiedergewinnung der Mündigkeit als Netzbürger. Lehnt er Cookies ab, entgeht ihm auch der Nutzen des Angebots. So ist das in der Tauschwirtschaft immer. Doch zugegeben: Das sind allenfalls erste Anfänge. Gefangenschaft in der Intransparenz, das bleibt ein großes Problem.

Noch schwieriger, aber ungleich wichtiger wäre es, diese Daten zu bepreisen und Eigentumsrechte zu klären. Denn ohne Preis weiß niemand, was welches Datum wert ist. Und ohne Eigentumsrechte können sie frei hin und her geschoben werden. Es sieht dann so aus, als ob alles frei wäre, und es ist völlig unklar, wem die Daten gehören. Sind sie dann bei den Konzernen gelandet, werden sie von denen plötzlich wie Privateigentum behandelt, sind weder von anderen einsehbar noch als Gut weitergebbar noch handelbar. Damit aber ist klar: Die neue Datenwährung der Netzökonomie steckt noch völlig in den wirtschaftlichen Kinderschuhen. Würde man sie in ein Preissystem überführen, wäre auch das Problem der gefährdeten Privatheit gelöst. Denn dann könnte jedermann für sich entscheiden, was ihm die Weitergabe von Daten wert ist und an wen er sie zu welchen Preisen weitergeben will. Man muss die Leute fragen und frei entscheiden lassen: Manche Nutzer werden freiwillig in die Nutzung ihrer Daten einwilligen, weil sie dadurch noch bessere, maßgeschneiderte Dienste erhalten. Das ist ihr gutes Recht. Andere werden das nicht wollen – das müssen Google & Co. dann auch respektieren, inklusive des Rechts, eigene Daten, Bilder etc. zu löschen, wenn ich nicht mehr will, dass andere darauf Zugriff haben. Damit ist zumindest klar, wohin die Richtung des künftigen Datenkapitalismus gehen müsste: zu einem Preis- und Eigentumsregime der Datenwirtschaft. Oder anders gesagt: Dem Datenkapitalismus ist mit mehr Marktwirtschaft mehr genützt als mit staatlicher Intervention.

»Homo Deus« – die neue Allmacht des Menschen, die der Historiker Harari so wortgewaltig veranschaulicht, müssen wir am Ende relativieren. Die Macht ist von Gott auf Big Data übergegangen. Big Data wurde von Menschen geschaffen und mit dem unbestechlichen Blick Gottes ausgestattet: Sie sehen alles und alle und wissen immer mehr.

Das hat seinen Preis. Doch die Aussage am Ende dieses Kapitels ist eindeutig positiv, eine Gegenthese zu den pessimistischen, ja apokalyptischen Grundtönen dieser Zeit. »Keine Angst vor Google & Co.!«, heißt unser Motto. Der neue Informationskapitalismus ist mächtig, aber er ist nicht gefährlicher als der alte Realkapitalismus. Allemal sehen wir deutlich mehr Vorteile als Nachteile. Das macht unser Leben heute lebenswerter, gesünder, weniger gefährlich, vielfältiger. Die Gefahr ist freilich ein Erfahrungs- und Freiheitsverlust durch den Glauben an das Matching des perfekten Algorithmus. Deshalb ist Wachsamkeit gegenüber den neuen Großkonzernen aus dem Silicon Valley geboten. Es mag sein, dass die Konjunktur der »Achtsamkeit«, die seit einigen Jahren anhält, damit zusammenhängt: eine Selbstverpflichtung zur absichtsvollen Aufmerksamkeit sich selbst und den anderen gegenüber im Moment, die es sich von keinem Gott der

Datenallmacht abnehmen lassen möchte, eigene Erfahrungen zu machen, und das Risiko des Scheiterns bewusst eingeht. Es wäre ein Ansatz zur Machtbalance, der Versuch, Gegenkräfte des Einzelnen zu stärken gegen den scheinbar perfekten Automatismus des Algorithmus.

Sollte sich bei den Giganten des Silicon Valley dauerhaft die Haltung durchsetzen, Wettbewerb sei nur etwas für Loser, sie regelten künftig alles für uns und wollten nur unser Bestes und übernähmen auch die Zuständigkeit für die Erlösung der Welt, dann wird es ernst. Dann muss man sie in den Wettbewerb zwingen: Besser als mit staatlicher Gewalt geht das allerdings mit guten Ideen und frischem Kapital, das an diese Ideen glaubt und sich eine Rendite erhofft. Geld, sagt Nietzsche, ist »die Brechstange der Macht«. Höchste Zeit, von der Macht des Geldes zu handeln.

KAPITEL 7: DAS GELD

ODER: ÜBER DIE BRECHSTANGE DER MACHT

In seinem legendären »Fragebogen« von 1966 stellt der Schweizer Schriftsteller Max Frisch auch diese Frage: »Wenn Sie einen Menschen in der Badehose treffen und nichts von seinen Lebensverhältnissen wissen: Woran erkennen Sie den Reichen?«

Ein beliebtes Gesellschaftsspiel – bis heute auch in vielen Blogs – ist es, auf Frischs Frage allerlei Antworten sammeln zu lassen. Interessant ist daran, dass der eigentlich naheliegende Einfall, man könne einem nackten Körper nicht ansehen, ob der Mensch arm oder reich sei, von kaum jemandem in Betracht gezogen wird. Stattdessen gibt es an vorderster Stelle Mutmaßungen über einen »gepflegten und gelifteten Körper«, der Rückschlüsse auf das Vermögen zulasse. Andere wollen den »Yachtschlüssel am Handgelenk« als Reichtumsindikator bemerkt haben. Wieder andere meinen, der Badehosen-Mensch müsse misanthropisch sein, übellaunig, weil »Leute, die Kohle haben, immer meckern«.

Es sind gerade die Klischees, die Frischs Frage interessant werden lassen. Denn sie liegen – paradoxerweise – gar nicht so sehr daneben. Reichtum hinterlässt ganz offenkundig mehr Spuren im Leben als nur den Kontostand auf der Bank. Geld macht sexy, sagt man, und auch das ist mehr als ein Klischee: Wer reich ist, kann besser auf sein Äußeres achten, pflegt seinen Körper, gibt Geld aus für Schönheit und Fitness und hat ganz offenkundig Freude daran, dies auch zur Schau zu stellen. Vermögende leben gesünder, sie leben länger, und das kann man sogar sehen.

Aber das ist nicht alles: Reichtum verleiht ganz offenkundig Macht, die Macht, sich etwas zu leisten, andere für sich arbeiten zu lassen. Geld ist womöglich für die Macht wichtiger als alles andere, womöglich sogar wichtiger als ein mächtiges politisches Amt. Dafür spricht jedenfalls, dass Politiker gerne die Nähe zu den Reichen und Schönen suchen – man denke an das Ehepaar Christian und Bettina Wulff und ihre Ferienaufenthalte mit Carsten Maschmeyer und Veronica Ferres in deren Villa auf Mallorca. Reichtum weckt das Begehren, auch das sexuelle Begehren: Wer reich ist, will die Erwartung wecken, dass er auch potent sei. In diesem Sinne würde Donald Trump die prästabilierte Trinität der Macht leben: viel Geld in Tateinheit mit sexueller und politischer Potenz – ganz im Sinne des überlieferten Wortwechsels mit der Tochter Ivanka. Trump: »Wenn sie nicht meine Tochter wäre, wäre sie ein Date.« Darauf Ivanka: »Wäre er nicht mein Vater, würde ich ihn mit Pfefferspray besprühen.«

»Statusgefühl«, so belehren uns die Verhaltensökonomen, ist das Pendant zum Neid. Während Neid als »Leiden am Erfolg des anderen« definiert wird, bezieht das »Statusgefühl« sich auf den »Genuss an der eigenen Überlegenheit« (Ernst Fehr). Das muss übrigens nicht immer auf zwei Personen, einen neidischen und einen Statusüberlegenen, aufgeteilt werden, kennen wir doch alle Menschen, denen sowohl eitles Statusgefühl als auch nagender Neid eignet. Beide Emotionen sind außerordentlich ambivalent: Man ist ihnen ausgeliefert, spürt den Affekt gegen andere und leidet doch zugleich an ihm und sich selbst. Dem Neidischen sind die anderen unsympathisch, auf die er neidisch ist. Er ist sich darin aber auch selbst nicht sehr sympathisch. Es ist wie immer, wenn es um Macht geht: Man strebt sie an, schämt sich zugleich dafür und leugnet deshalb den Willen zur Macht. Der Neider würde, noch während der Neid an ihm nagt, bekennen, es sei ihm um ganz andere Werte zu tun als darum, mehr Geld zu haben. Man misst sich an jenen, die mehr haben, und macht sie zugleich verächtlich.

Auch der Reiche würde sagen, dass man die wichtigen Dinge im Leben nicht kaufen könne und deshalb Geld etwas rein Äußerliches sei. Von nur ganz wenigen Menschen ist überliefert (vom Vater des Nazi-Stararchitekten Albert Speer zum Beispiel), dass sie offen zugeben, es gehe ihnen ausschließlich ums Geld. Aber sehr viele leben im Geheimen nach dem Diktum Oscar Wildes: »Als ich jung war, glaubte ich, Geld sei das Wichtigste im Leben. Heute, da ich alt bin, weiß ich: Es stimmt.« Oder, in der typischen amerikanischen Variante: Er wisse, dass Geld nicht glücklich macht, singt der nicht erst unter Trump beliebte amerikanische Country-Sänger Chris Janson, aber: »Money can't buy happiness. // But it could buy me a boat, it can buy me a truck to pull it.« Der Song »Buy me a Boat« ist die Mittelschichts-Version des Traums vom Reichwerden: ein Angelboot mit Außenbordmotor (zur Yacht reicht es nicht) und ein Truck, der es ziehen kann.

Ob Neid und Statusgefühl eher destruktive Emotionen sind und es also besser wäre, wir wären sie los, oder aber ob sie produktiv wirken, quasi als das Salz in der gesellschaftlichen Suppe, und die wirtschaftliche Dynamik in Bewegung halten, das ist eine alte Frage der Ungleichheitsforschung, die je nach politischen Präferenzen mal so, mal anders beantwortet wird. Sucht man einen Kompromiss, einigt man sich meist auf die Formel, alles hänge davon ab, Maß und Mitte zu wahren. Zu viel Neid demotiviert, untergräbt den Leistungswillen einer Gesellschaft, die Abwesenheit von Neid hingegen macht eine Gesellschaft träge und führt zum Stillstand. Dass die Einigung auf Maß und Mitte ein Formelkompromiss ist, merkt man daran, dass man hinterher immer noch nicht weiß, wo der gute Neid in den schädlichen Neid kippt.

Status dient, wie wir seit Pierre Bourdieu wissen, der sozialen Differenzierung, der Abgrenzung von den anderen und zugleich der Überhebung über sie. Status dient mithin der Stabilisierung der, wie wir wissen, stets gefährdeten Macht. Geld ist dafür von allergrößtem Nutzen, denn es erlaubt, sich mit Symbolen der Knappheit auszustatten und die feinen Unterschiede zu markieren. Mit Klamotten von Primark zeigt man Zugehörigkeit zu seinesgleichen, der Gruppe der modischen Teenies, gewiss auch ein Symbol sozialer Abgrenzung. Aber das können viele, im Grunde die ganze Kohorte. Wer Porsche 911er sammelt (sagen wir, für durchschnittlich eine halbe Million Euro pro Stück), ist zwar immer noch in bester Gesellschaft. Aber der Kreis ist doch deutlich kleiner – und natürlich auch altersmäßig anders zusammengesetzt – als jener der Primark-Kunden.

Das heißt: Mit Geld kann man sich in einer Marktwirtschaft Macht kaufen. Und wer viel Geld hat, kann sich viel Macht kaufen. Das ist uns irgendwie so selbstverständlich, dass wir darüber selten nachdenken. Denn Liebe oder Freundschaft, der Macht ja irgendwie verwandt, kann man sich keinesfalls kaufen. Dass Macht käuflich ist, ist dabei nicht nur erschreckend, sondern auch tröstlich. Denn es bedeutet, dass auch der Machtlose mächtig werden kann, er muss nur zu Geld kommen; dafür braucht es keinen Raub, ein reiches Erbe tut es auch.

Über das aktuelle Ranking der beliebtesten Status-Symbole für Reiche kann man sich bei den jährlich veröffentlichten Markenbewertungen von »Brand Networks« und »Biesalski und Company« informieren. Auffallend ist, dass die Banding-Hitlisten hierzulande einigermaßen stabil sind, stabiler jedenfalls als die Vermutung, Moden seien wechselhaft und die Reichen müssten in ihrer Statuspanik ständig nach neuen Accessoires Ausschau halten. Auf Platz eins stehen seit vielen Jahren die Uhren von »A. Lange & Söhne«, gefolgt von »Glashütte Original«, ebenfalls Uhren. Warum gerade Uhren – vor allem für Männer – so macht-affin sind, hat die Statussymbol-Forschung bis heute nicht befriedigend klären können. Dass Männer sonst nichts hätten, womit sie sich schmücken und also Differenz zeigen könnten, ist eine Frechheit: Das könnte man mit Ohrringen, Fußkettchen, Einstecktüchern, Budapester Schuhen, edlen Seidenkrawatten oder angesagten Turnschuhen rasch anders haben – und sich damit von allen Männern mit Glashütte-Uhren abgrenzen.

Spannender ist da schon die Frage, wann Mann die Uhr zeigt und wann nicht. Dass ein Vorstandschef von Siemens ein mächtiger Mann ist, weiß man, auch ohne dass er dafür eine sündhaft teure Rolex-Uhr tragen muss. Statt der Anerkennungsgeste »Reicher Mann« könnte die Rolex-Uhr womöglich feindliche Neidgefühle auf ihn und also auch die Firma Siemens auslösen, werden sich die Kommunikationsverantwortlichen bei Siemens gedacht haben, als sie die Rolex am Handgelenk vom offiziellen Foto des damaligen CEOs Klaus Kleinfeld wegretuschieren ließen. Sie hätten allerdings bedenken sollen, dass die Sache rauskommen könnte und alles nur noch schlimmer würde: Aus wegmachen wurde hindeuten. Abermals gilt: Statussymbole sind wichtig, es kommt aber darauf an, wo und wann. Dass Thomas Middelhoff eine prachtvoll-ausladende Villa an der Cote d' Azur sein Eigen nannte, wird ihm zu Zeiten seiner größten Machtfülle genützt haben. Als er aber später als unternehmerischer Versager dastand, dem man die Absicht nachsagte, er wolle seine Eigentümer enteignen, änderte sich die Bedeutung des Symbols in ihr Gegenteil. Genauso war es mit Middelhoffs Firmenfliegern, die strafrechtlich zum Indiz der Untreue wurden, während sie, als er noch im Amt war, seine Machtfülle sichtbar machten und die Bedeutung der Unternehmen, für die er tätig war, steigerten.

Dass auf Platz drei der Brand-Liste der »Porsche« steht, kann die häufig gehörte Meinung relativieren, Autos seien im Zeitalter der Apple-Ästhetik nicht mehr so wichtig wie früher. Zumindest der Sportwagen aus Zuffenhausen (mehr als die vielen beliebten SUVs) in seiner neuen wie in seiner Oldtimer-Version kann es in puncto Ästhetik mit den Produkten aus dem Silicon Valley immer noch aufnehmen. In puncto Preis kann es das iPhone dagegen nicht mit dem Porsche aufnehmen, was, siehe Primark, dazu führt, dass (relativ) viele Menschen ein iPhone haben, aber nur (relativ) wenige einen oder mehrere Porsches. Dabei wäre noch zu erforschen, warum die Reicheren offenbar inzwischen kein eigenes mobiles Endgerät mehr brauchen, um sich von Krethi und Plethi abzugrenzen, und warum der Blackberry, der diesen feinen Unterschied ehedem machte, inzwischen im Museum der Technikgeschichte gestrandet ist.

Diese Rankings der »conspicous consumption« (Thorstein

Veblen) – des Konsums, der auffallen soll – geben jedenfalls einen Hinweis auf die Beantwortung der Frage, ob die Menschen beim Geld den Hals nicht vollkriegen können. Vieles spricht dafür, dass es so ist, dass also, etwas vornehmer akademisch formuliert, das Gesetz des abnehmenden Grenznutzens auf Geld keine Anwendung findet. Dieses Gesetz definiert die jedermann vertraute Erfahrung, wonach das dritte Bier weniger gut schmeckt als das erste und der Nutzen eines weiteren Euros für den Reichen weniger groß ist (denn er hat ja schon viele davon) als für den Armen. Solche Argumente müssen regelmäßig zur Begründung progressiver Steuersysteme herhalten, bei denen die Reichen nicht nur absolut mehr Abgaben zahlen, sondern auch relativ, weil ihr Steuersatz höher ist als der der Ärmeren. Doch was beim Biertrinken passiert, braucht nicht fürs Geld zuzutreffen. Geld ist schließlich unbegrenzt zur Befriedigung der unterschiedlichsten Wünsche verwendbar. Wer kein viertes Bier mehr trinken mag, freut sich immer noch über mehr Geld, mit dem er sich andere Wünsche erfüllen kann. Zwar wird auch für Klaus Kleinfeld, den Freund der teuren Rolex, die dritte Rolex am Handgelenk nicht mehr so prickelnd sein wie die erste. Aber es werden ihm anstatt der vierten Rolex viele andere teure Accessoires in den Sinn kommen, die ihm Lust bereiten und mit denen er seinen Wohlstand zur Schau stellen könnte.

Es könnte sogar sein, dass man sich an mehr Geld in dem Sinne immer mehr gewöhnt, dass der Nutzen zusätzlichen Einkommens sogar noch steigt. Das wäre dann die Umkehrung des Grenznutzengesetzes. Geld gehört – wie Sex – zu einer Gruppe von »Dingen«, von denen man nie genug kriegen kann, wo das den Nutzen steigernde Erleben sogar noch anwächst. Nicht zuletzt die Macht selbst fällt unter diese Ausnahmeerscheinungen des Gesetzes vom abnehmenden Grenznutzen: Der Mächtige ist unersättlich. Macht, meinte schon der griechische Historiker Thukydides, gebiert, sei es aus Übermut oder aus Stolz, das Streben nach immer mehr Macht. Und der deutsche Staatsrechtler Lorenz von Stein bemerkte über die Macht des Geldes, sie erzeuge sich immer aufs Neue.

Solche Vermutungen werden von der heutigen Hirnforschung in vollem Umfang bestätigt. Geld, so Christian Elger, Hirnforscher am Universitätsklinikum Bonn, wirkt wie eine Droge. Erzielen Menschen einen finanziellen Gewinn, wird das Belohnungssystem im Gehirn aktiviert, welches ein extremes Wohlgefühl hervorruft. Kaum etwas motiviert Menschen und Tiere so stark wie Belohnung. Und Geld steht zusammen mit Rauschmitteln wie Kokain an der Spitze der Stimulanzien, die das System reizen, was übrigens ein Hinweis darauf sein könnte, warum der Kokainkonsum unter Investmentbankern bis zur Finanzkrise so beliebt war oder womöglich immer noch ist. Schon die Aussicht auf mehr Geld, so Elger, löse ein »neuronales Feuerwerk« aus und bewirke, dass wir bereit sind, höhere Risiken einzugehen. Es ist genau jenes Belohnungssystem, das uns ein angenehmes Gefühl verschafft und das den Botenstoff Dopamin verwendet, welches nach Ausweis der Hirnforschung auch beim Sex die entscheidende Rolle spielt. Ohne falsche metaphorische Übertragung ließe sich also sagen, ein finanzieller Gewinn wirke auf Menschen in etwa so wie ein Orgasmus, womöglich beim einen mehr das eine und beim anderen mehr das andere.

Der Hinweis auf die hirnphysiologische Verwandtschaft

der Wirkung von Macht, Geld und Sex im Belohnungssystem des menschlichen Gehirns verweist nicht nur auf die immer schon vermutete Nähe dieser beiden Erregungszustände, er bestärkt uns auch in unserer These, wonach der Wille zur Macht eine anthropologische Konstante ist, die wir nicht loswerden, sollten wir es auch noch so sehr aus moralischen oder ökonomischen Motiven anstreben. Der Wille zur Macht bleibt uns erhalten, weil er ein Trieb unserer Natur ist, wie wir, gänzlich ohne Hirnforschung, spätestens seit John Locke und der Philosophie der Aufklärung wissen. Geld, so Karl Marx ein gutes Jahrhundert nach Locke, »ist also keine persönliche, sondern eine gesellschaftliche Macht«.

Wenn das Verlangen nach mehr Geld aber nicht unter dem Gesetz des abnehmenden Grenznutzens steht, wird der Wille zur Macht auch noch eine ganze Weile dafür verantwortlich bleiben, dass die Gesellschaft, in der wir leben, eine ungleiche Gesellschaft ist, bezogen auf die Verteilung von Einkommen und Vermögen. Denn nicht jeder ist gleich erfolgreich in der Umsetzung des Wunsches, reich und reicher zu werden. Die gängige Meinung, dass Ungleichheit per se ungerecht sei, muss man im Übrigen nicht teilen. Als ob es moralisch ausschlaggebend wäre, ob eine Person mehr oder weniger Geld hat als eine andere Person, unabhängig davon, wie viel jeder von beiden hat! Würde man es, nüchtern betrachtet, nicht viel mehr begrüßen müssen, wenn einer im Monat 10 000 Euro verdient und der andere 15 000 Euro, verglichen damit, dass beide nur 8000 Euro zur Verfügung haben? Dass viele Leute Letzteres gleichwohl präferieren, darf man dem Neid zuschreiben, aber nicht einem abgewogenen moralischen Urteil. Gewiss, Armut ist ein moralisch nicht zu tolerierender Skandal, wenn jemand sein Leben nicht fristen kann. Aber die ungleiche Verteilung des Reichtums, der Normalfall eines entwickelten Industriestaates, ist kein moralischer Skandal. Diese Ungleichheit müssten wir selbst dann aushalten, wäre sie nicht Folge des wirtschaftlichen Fortschritts. Dies aber, um abermals sozialbiologisch zu argumentieren, lässt sich leicht zeigen: So wie das Wohlgefühl beim Sex offenbar die Belohnung der Natur dafür ist, dass wir bereit sind, uns fortzupflanzen, genauso ist das Wohlgefühl bei der Geldakkumulation der Dank der Zivilisationsgeschichte für die dramatische Verbesserung der Lebensverhältnisse. Es sei hier nur noch einmal an die Langzeitgrafiken des Ökonomen Max Roser erinnert, die diese Erfolgsgeschichte quantitativ sichtbar machen.

Parade der Ungleichheit

Der Preis für den Fortschritt heißt: Wir leben in einer Welt der Ungleichheit. Sie ist die »Zofe der Weltverbesserung« (Angus Deaton). Oder härter: »We are governed by a minority«, so beginnt der heute vergessene niederländische Ökonom Jan Pen sein in den sechziger Jahren erschienenes Buch über »Harmonie und Konflikt in der modernen Gesellschaft«. Er meint damit die Dominanz der wenigen, die viel haben, über die vielen, die wenig haben. Pen hatte die geniale Idee, wie sich die Einkommens- und Vermögensungleichheit, eine eher abstrakte Veranstaltung mit schwerverständlichen Gini-Koeffizienten und Kuznets-Kurven, sinnlich veranschaulichen lässt: »Pen's Parade«, so die Umsetzung, sortiert alle Menschen eines Landes nach der Einkommenshöhe, indem sie diese auf Körpermaße überträgt. Nacheinander defiliert die ganze Gesellschaft an einer Zuschauertribüne vorbei. Die Menschen mit durchschnittlichem Einkommen sind durchschnittlich groß; ebenso die Zuschauer. Jene, die zweimal so viel verdienen, sind doppelt so groß und so weiter. Das heißt: Ungleichheit wird bei Pen räumlich und zeitlich veranschaulicht – durch die Größe der Personen und durch den zeitlichen Abstand, wann sie an der Tribüne vorbeikommen: Der Zuschauer sieht deshalb keine gleichmäßig größer werdende Menschenmenge; die durchschnittlich großen Menschen mit dem durchschnittlichen Einkommen erreichen nicht schon nach der Hälfte der Zeit die Tribüne, sondern erst viel später. Kurzum: Die meisten Menschen verdienen wenig und die wenigsten verdienen viel.

Schauen wir uns Pen's Parade noch etwas genauer und bezogen auf die heutige deutsche Gesellschaft an: Zuerst sieht der Zuschauer trotz laufender Parade eine Weile überhaupt nichts. Denn die verschuldeten Menschen vorneweg laufen kopfüber unter der Oberfläche. Da sie ein negatives Einkommen haben, ist ihre Körpergröße auch negativ. Dann kommen die ersten Winzlinge dran. Es sind die Hartz-IV-Empfänger. Mit einem Durchschnittseinkommen von 4300 Euro sind sie bei der Parade gerade einmal 18 Zentimeter groß. Es folgen Zwerge, unter ihnen arme Rentner und freiberufliche Schauspieler (12300 Euro). Nach zehn Minuten zeigen sich die ersten Vollzeitbeschäftigten: siebzig Zentimeter große Liliputaner: Das sind die Friseure, gefolgt von Köchen, Kellnern und Gärtnern. Genau 1,72 Meter misst der Durchschnittsdeutsche, was einem Einkommen von 40000 Euro (im Jahr 2010) entspricht. Er zieht nach einer Dreiviertelstunde an der Tribüne vorbei. Danach geht alles ganz schnell: Es folgen Gymnasiallehrer, Professoren und Ingenieure, 3,16 Meter groß und 74 000 Euro schwer. Die obersten 1,7 Prozent der Verteilungskurve, allesamt Riesen, haben am Ende der Parade gerade einmal eine Minute Zeit. Ein gut bezahlter Aufsichtsratsvorsitzender misst knapp 20 Meter (464 000 Euro). Am Ende schreitet dann gravitätisch der bestbezahlte Vorstandsvorsitzende eines Dax-Unternehmens, 417 Meter groß, was einem Einkommen von 9,8 Millionen Euro entspricht und im Bezugsjahr 2010 auf den damaligen Vorstandsvorsitzenden der Deutschen Bank, Josef Ackermann, zutraf. Die Zuschauer auf der Tribüne bekommen von Ackermann gerade einmal den Stiefel zu Gesicht.

An der Methodik der Parade lässt sich, wenn man will, gewiss vieles kritisieren. So bildet sie nur die Differenzen der Einkommen ab, aber nicht die der Vermögen. Hätte ein Winzling das Glück eines großen Erbes, er dürfte sofort einen Wachstumsschub machen und später aufmarschieren. Mehr noch: Die Parade verlässt sich auf die veröffentlichten Einkommen. Deshalb macht der bestverdienende Dax-Mann den Abschluss. Aber die nicht an der Börse notierten Familienkonzerne oder Hedgefonds, die nicht verpflichtet sind, ihre Einkommen auszuweisen, bezahlen ihre obersten Angestellten häufig deutlich generöser. An der Parade sind sie nicht beteiligt. Einigen wir uns darauf, dass die Parade eine öffentliche Veranstaltung ist, an der auch nur mitmacht, wer, freiwillig oder gezwungenermaßen, sein Gehalt offenlegt: Das trifft dann eben den Hartz-4-Bezieher genauso wie den Dax-Vorstand. Vermögen sind im Vergleich zu Einkommen viel weniger transparente Größen, mit denen man im Ungleichheitsdiskurs fast alles beweisen kann. Es gibt jedoch keinen Grund zu bestreiten, dass die Parade das Gefüge der

Einkommensungleichheit einer Gesellschaft einigermaßen treffend spiegelt.

Worauf es hier ankommt: Ungleichheit ist der Preis, den wir für den Fortschritt zahlen. Aber die Dimensionen und vor allem die Relationen zwischen denen, die weniger, und denen, die mehr haben, sind Ergebnisse von Machtkämpfen und nicht einfach nur Produkte eines Marktprozesses. Der Markt regelt den Gleichgewichtspreis von Brot und Luxusyachten. Um wie vieles das Chefarztgehalt jenes der Krankenschwester übertrifft, um wie vieles aber auch das Einkommen der Krankenschwester jenes der Küchenhilfe in der Klinik überragt, all das lässt sich zwar auch mit Zahlen von Knappheit und Produktivität erklären, aber eben auch nur unzureichend und am Ende häufig nicht wirklich befriedigend.

Am deutlichsten wird das, wenn man sich die Entwicklung der Managergehälter ansieht. Kein Wunder, dass die CEO-Vergütungen seit Jahren im Zentrum der Ungleichheitsdebatte stehen, gleichermaßen engagiert von der Öffentlichkeit und von Politikern diskutiert, die über Obergrenzen, Verbote, Einschränkungen steuerlicher Abzugsfähigkeit etc. nachdenken. Allein zwischen 2003 und 2013 haben sich in den Führungsetagen der deutschen Großkonzerne die Gehälter in etwa verdoppelt. Selbst die große Finanzkrise nach der Lehman-Pleite im Jahr 2008 konnte der Zunahme des Geldsegens wenig anhaben. Spitzenverdiener mit bis zu 19 Millionen Euro jährlich war lange Zeit VW-Chef Martin Winterkorn, jener Winterkorn, in dessen Ära ein das Unternehmen schädigender Diesel-Skandal fiel, der aber nichtsdestotrotz nach der Demission an Winterkorns Rentenansprüchen von 3100 Euro am Tag (!) nichts änderte. Während die Einkommen der Top-Manager sich verdoppelt haben, verbesserten sich im genannten Zeitraum die Löhne und Gehälter der »normalen« Werktätigen, die nach Tarif bezahlt werden, um gerade einmal 18 Prozent. Hier fällt zumindest der pauschale Nachweis schwer, warum die Manager zwischen 2003 und 2013 einen derartigen Produktivitätssprung hingelegt haben sollen oder – in Zeiten größter Bildungsexpansion und verbesserter beruflicher Zugangschancen – sie plötzlich so knapp geworden sein sollen. Das Unbehagen bleibt auch dann, wenn man konzediert, dass etwa Geschäfts- und Aktienkursentwicklung beim Medizintechnikkonzern Fresenius bemerkenswert erfolgreich verliefen und diese gewiss auch exorbitante Gehaltsprünge des Top-Managements rechtfertigen können. Aber bei allen? Ohnehin zeigen diese Beispiele, dass die Kriterien äußerst unterschiedlich sind, die dafür herhalten müssen, warum eine Gehaltssteigerung von Managern gerechtfertigt ist – Produktivität, Knappheit unter den infrage kommenden Managerpersönlichkeiten, Kursentwicklung in Bezug auf welche Referenzgröße, Leistung?

Worauf es hier ankommt: Für die Analyse der Macht bedürfen, jenseits aller klassenkämpferischen Attitüde, Verteilungskämpfe um das Einkommen dringend der Deutung. Geld, weiß Friedrich Nietzsches Zarathustra, ist »das Brecheisen der Macht«. Geld, so lässt sich Zarathustra mit seiner Interpretin Annemarie Pieper paraphrasieren, ist zentrales Instrument der Macht, dem eine gewisse Gewaltsamkeit (Brechstange) eignet, insofern Geld ein Mittel ist, das alle Widerstände bricht und demjenigen, der es besitzt, alles zu verschaffen vermag, was er begehrt (Uhren von Lange & Söhne beispielsweise). Zarathustra wird es wohl nicht bewusst gewesen sein, dass er eine Kategorie der modernen ökonomischen Physik benutzt: Die Brechstange ist ein »Hebel«, der auf den Finanzmärkten dazu dient, den Einsatz zu vervielfältigen. Es ist der »Leverage«, wie die Finanzleute sagen, der Reichtum verspricht für den, der ein Risiko einzugehen bereit ist. Wer ein kleines Kapital hat, einen großen Kredit aufnimmt und Erfolg hat, hat seinen Einsatz vervielfacht. Mit Geld lässt sich deshalb, stellt man es geschickt an, die Macht »leveragen«. Dem Management ist solch ein Machtgewinn im vergangenen Vierteljahrhundert besonders genial gelungen. In Deutschland haben die Manager ihr Einkommen verdoppelt, in Amerika haben sie es noch weitaus erfolgreicher gemacht. Wenn sie ihre Einkommenssteigerung nicht gleich konsumiert, sondern, wie in diesen Kreisen üblich, in Aktien investiert haben, dann hat das Kapital zwischenzeitlich noch größere Multiplikatoren realisiert.

Es muss betont werden: Hier wird keine Neiddebatte geführt. Es geht nicht darum, dass Manager viel Geld verdienen. Sie können sogar mehr verdienen: Obergrenzen, wie in der Politik diskutiert, sind Neidgrenzen. Hier geht es um die Frage von Legitimation und Macht. Analysiert werden soll deshalb, wie es dem Management gelingen konnte, sein Einkommen derart zu vervielfachen (»hebeln«), vor allem auf Rechnung der Eigentümer. Denn dem CEO gehört die Firma ja nicht, er ist nur der oberste Angestellte. Bezahlt wird er vom Eigentümer. Es geht hier um die Rekonstruktion einer Erfolgsgeschichte aus dem Lehrbuch des Willens zur Macht und nicht aus der Genealogie der Moral.

Bezahlung ohne Leistung

»Die Balance der Macht ist aus dem Lot«, sagt Lucian Bebchuk. Der Professor für Jura lehrt an der Harvard Law School und hat 2004 zusammen mit Jesse Freed unter dem Titel »Pay without Performance« – »Geld ohne Leistung« – ein bahnbrechendes Werk veröffentlicht. Darin zeigt er auf faszinierende Weise, wie es der Managerkaste gelingen konnte, ihre eigene Bezahlung zu ihren Gunsten zu beeinflussen und dieses System so lange zu verzerren, bis man davon maximal profitierte. Geht man der Einfachheit halber davon aus, dass es mehrere Möglichkeiten gibt, Gewinne eines Unternehmens zu verteilen – an die Aktionäre/Eigentümer, die »normalen« Mitarbeiter, die Gesellschaft (Charity), den Staat (Steuern) –, dann ist dem Management das machtpolitische Kunststück gelungen, die Zuwendungen an sich selbst dramatisch auszuweiten und sich diesen Mehrwert auch noch selbst anzuweisen. Bebchuk sagt, das System sei »krank«. Das ist problematisch, setzt es doch einen Begriff von Gesundheit voraus, der schwer auf die Konstruktion von Unternehmen anwendbar ist. Aber sagen kann man, dass den Managern eine enorme Machtverschiebung zu ihren Gunsten geglückt ist.

Besonders erfolgreich, auch diese Einsicht verdanken wir Bebchuk, sind unter den Vorständen die Vorsitzenden des Vorstandsgremiums: die CEOs. Ihnen ist das Kunststück gelungen, für sich den größten Batzen abzuzweigen: 35 Prozent des gesamten Geldes, das an den Vorstand ausgeschüttet wurde, fließt in die Tasche des obersten Chefs. Das heißt, er oder (seltener) sie verdient mehr als doppelt so viel wie ein normales Vorstandsmitglied eines fünfköpfigen Gremiums.

Gerechtfertigt ist das alles nicht, meint Bebchuk, der die Spitzengehälter mit der Performance der entsprechenden Unternehmen verglich. Ein höheres Spitzengehalt verweist sogar auf schlechtere Profitabilität, schlechtere Marktkapitalisierung, schlechtere Akquisitions-Entscheidungen – und so geht das gerade weiter: Es findet sich keine Korrelation. CEOs werden häufig schlicht ausgezeichnet, weil sie Glück hatten und sich die Branche gerade im Aufwind befand.

Wie konnte das passieren? Und warum lassen die Aktionäre sich das gefallen? Zunächst: Sie lassen es sich immer weniger gefallen und versuchen, im Machtkampf wieder Boden gut zu machen – darauf werden wir später zu sprechen kommen. Doch trotz aller Rhetorik der guten Unternehmensführung, die seit Jahrzehnten zum Standardangebot der Business Schools zählt, haben die Manager finanziell enorm und häufig ohne Rechtfertigung finanziell profitiert. Es lohnt an dieser Stelle, ein bisschen auszuholen, auch historisch. Tatsächlich lässt sich die Geschichte der Aktiengesellschaft – die heute dominierende Rechtsform der großen Konzerne – in ihrer Wirkung als Erfindung gegen und nicht für die Aktionäre verstehen. Vorher gab es Partnergesellschaften, in welchen die Eigentümer frei schalten und walten konnten. Wenn es ihnen beliebte, ihren Gewinn und ihr Kapital zu verprassen (ihr gutes Recht!), war dies der Schaden der Firma. Jeder Partner konnte zu jeder Zeit die Partnerschaft beenden und Sach- und Finanzkapital aus dem Unternehmen ziehen – wie übrigens heute noch in Partnerschaften (Rechtsanwaltskanzleien oder Unternehmensberatungen zum Beispiel). Das konnte die Zurückgebliebenen schwächen und bedeutete im schlimmsten Fall den Untergang des Unternehmens.

Die Erfindung der Aktiengesellschaft löste nun auf geniale Weise die Aufgabe, Kapital dauerhaft im Unternehmen zu binden, ohne zugleich die Investoren auf Dauer dort einzuschließen. Die Aktiengesellschaft ist – entgegen ihrem Ruf – gerade keine kurzfristige Veranstaltung. Sie ist ein Unternehmen in Permanenz, welches den Eigentümern zu jeder Zeit den Exit ermöglicht, ohne dass sie dafür die halbe Fabrik abbauen müssten. Bei einer an der Börse notierten Aktiengesellschaft lässt sich der Wert der Firma zu jeder Zeit an der Kurstafel ablesen. So wäre theoretisch ein kompletter Eigentümerwechsel bei der BASF möglich, ohne dass sich auf dem riesigen Fabrikgelände in Ludwigshafen irgendetwas ändert. Womöglich bliebe sogar das Management erhalten.

Seit der zweiten industriellen Revolution und dem Aufkommen der großen Eisenbahn- und Telefongesellschaften Ende des 19. Jahrhunderts, wovon schon im letzten Kapitel die Rede war, war der alte Eigentümerkapitalismus am Ende. Denn die Finanzierung solcher Großprojekte überforderte die Familien und Privatbanken. Stattdessen betätigten sich die großen Aktiengesellschaften als Kapitalsammelstellen zur Finanzierung der notwendigen Investitionen. Tausende von Aktionären sind aber schlechterdings weder in der Lage noch geeignet, eine Eisenbahn- oder Telefongesellschaft zu führen. Sie wollen es auch gar nicht.

Es ist paradox: Die Geburt der Aktiengesellschaft entstammt gerade nicht dem Geist des viel geschmähten Shareholder Value, also jener kapitalistischen Lehrmeinung, die alles dem Gewinninteresse des Aktionärs unterordnen will. Im Gegenteil: Sie ist der Start des Managerkapitalismus, einer Macht- und Geldverschiebung von den Aktionären hin zu den obersten Angestellten der Firma. Die Spaltung von

Unternehmensführung (Managern) und Unternehmenskontrolle (Eigentümern) erwies sich lange als Segen für die Firmen, wie der Unternehmenshistoriker Alfred Chandler in bahnbrechenden Studien beschrieben hat. Denn es zeigte sich, dass das Prinzip der Arbeitsteilung auch zum Prinzip der Selbstorganisation des Kapitalismus taugte. Die Tatsache, in eine vermögende Industriellenfamilie hineingeboren worden zu sein, ist allein noch kein Ausweis einer besonderen Befähigung zur Führung dieses Unternehmens.

Nachsehen hatte dagegen England, Stammland des Kapitalismus, gerade weil man dort weiterhin am überkommenen Eigentümerkapitalismus festhielt. Da aber den Eigentümern ein großes und stetiges Einkommen der Familie wichtiger war als das langfristige Wachstum der Firma, weil Dividende vor Investitionen Vorrang hatte, fiel England im 20. Jahrhundert gegenüber Amerika und Deutschland zurück.

Das heißt: In jenen langen Anfangsjahren der großen Aktiengesellschaften waren die angestellten und professionell agierenden Manager ein Segen für ihre Eigentümer, weil sie sie davor schützten, auf törichte Weise ihre Firma auszuplündern. Später freilich haben sie sich selbst zu einer solchen Gruppe von Plünderern gemausert. Inzwischen steht der Manager im Zentrum der Macht und nicht der Aktionär. Das ist der Grund, warum die Führungskräfte einen derart hohen Machtgewinn durchsetzen konnten. Das liegt allein schon an den Zahlenrelationen: In einer Aktiengesellschaft, in der das Kapital breit gesplittet ist, ist es kaum möglich, diese divergierende Vielfalt der Interessen zu poolen, allen Stimmrechtsbündelungen zum Trotz. Die Interessen der Manager sind hingegen leicht im Machtkampf zu harmonisieren: schlicht deshalb, weil es ihnen getreu Oscar Wildes Einsicht ums Geld geht (natürlich sagen sie immer etwas anderes). Alle Pleiten, alles Pech und jegliche Pannen müssen dabei als Schicksalsschläge dargestellt werden, die nicht vom Management zu verantworten sind, sondern von strukturellen, konjunkturellen oder sonstigen widrigen Ereignissen. Dagegen verstehen sie es prächtig, eine gute Branchenkonjunktur (Glück gehabt), von der das eigene Unternehmen wie alle anderen profitiert, geschickt als Ausweis der eigenen Kompetenz darzustellen. Lange Zeit waren diese Interessen auch deshalb nicht sehr schwer durchzusetzen, weil in den Gremien, die für Boni und Entlohnung zuständig sind, abermals Manager saßen, Kollegen aus anderen Unternehmen, und man einander einen Gefallen tat nach dem Motto: »Eine Hand wäscht die andere«. Dass solche Nachbarschaftshilfe unter Managern hierzulande insbesondere zu Zeiten der legendären Deutschland AG besonders groß war, zu Zeiten, in denen die Gehälter noch gar nicht so hoch waren wie heute, ist kein Gegenargument. Damals hat man sich anderweitig großzügig bedient: mit dicken Dienstwagen nebst persönlichem Fahrer, günstigen Firmenvillen und der kostenlosen Jagd in den Wäldern der Umgebung zum Beispiel.

Das Problem der Managermacht wird nicht erst heute erkannt. Lange schon wird »Handlungsbedarf« angemeldet. Allein: Alle Kommissionen der sogenannten Corporate Governance, die seither tagen, gleichen dem Spiel von Hase und Igel. Sie führten im Ergebnis stets dazu, dass die Managervergütungen weiter wuchsen. Nach den jüngsten Zuweisungen (Frühjahr 2017) bringt es zum Beispiel Matthias Müller, Chef des Krisenkonzerns VW und Objekt staatsanwaltschaftlicher Ermittlungen, von dem man nicht behaupten kann, dass er den Diesel-Skandal überzeugend aufgearbeitet habe, auf knapp zehn Millionen Euro. Das ist zwar nicht mehr Dax-Rekord (den hält nun SAP-Chef Bill McDermott mit 15 Millionen) und deutlich weniger als Vorgänger Winterkorn, aber immerhin hievt es Müller auf Platz zwei unter den Dax-Chefs. So ein Gehalt addiert sich dann auf das Zweihundertzweifache eines Durchschnittsmitarbeiters. Als besonders untauglich als Instrument zur Machtbeschränkung, nämlich in der Wirkung gegenteilig, hat sich übrigens die gesetzliche Transparenz-Auflage erwiesen, alle Gehälter im Geschäftsbericht auszuweisen. Seit vollkommen sichtbar ist, was die Kollegen im Nachbarunternehmen verdienen, wirkt ein psychologischer Mechanismus, der sich wohl aus Neid und Stolz zusammensetzt: Dieser Mechanismus verlangt von den jeweils anderen gleichzuziehen – und zwar stets nach oben. »Wir können uns doch nicht lumpen lassen«, so berichtet der Ex-Vorstand der Münchener Rück, Nikolaus von Bomhard, aus den Vergütungsverhandlungen des eigenen Unternehmens: Wenn sie beim Konkurrenten »Hannover Rück« den Vorständen zehn Prozent mehr zahlen, müsse man das selbst eben auch tun. Transparenz hat keine Drosselung, sondern einen Sog nach oben zur Folge. Kluge Leute haben das immer gesagt. Die Politik wollte nicht auf sie hören – und muss nun, wie häufig, mit den unerwünschten Folgen (»unintended consequences«) leben.

Die Macht der anonymen Milliarden

Doch inzwischen gibt es Anzeichen, dass die Machtverteilung des Geldes sich verändert. Die Eigentümer sind langsam dabei, sich ihre Macht zurückzuerobern. Das hat etwa zur Jahrtausendwende mit den sogenannten »aktiven« Investoren begonnen, die sich erheblich in die Unternehmen einmischten, an denen sie beteiligt sind. Inzwischen haben nun auch noch sogenannte »passive« Investoren das Feld betreten: Und, so paradox es klingt, sie könnten noch mächtiger sein als die »aktiven« Investoren. Wie das? Am besten der Reihe nach.

David M. Rubenstein, geboren 1949, ist ein gebildeter Mensch. Wie viele amerikanische Machtmenschen hat er seine Karriere sowohl in der privaten Wirtschaft wie auch in der Politik gemacht. Von 1977 bis 1981 arbeitete er im Team des amerikanischen Präsidenten Jimmy Carter. Die Sache verlief nicht besonders erfolgreich; Rubenstein wandte sich anderen Dingen zu. 1987 gründete er unter dem Namen »Carlyle« (benannt nach einem berühmten New Yorker Hotel) eine Finanzfirma, deren Ziel es ist, sich mit nennenswerten Summen teilweise oder ganz an Unternehmen aller möglichen Branchen (anfangs vor allem aus dem Rüstungssektor) zu beteiligen. »Private Equity« heißt dieses Geschäftsmodell, das – zumindest in seiner Anfangszeit – in Deutschland mit einem berühmten Ausspruch des damaligen SPD-Chefs Franz Müntefering im Jahr 2005 als »Heuschreckenplage« gebrandmarkt wurde. In Wirklichkeit geht es den Private-Equity-Firmen aber, wie allen Finanzinvestoren, einfach nur um das eine: viel Geld zu verdienen. Das ist im Kapitalismus nichts Schlimmes; man befindet sich in bester Gesellschaft.

Was bedeutet Private Equity? Es ist der Gegenentwurf zu Public Equity, also zu den an der Börse (»public«) notierten Aktien-Gesellschaften (»equity«). Die Sache, auf den Kern reduziert, ist nicht sehr kompliziert: Carlyle, um beim Beispiel zu bleiben, sammelt Geld bei – meist nicht ganz armen – Anlegern ein und verspricht ihnen eine Rendite, die hoffentlich die durchschnittliche Verzinsung am börsennotierten Aktienmarkt übertrifft (warum sonst sollten Anleger sich auf Carlyle einlassen). Mit diesem Geld ihrer Investoren kaufen die Carlyle-Leute schlecht oder mittelmäßig geführte Firmen, die sie voranzubringen versprechen. Management und Eigentümer der Private-Equity-Firma setzten dafür nicht nur das Geld ihrer Investoren, sondern auch eigenes Geld ein, gerne aber nehmen sie auch viele Schulden auf, um den Hebel des Gewinns zu vergrößern, wenn die Sache gutgeht. Dass eine Firma schlecht geführt wird, könnte an vielen Dingen liegen, nicht zuletzt aber auch an einem inkompetenten Management, weshalb – alles immer idealtypisch – Carlyle nach dem Firmenkauf häufig das Management feuert, eine neue Führung sucht, von der man erwartet, dass sie sich ihrerseits mit eigenem Kapital am Risiko des Geschäfts beteiligt. Als ich anlässlich eines Vortrags in der Berliner »American Academy« Rubenstein fragte, was Private Equity besser könne als andere Investoren, war die Antwort einfach und verblüffend: »Making managers to owners«, Manager sollen Miteigentümer ihrer Firma werden. Tatsächlich haben Private-Equity-Leute keine andere BWL erfunden, sie waren nicht auf den besseren Business Schools, sie teilen nur die Annahme, dass, wer Miteigentümer ist, sich anders für sein Unternehmen engagieren wird und weder zu riskant (denn es ist ja sein eigenes Geld) noch zu risikoscheu (denn es ist ja sein eigenes Geld) operieren wird. Rubenstein weiß, dass auch Private Equity keine Wundermänner in die Unternehmen setzen kann, er fände das sogar gefährlich: »Genies kann ich nicht gebrauchen.« Er suche Leute, die intelligent, aber nicht zu intelligent sind, sagt er. Das Prinzip »Making managers to owners« darf im Übrigen nicht mit Aktienoptionen für Führungskräfte in börsennotierten Unternehmen verwechselt werden, die auch einen Zusammenhang zwischen Managervergütung und Unternehmenserfolg zugrunde legen. Doch Boni und Optionen verführen angestellte Manager dazu, über komplizierte Formeln ihr Unternehmen auszunehmen. Das Eigentümerprinzip der Private Equity führt hingegen dazu, dass der Manager im Verlustfall mit seinem eigenen Kapital haftet, im Erfolgsfall sich sein Geld aber im Maße des Gesamtfirmenkapitals verzinst.

Wir sehen: Private Equity nimmt in Teilen die Unternehmensevolution des 20. Jahrhunderts zurück. Man ist wieder beim Eigentümerkapitalismus des 19. Jahrhunderts angekommen, setzt auf vollkommene statt auf beschränkte Haftung, liebt die Intransparenz (schließlich sind Firmen keine demokratischen Veranstaltungen) und gibt die radikale Arbeitsteilung zwischen Aktionär (Eigentümer) und Management (Fachmann für Unternehmensführung) auf. Auslöser dafür ist die Erfahrung des sogenannten Principal-Agent-Dilemmas. Im arbeitsteiligen Modell der Börsenaktiengesellschaft ist der Kapitalgeber und Eigentümer der Prinzipal (der »Bestimmer«), der angestellte Manager, Spezialist für operative Unternehmensführung, ist sein Agent. In einer idealen Welt wäre der Agent ein Wesen ohne Eigeninteressen, das nur den Willen des Prinzipals erfüllt: also dessen Geld mehrt und dafür eine Vergütung erhält. In der wirklichen Welt hat der Agent aber auch eigene Interessen unabhängig vom Prinzipal – nicht zuletzt, wie wir gesehen haben, will er sein eigenes Einkommen maximieren, wenn es sein muss auch auf Kosten des Prinzipals. Der Agent hat auch noch andere Interessen, die nicht unbedingt die seines Prinzipals sein müssen: zum Beispiel, mit der Bundeskanzlerin nach China zu fahren und abends ins Fernsehen zu kommen, am Standort des Unternehmens als Held der Wohltätigkeit (vornehm »corporate social responsibility« genannt) zu gelten – allesamt nicht billige Dinge, die die Rendite des Investors schmälern können. Das Management sieht das naturgemäß anders, spricht von »Stakeholder«-Interessen und nimmt in Anspruch, dass nur dann, wenn alle Stakeholder (Mitarbeiter, Kommune etc.) bedient würden, auch der beste Profit zu machen sei. Das mag nicht ganz falsch sein, zeigt am Ende aber vor allem, dass es zwischen Prinzipal und Agent aus strukturellen Gründen einen harten Machtkampf gibt, der sich vor allem ums Geld dreht, nebenbei aber auch um Prestige und öffentliches Ansehen. Und in diesem Machtkampf hat Private Equity seit einem guten Jahrzehnt ein paar Zoll Boden für die Prinzipale gutgemacht, was einer Marktwirtschaft nicht schlecht zu Gesicht steht, in der das Privateigentum die mächtigste Instanz sein müsste.

Wie konnte es dann passieren, das Private Equity, zumindest eine Zeitlang, den Ruf von Heuschrecken hatte, die wie eine Plage über die Menschheit kommen, alles abfressen und hinterher eine Ödnis zurücklassen? Da spielt vieles zusammen: antisemitischer Antiamerikanismus zum Beispiel, der den Deutschen bekanntlich nicht fremd ist, dessen sich das um seine Pfründe fürchtende Management bediente, um die Politik für sich zu vereinnahmen. Denn, wie gesagt, Private Equity ist der Feind des mittelmäßigen Managers. Doch das ist nicht alles: Private Equity liebt die Dynamik, kauft alles zusammen, was Geld bringt, und verkauft es auf der Stelle – an die Börse, einen anderen Private-Equity-Investor oder das

Management –, wenn am Ende mehr Geld winkt. Diese Dynamik ist das Gegenmodell zum klassischen deutschen Familieneigentümer (oder zumindest dem Bild von ihm), der sich einem einzigen Produkt verschrieben hat (immer BMW oder Persil) und diesen Produkten durch dick und dünn treu bleibt (was finanziell gesehen töricht ist).

Dass die Kurzfristigkeit von Private Equity indessen den Langfristinteressen des Unternehmens schadet, ist ein Mythos, der gerne und ebenfalls von mittelmäßigen Managern und Politikern erzählt wird. Lucian Bebchuk, der Rechtsgelehrte der Harvard Law School, den wir hier ein letztes Mal als Kronzeugen aufrufen, hat auch diesen Mythos überzeugend zertrümmert. Eine von ihm angestellte Untersuchung über das Schicksal von 2000 Interventionen aktiver Investoren zeigt, dass die Firmen hinterher im Schnitt besser performen als vor dem Eigentümerwechsel, mithin das Versprechen erfüllt wird, schlecht geführte Firmen zu gut oder zumindest besser geführten Firmen zu machen. Bebchuks Studie dementiert zugleich den Vorwurf, die aktiven Finanzinvestoren würden sich selbst bereichern, aber hinterher Ödnis hinterlassen (mit entsprechenden Folgen für Beschäftigung und Standorte).

Neben den »aktiven« Investoren mischen seit neuestem im Machtkampf um das große Geld auch sogenannte »passive« Fonds mit – und ihre Power ist um ein Vielfaches größer als Private Equity. Das klingt paradox und ist nicht ganz leicht zu verstehen. Beginnen wir am besten wieder damit, von einem zentralen Mitspieler zu erzählen, von Laurence »Larry« Fink. Wenn man Fink bei öffentlichen Auftritten erlebt, hat man einen typischen amerikanischen Ostküstenfinanzmann vor sich. Er trägt langweilige Anzüge und eine

Brille, von der ihm sein Händler eigentlich hätten abraten müssen. Fink ist weder besonders originell noch besonders inspirierend, wenn er zum Beispiel darüber spricht, dass unsere Rentensysteme dramatisch unterfinanziert seien. Das hat man von anderen schon schärfer gehört. Auch seine Berufsbezeichnung ist einigermaßen undramatisch: Vermögensverwalter nennt Fink sich, was nach Bürokratie und Beamtentum klingt. Dass der Mann, geboren 1952 in Los Angeles, inzwischen einen Fonds mit 5,42 Billionen Dollar verwaltet und als »mächtigster Mann der Wall Street« gilt, sieht man ihm nicht an.

BlackRock heißt der Fonds von Fink. Er gehört zusammen mit Vanguard und State Street zu den mächtigsten Kapitalsammelstellen der Welt, die zusammen gut elf Billionen Dollar Vermögen anlegen (Stand: März 2017). In Deutschland sind diese Firmen immer noch relativ unbekannt, verglichen etwa mit heimischen Vermögensverwaltungen wie Flossbach von Storch oder der Fondsgesellschaft DWS der Deutschen Bank. Die Marke iShares, unter der die Fonds von BlackRock firmieren, genießt indessen inzwischen einen höheren Bekanntheitsgrad. Auch Vanguard hat im Lauf des Jahres 2017 begonnen, den deutschen Markt zu erobern.

Dass man die Fonds von Fink & Co. als passiv bezeichnet, liegt am Design vieler ihrer Anlageprodukte: Exchange Traded Funds oder ETF, so ihr Name, erheben nicht den Anspruch, selbst zu wissen, ob Microsoft besser als Apple ist oder Daimler eine raffiniertere Strategie fährt als BMW. Insofern sind sie ziemlich das Gegenteil der aktiven Investoren (Private Equity), die sich gezielt Unternehmen als Anlageobjekte auswählen. Sie sind auch das Gegenteil der klassischen Aktienfonds, die behaupten, ihr Management habe ein besonderes Gespür für die Entwicklung an den Märkten und sei deshalb in der Lage, die besten Aktien für ihre Anleger auszuwählen. ETF geben sich bescheiden und investieren stets »passiv« in eine ganze Klasse von Unternehmen: ETF bilden Börsenindizes eins zu eins ab, kaufen also immer anteilsmäßig am Dax, Dow Jones, Euro-Stoxx etc. genauso viele Aktien, wie die dort notierten Unternehmen (Daimler oder BMW im Dax) haben. Wird Daimler im Dax mächtiger, zieht BlackRock nach. Der iShares Dax-ETF kopiert somit die Wertentwicklung des Dax. Man kann es sich einfach merken: Steigt der Dax um zwei Prozent, hat sich auch mein Depot um zwei Prozent vermehrt.

Hinter dieser Anlagestrategie steckt eine wirkmächtige Theorie der Finanzökonomie, deren Clou in der Behauptung besteht, selbst der klügste Anleger könne den Markt nicht schlagen. Nichts als Selbstbetrug sei es, zu meinen, man habe als Einzelinvestor oder Fondsgesellschaft ein besseres Wissen über die Zukunft und darüber, warum Bayer zulegt, BASF aber abstürzt. Man kann es auch noch schärfer sagen: Wer behauptet, über ein solches Spezialwissen zu verfügen, will damit Geld machen, obwohl die theoretische Grundlage für sein Versprechen versagt. Weil ETF dieses Versprechen gleich gar nicht machen, sind die Gebühren ihrer Fonds deutlich niedriger als jene der aktiven Fonds. Die ganze Anlagephilosophie der ETF ist dabei alles andere als handgestrickt, kann sich auf eine mit dem Nobelpreis ausgezeichnete ökonomische Theorie des in Chicago wirkenden Wissenschaftlers Eugene Fama berufen. Kurz gefasst geht diese Theorie »effizienter Märkte« so: Die aktuellen Börsenkurse beinhalten alle für den Markt und die Anleger verfügbaren Informationen, selbst die, die nur wenige Investoren haben.

Sobald Investoren eine Information haben, können sie entsprechend handeln. Wer weiß, dass die Preise zu niedrig sind, der kauft, also trägt er zur Preissteigerung bei. Wenn aber dank dieses Mechanismus alle verfügbaren Informationen schon in den Preisen stecken, dann kann niemand eine Information darüber haben, wie sich die Preise künftig entwickeln – die Preise entwickeln sich dann auf der Grundlage der nächsten Informationen, die jetzt noch niemand hat. Hätte sie einer, hätte er schon darauf reagiert, wären sie also in den Kursen drin. Also sind die künftigen Börsenkurse unberechenbar.

Die Theorie Eugene Famas mag man glauben oder nicht: Im Rückblick zeigt sich, dass sie stimmt. Es ist verlorene und darüber hinaus auch noch teure Liebesmühe, den Markt schlagen zu wollen. ETF lösen ihr Renditeversprechen ein. Die Menschen sollten sich mit anderen Dingen beschäftigen – und ihre Vermögensverwaltung Larry Fink & Co. erledigen lassen.

Es ist eine stille Macht, welche den großen Vermögensverwaltern eignet. Doch die stille Macht ist nach einer wichtigen Einsicht des Soziologen Niklas Luhmann wirkmächtiger als die laute Macht: »Je mächtiger die Macht ist, desto stiller wirkt sie. Wo sie eigens auf sich hinweisen muss, ist sie bereits geschwächt.« Wo steckt die Macht bei BlackRock, Inc.? Das ist leicht zu sehen. Per definitionem gibt es kein großes Unternehmen auf der ganzen Welt, in dem die drei großen Vermögensverwalter nicht ihre Finger drin hätten. Inzwischen sind sie Großaktionär in über 40 Prozent der börsennotierten amerikanischen Firmen – und bei über 80 Prozent aller im Standard & Poor's-Index notierten größten Konzerne. Das ist eine geballte Kapitalmacht, die es in diesem Ausmaß noch nie in der Geschichte des Kapitalismus gegeben hat. Auch bei deutschen oder Schweizer Großkonzernen wie der Deutschen Bank oder Nestlé sind sie engagiert; BlackRock allein hält meistens drei bis vier Prozent, zusammen bringen sie es auf acht bis zehn Prozent. Das ist zu viel, um ignoriert zu werden – und per se nur lobenswert. BlackRock & Co. treten an, den Managerkapitalismus in seine Schranken zu weisen.

Wie geht das? Grundsätzlich gibt es, nach einer berühmten Einsicht von Albert O. Hirschman, immer zwei Möglichkeiten, von seiner Macht Gebrauch zu machen: Abwanderung oder Widerspruch (voice und exit). Ein klassischer Aktienfonds setzt vor allem auf Abwanderung: Performt eine Aktie schlecht, verkaufen sie die Aktien – und der Kurs geht in den Keller. Bei passiven Fonds kommt Abwanderung als Machtmittel nicht infrage, weil sie per definitionem in allen wichtigen Aktiengesellschaften (also auch in den miesen) mit feststehenden Anteilen investiert sind. Aber sie haben die Macht, ihre Stimme zu erheben (voice), wenn das Management sich selbst zu üppige Vergütungen oder Pensionszusagen zuweist. Larry Fink macht, wie alle Mächtigen, um seine Macht wenig Aufhebens. Lieber redet Fink so: »Grundsätzlich spielen wir bei Unternehmensentscheidungen eine konstruktive und maßvolle Rolle.« Er sei ja nur »Treuhänder« seiner Kapitalgeber, sagt Fink, also auch nur »Agent« und nicht »Prinzipal«. Doch tatsächlich leugnet Fink inzwischen nicht mehr, dass sein Machtwort entscheidend dafür war, dass Josef Ackermann nicht Aufsichtsrat der Deutschen Bank wurde. Fink war es auch, der für Anshu Jain als Ackermanns Nachfolger votierte und ihn fallen ließ, als die Strategie nicht aufging.

Die »passiven« Vermögensverwalter mischen sich, anders als Private Equity, nicht in das operative Geschäft ihrer Unternehmen ein. Aber sie sind auch nicht so passiv, wie es ihr Name suggeriert. Bei der Credit Suisse verzichtete im Jahr 2017 der Präsident des Verwaltungsrats auf einen Teil der Bezüge; das Management stellte sogar 40 Prozent seiner Boni zur Disposition. Dennoch stimmten 41 Prozent der Aktionäre gegen den Vergütungsbericht: In vorauseilendem Gehorsam hatte das Management sich bereit erklärt, auf einen Teil der Boni zu verzichten. Doch den Fonds war dieser Verzicht noch zu wenig. Und die Credit Suisse ist nur ein besonders prominentes Beispiel dafür, dass die Aktionäre neuerdings sich nicht mehr alles gefallen lassen, auf ihr Geld achten und dem Management klarmachen, wer Koch und wer Kellner ist. Das ist nicht alles: Immer öfter äußern sich diese Aktionäre auch zu sogenannten weichen Themen. Larry Fink ermahnte die Firmen der Welt, in den Unternehmen die Geschlechter- und sonstige Mitarbeitervielfalt zu fördern, und fragte nach Vorkehrungen gegen den Klimawandel. Da fängt die Sache an, problematisch zu werden. Denn natürlich ist es das Recht jedes Eigentümers, es gut zu finden, wenn seine Vorstände nur halb-halb oder nur mit Frauen besetzt sind. Und er darf sich auch gerne für den Klimawandel einsetzen. Ein anderer Eigentümer kann es ja anders halten. Wenn der erste Eigentümer aber Großaktionär aller Firmen ist, dann führt die Wahrnehmung seines Eigentümerrechtes schnurstracks in die Gleichmacherei. Die schiere Größe und Omnipräsenz dieser Fonds könnte mehr und mehr zum Problem werden, wiewohl die Erweckung ihrer Eigentümermacht »eigentlich« ein dringend notwendiges Korrektiv gegen die Eskapaden des Managerkapitalismus darstellt.

Indes wäre die normative Macht der neuen Fonds so lange kein Problem, so lange ihre Macht im Wettbewerb bestritten werden kann. Doch das wird mehr und mehr fraglich. Die Tatsache, dass die ETF überall mitmischen, gibt ihnen im Wettbewerb nämlich eine derart überlegene Stellung, dass dadurch am Ende der Wettbewerb ausgeschaltet werden könnte. Wer überall mitmischt, braucht die anderen am Ende gar nicht mehr übertreffen zu wollen, gewinnt er doch in jedem Fall. Wenn Daimler besser ist als BMW, ist das für Larry Fink gut, denn er ist Großaktionär bei Daimler. Läuft es umgekehrt, gewinnt Fink auch, denn er ist Großaktionär bei BMW. Gerade ihre Passivität, also die vorgebliche Suspension jeglichen Machtanspruchs, verhilft diesen Kapitalsammelstellen auf eine diffuse, bis heute noch nicht vollständig verstandene Weise zu unglaublicher Macht. Tatsächlich gibt es Studien, die nachweisen sollen, dass diese Sorge nicht nur theoretisch ist, sondern empirisch Niederschlag findet: Manager der von ETF beherrschten Firmen werden träge, denn am Ende müssen ja nur alle im Index notierten Firmen besser werden.

»Heimlichen Sozialismus, schlimmer als Marx«, macht ein Bonmot eines Wall-Street-Brokers den ETF zum Vorwurf. Ausgerechnet den kapitalistischsten Kapitalsammelstellen, die man sich vorstellen kann. Wie das? Ganz einfach: Eine komplett passive Ökonomie sei noch fürchterlicher als eine zentrale Planwirtschaft, weil sie unternehmerische Eigeninitiative und riskantes Anlegerverhalten, das auf das eine Unternehmen setzt und das andere verschmäht, außer Kraft setzt. Wettbewerb aber ist das Wesen der Marktwirtschaft. Schlimmer noch als Marx seien diese passiven Fonds aber deshalb, weil in der zentralen Planwirtschaft die Planer sich nicht gänzlich passiv verhalten, sondern wenigstens Vorgaben gemacht hätten, was gesellschaftlich wichtige Investitionen seien. Tatsächlich machen sich auch Ökonomen inzwischen Sorgen, ob die Macht dieser Kapitalsammelstellen nicht ein Thema für die Kartellbehörden ist (die so etwas überhaupt nicht auf dem Schirm haben) – gerade wegen ihrer Ohnmacht. Denn Fink & Co. halten den Wettbewerb zwischen unterschiedlichen Anlageoptionen ja gerade für müßig und haben im Rückblick erdrückende Belege dafür, dass der »kleine« und »große« Anleger mit dieser Strategie am besten fährt. Es bleibt mehrfach paradox: Passive Macht könnte gefährlicher werden als aktiv ausgeübte Macht. Was zweifellos für die Anleger die beste Art ist, ihr Geld zu vermehren, könnte der Marktwirtschaft als Ganzer am Ende großen Schaden zufügen. Denn es wäre das Ende des Wettbewerbs, Stillstand, Grabesruhe.

Wo sind wir am Ende gelandet? Bei der Einsicht, dass Ohnmacht, wenn es ums Geld geht, womöglich gefährlicher ist als Macht, die sich offen zeigt. Und bei der Erkenntnis, auf die wir in fast jedem Kapitel dieses Buches gestoßen sind, einerlei, ob es sich um die Götter des Himmels oder das Geld auf Erden handelt: Macht ist gut für jeden Fortschritt, solange der Wettbewerb funktioniert. Anders gesagt: Wettbewerb ist der geheime Antagonist der Macht. Wenn die Macht es schafft, diesen Gegenspieler auszuschalten – nichts wäre ihr lieber –, wird die Macht gefährlich. Kein Wunder, dass die Menschheit immerfort die Utopie der Machtlosigkeit erträumt.

KAPITEL 8: DIE UTOPIE

ODER: WARUM DIE PARADIESE DER MACHTLOSIGKEIT SCHEITERN MÜSSEN

Im 4. Kapitel der Apostelgeschichte heißt es: »Und die Menge der Gläubigen war ein Herz und eine Seele; und auch nicht einer sagte, dass etwas von seinen Gütern sein eigen sei, sondern alle Dinge waren ihnen gemeinsam Es litt auch niemand unter ihnen Mangel; denn die, welche Besitzer von Äckern oder Häusern waren, verkauften sie und brachten den Erlös des Verkauften und legten ihn den Aposteln zu Füßen; und man teilte jedem aus, so wie jemand bedürftig war.«

Die Apostel – so sagt es die fromme Erzählung der Bibel – leben in einer Welt des Urkommunismus. Gesellschaft wird nicht aus der Perspektive der Macht beschrieben, sondern aus der der Bedürftigkeit: »Jedem das Seine.« So dargestellt, wohnt den Anfängen der christlichen Gemeinschaft ein Zauber inne, den die antiken Leser aus dem Mythos vom Goldenen Zeitalter kannten. Es ist eine Welt vor der Inbesitznahme der Liegestühle auf der MS Europa oder der Handtücher am Strand von Rimini. Es ist eine Welt vor der Einführung des Privateigentums.

Die Erzählungen vom Goldenen Zeitalter oder vom Paradies stellen diese frühe Idylle bewusst an den Anfang der Geschichte, auch an den Beginn des Urchristentums. Will sagen: Am Anfang war alles gut, niemand herrschte über den anderen, alle waren eins. Alle hatten, was sie brauchten. Keiner hatte zu viel, keiner zu wenig. Das Paradies ist eine Gesellschaft der Machtlosigkeit, mit einer Ausnahme allerdings, wie wir bereits gesehen haben: Gott ist der Allmächtige. Wer neben ihm die Macht beansprucht, dem geht es wie Luzifer und wie der Schlange: ab in die Hölle. Und wer das Gebot des Allmächtigen übertritt, dem geht es wie Adam und Eva: ab auf die Erde in ein Leben mit Arbeit, Macht und Kapitalismus.

Machtlosigkeit ist etwas anderes als Ohnmacht. Ohnmacht ist auf die Macht als ihr anderes bezogen. Eine Gesellschaft der Guten und Naiven kannte die Macht noch gar nicht. Irgendwann muss dann irgendetwas Schlimmes passiert sein – häufig ein moralischer Unfall, ein Sündenfall, irgendwas mit Sex, jedenfalls war es die Schuld der Menschen –, und der Urzustand wurde verspielt. Von nun an ging's bergab. Jetzt gibt es ein Oben und ein Unten, und die, die oben sind, können denen, die unten sind, Vorschriften machen, können sie unterjochen und piesacken.

Natürlich ist die Idee des verlorenen Paradieses eine Projektion, eine nützliche Phantasie. Die Utopie der Machtlosigkeit entspringt dem Leiden an der Gegenwart. An der Gegenwart gibt es immer etwas zu leiden, eigentlich für fast jeden. Die Utopie des Paradieses ist aber mehr als Eskapismus, sie bringt einen großen Nutzen: Es ist die Geburt der teleologischen Geschichtsphilosophie in ihrer klassischen Dreigliedrigkeit. Erst waren wir im Paradies, dann wurden wir in das Erdental verstoßen. Und am Ende wird wieder der Urzustand erreicht, wer weiß, vielleicht noch viel schöner als am Anfang, weil die gesamte Erfahrung der vorangegangenen Geschichte in ihm aufgehoben und verwandelt sein wird. Auf welchem Weg wir wieder in das Paradies zurückkommen, darüber gibt es unterschiedliche Vorstellungen: Vielleicht kommt ein Erlöser mit apokalyptischer Macht? Vielleicht schaffen wir es aber auch selbst, angeführt von den Besten unserer Intellektuellen oder den Geschicktesten unserer Führer?

Utopien der Machtlosigkeit lassen die Menschen seit den Anfängen ihrer Geschichte nicht los. Es ist der Urmenschheitstraum, dass wir dann am glücklichsten wären, wenn Macht keine Rolle mehr spielen würde. In der Utopie der Machtlosigkeit lässt sich wie im Spiegel erkennen, warum wir uns mit der Macht so schwertun und nur auf verklemmte Weise ihrem Trieb nachgeben (dürfen). Es zeigt sich aber eben auch das bleibend Sperrige, Widerständige, Verstörende der Macht, womit wir uns nie abfinden wollen und werden. Dass ein Wille die Chance hat, sich gegen Widerstreben durchzusetzen, gleichviel, worauf diese Chance beruht, ist eben nicht nur eine Zumutung, sondern auch eine Unverschämtheit – erst recht, wenn am Ende ich der Unterlegene bin, der zwar die besseren Argumente auf seiner Seite hat, aber leider nicht die Macht.

Was die größten Hindernisse zum Eintritt in das Paradies der Machtlosigkeit sind, ist rasch erzählt: Da ist als Erstes und vor allem das Privateigentum, welches immer eine Machtasymmetrie zwischen den Habenden und den Habenichtsen schafft. Eine Welt, die Macht und Besitz zulässt, ja unter besonderen Schutz stellt, ist eine Welt der Ungleichheit. Ungleichheit aber ist schwer zu ertragen, kommt sie doch, wie wir gesehen haben, immer Hand in Hand mit dem Neid daher, dem Dritten im ungleichen Geschwisterbund von Macht, Neid und Sex. Deshalb will eine Gemeinschaft der Machtlosigkeit – wie die frühen Christen in der Apostelgeschichte – auch stets eine egalitäre Gesellschaft sein, in der alle gleich sind und alle nur positive Gefühle zueinander entwickeln. Der Neid hat sich in Wohlgefallen aneinander aufgelöst. Je nachdem, wie radikal die Utopien sind, werden viele oder gar jegliche Privilegien beschnitten. Wozu bedarf es noch der Privilegien, wenn jeder das bekommt, was er braucht? Das Reich der Machtlosigkeit ist eine egalitäre Gesellschaft. Aus der egoistischen Tauschgesellschaft wird eine altruistische Gesellschaft der Gabe. Jeder dient dem anderen. Wir könnten fürs Erste doch schon heute mit einem garantierten Grundeinkommen beginnen, heißt es jetzt wieder allenthalben. Dann hätte jeder, was er braucht, und alle würden wir kreativ werden. Oder wenigstens durch flache Hierarchien im Unternehmen kenntlich machen, dass wir Fallhöhen und Autoritäten für hinderlich halten für das Wohlbefinden der Beschäftigten. Oder gleich uns als Monaden einer Startup-Kultur installieren, wo jeder frei und für sich im Co-Working-Space in Cafés zwischen Kreuzberg oder Ubud auf Bali vor sich hinwerkelt. Auch dieser heutzutage gängige Silicon-Valley-Verschnitt zehrt von der Utopie der Machtlosigkeit und dem Irrglauben, Herrschaftsfreiheit mache kreativ und produktiv.

Wer in den sechziger Jahren des zwanzigsten Jahrhunderts groß geworden ist wie der in diesem Buch mehrfach zitierte Anthropologe und Primatenforscher Frans de Waal, für den galt es als eine Selbstverständlichkeit: Hierarchien sind von Übel, bestenfalls störend, in jedem Fall »repressiv«, schlimmstenfalls destruktiv. Kein Wunder, dass man sich das Paradies nicht nur aus dem Himmel, sondern auch aus der Vorgeschichte der Menschheit her träumte. Es ist das Ideal der edlen Wilden, bei denen absolut zuvorkommende Gleichheit herrscht und die untereinander alles gerecht teilen. Jedem wird jeweils nach seinen Bedürfnissen zugeteilt, was er braucht. Navajo-Indianer, Hottentotten, Inuits am Nordpol: Sie alle sind diese edlen Wilden aus dieser schönen Welt von früher, die noch nicht den Spaltpilz der auf Macht beruhenden Ungleichheit kannte.

Paradise lost! Das sind Epen der Melancholie, die den Eindruck erwecken, wir würden gerne auf Wohlstand und Zivilisation verzichten, wenn wir dafür Gleichheit und Friedlichkeit bekämen: Gemeinschaft eben. Utopia ist ein Land, in dem der Löwe beim Lamm liegt.

Über den Preis dieser Rückkehr ins Paradies – eine radikale Verarmung nämlich – wurde eher wenig gesprochen.

Trotz des Scheiterns der kommunistischen Utopie sind die Rufe nach einer Welt der Machtlosigkeit nicht verstummt. Heute kommen sie vor allem als Kritik der sozialen Ungleichheit und als Klage über die »Schere« (Einkommen, Vermögen) daher, die immer weiter auseinandergeht. Dies alles mache die Menschen unglücklich und verleide ihnen am Ende womöglich die Lust an wirtschaftlicher Betätigung. Umverteilung von den Mächtigen zu den Ohnmächtigen wäre sozusagen die erste Anzahlung auf das Paradies der Gleichheit. Es geht nicht nur um Geld, das umverteilt wird. Es geht auch um Chancen und Entwicklungsmöglichkeiten. Im Paradies braucht es dann keine Umverteilung mehr, denn es gibt ja von Anfang an keine Einkommens- und Vermögensdifferenzen mehr.

Im elitär-intellektuellen Milieu lebt die Vorstellung einer idealen Kommunikationsgemeinschaft der diskursiven Herrschaftsfreiheit weiter. In dieser ›Gemeinschaft der Engel‹ zählt angeblich ausschließlich das Argument, aber nicht das Alter, die soziale Stellung, die Herkunft oder die Sanktionsgewalt desjenigen, der das Argument benutzt oder sich sogar die Freiheit herausnimmt, gar kein Argument vorzubringen, weil ihm die Macht vollkommen genügt, mit der er seinen Willen durchsetzt. Die ideale Kommunikationsgemeinschaft ist eine der idyllischsten Vorstellungen egalitärer Machtlosigkeit. Der Frankfurter Philosoph Karl-Otto Apel hat, engagierter noch als sein Freund Jürgen Habermas, rastlos für dieses Reich der Vernunft geworben: Einwände, dass nicht jeder bereit sei, sich der argumentativen Vernunft zu unterwerfen, konterte er mit dem transzendentalphilosophischen Hammer: Wir können gar nicht nicht argumentieren, so wie wir auch aus Raum und Zeit nicht aussteigen können. Solche Theorien üben seit den siebziger Jahren und bis heute auf viele eine große Faszination aus. Es ist eine Welt der Machtlosigkeit, die nur eine Ausnahme zulässt: die Macht des Arguments. Dieses gilt aber als sanfte Macht, denn der zwanglose Zwang des besseren Arguments, sich ihm zu unterwerfen, ist ja vernünftig.

Nicht nur die Macht, auch die Machtlosigkeit hat offenbar etwas Verführerisches. Was passiert, wenn in so einer idealen Kommunikationsrunde plötzlich jemand Platz nimmt, der dümmer, also unvernünftiger ist als die anderen? So etwas darf es eigentlich gar nicht geben, denn es entstünde Ungleichheit. Eine egalitäre Gesellschaft braucht zwingend eine Art vorgängiger Vernunftwäsche.

Warum sind Utopien der Machtlosigkeit so verführerisch, dass sie bis heute nicht verstummen? Warum scheitern sie am Ende alle? Immerhin wissen wir inzwischen: Es ist gut, dass diese Utopien scheitern. Denn die Utopie der Machtlosigkeit beruht auf dem Wunsch, wir könnten die Macht loswerden. Aber, wir werden das gleich zeigen, gerade dies ist eine Illusion. Alle Versuche, ein Paradies der Machtlosigkeit und Gleichheit zu installieren, landen über kurz oder lang im Totalitarismus. Denn erforderlich sind Aufpasser, die darüber wachen, ob sich nicht doch einer mehr nimmt, als er braucht oder gar an die verbotenen Früchte geht. Es braucht also die Macht, um die Einhaltung der Regeln der Machtlosigkeit zu überwachen. Daraus ließe sich womöglich ein transzendentales Gegenargument stricken: Wir entkommen der Macht nicht, mögen wir es auch noch so sehr wollen.

Es mag also schon etwas Gutes haben, dass die Bibel sagt: Es gibt keine Rückfahrkarte ins Paradies. Vor dem Garten Eden steht ein Wächter – mit einem Flammenschwert schwer bewaffnet.

Die Verführung des Thomas Morus

Aber der Reihe nach und etwas systematischer: Schauen wir uns einen, wenn nicht den Grundtext aller Utopien an: Die Utopie des Thomas Morus, 1516 veröffentlicht, also vor gut 500 Jahren. Sein voller Titel lautet: »De optimo rei publicae statu deque nova insula Utopia«. Oder auf Deutsch: »Über die beste Verfassung des Staates und zugleich über die neue Insel Utopia.« Thomas Morus (1478–1535) war nicht nur Autor gelehrter Bücher, sondern auch ein englischer Staatsmann und Lordkanzler des Königs. Weil er, der Katholik, sich weigerte, einen Eid zu leisten, der dem Papst jeglichen Einfluss in England absprach, wurde er in den Kerker geworfen und im Alter von 57 Jahren auf dem Schafott hingerichtet. Die katholische Kirche hat ihn 1886 heiliggesprochen.

Papst Johannes Paul II. ernannte ihn zum Patron der Politiker und Regierenden.

Utopia, griechisch der Nicht-Ort, ist ein Konstrukt des menschlichen Geistes. Wie geht es dort zu? Die Utopier leben bei Thomas Morus in den Städten in Familienverbänden. Erwachsene gehen eine monogame Ehe ein. Es herrscht allgemein eine patriarchalische Hierarchie, und die Älteren bestimmen über die Jüngeren. Die Gemeinschaft ist klosterähnlich organisiert mit Gemeinschaftsküche und gemeinsamen Speisungen. Ein jährlich gewählter Vorsteher (»Phylarch«) hat die Aufsicht über einen Familienverband von 30 Familien. Privateigentum existiert nicht, jeder bekommt unentgeltlich diejenigen von der Gemeinschaft produzierten Güter für den persönlichen Bedarf zugeteilt, die er begehrt. Männer und Frauen arbeiten als Handwerker sechs Stunden am Tag. In welchem Handwerk ein Bürger ausgebildet wird, kann er selbst entscheiden. Es besteht Arbeitspflicht, und turnusgemäß werden die Utopier aufs Land verschickt, wo sie gemeinschaftlich Ackerbau betreiben. Für Kinder besteht Schulpflicht. Besonders Begabte erhalten eine wissenschaftliche oder künstlerische Ausbildung. Die wissenschaftlichen Vorlesungen sind öffentlich, sie zu besuchen ist die beliebteste Freizeitgestaltung der Utopier. Besonderen Wert legen die Bürger auf eine für jeden Kranken optimale Krankenversorgung.

Versucht man sich den Staat Utopia konkret vorzustellen, liegt man gar nicht so falsch, wenn man sich die Kibbuzim in Palästina und im frühen Israel zum Vorbild nimmt. Es war die Reaktion des Zionismus auf die jahrhundertelange Unterdrückung der Juden, ihre Ohnmacht. Im eigenen Staat »Utopia«, gelegen in Palästina oder Uganda (wäre es nach dem

Zionisten Theodor Herzl gegangen), wollten sie eine ideale Gesellschaft der Gleichen einrichten, in der niemand über einen anderen herrschen soll, Handarbeit und Geistesarbeit gleichberechtigt sind und die übrigens, schon bald nach 1900, auch die Gleichberechtigung der Frauen umfasste. Zionismus, Sozialismus und Utopismus verschmolzen zu einem jüdischen Utopia. Auch die christlichen Klöster konnten sich immer von einer solchen Idee begeistern lassen: Das Armutsgelübde schützte vor dem Machtgefälle, das durch das Privateigentum notwendig geschaffen würde. Also gibt es nur Klostereigentum, aber kein Privateigentum.

Aber zurück nach Utopia. Der Staat bei Morus ist eine Republik. In der säkular organisierten Gemeinschaft herrscht religiöse Toleranz. Jede Stadt wird von einem Senat regiert, der sich aus Wahlbeamten auf Zeit zusammensetzt. Das jeweilige Stadtoberhaupt ist auf Lebenszeit gewählt; entwickelt es tyrannische Züge, so kann es abgesetzt werden. Geldverkehr kennen die Utopier nicht, ein Hinweis darauf, dass sie wissen, wie eng Macht und Geld zusammengehören. Sie sollen aber durch eine Überproduktion an Gütern vieles davon anhäufen und verwenden es, um Söldnerheere zu unterhalten oder Handel zu treiben. Die Utopier selbst schätzen Geld nicht. Privateigentum und Geld hält Thomas Morus für den Anfang von allem Bösen, für den Ursprung der Macht eben: »Indessen … scheint mir – um es offen zu sagen, was ich denke – in der Tat so, dass es überall da, wo es Privateigentum gibt, wo alle alles nach dem Wert des Geldes messen, kaum jemals möglich sein wird, gerechte oder erfolgreiche Politik zu treiben, es sei denn, man wäre der Ansicht, dass es dort gerecht zugehe, wo immer das Beste den Schlechtesten zufällt, oder glücklich, wo alles an ganz wenige verteilt wird und auch diese nicht in jeder Beziehung gut gestellt sind, die übrigen jedoch ganz übel.«

Utopia ist, wie das Paradies, eine Welt ohne Knappheit. Wenn nur jeder nach seinen Bedürfnissen lebt, dann ist der erste Glaubenssatz der Ökonomen falsifiziert: There is no free lunch. In Utopia, wo Geld und Eigentum abgeschafft sind, ist alles umsonst.

Was ist nun an dieser »schönen neuen Welt« (Aldous Huxley) auszusetzen? Vielerlei. Beschränken wir uns auf drei zentrale Punkte (im Anschluss und in Weiterführung der Deutung des Tübinger Ökonomen Joachim Starbatty).

(1) Das Gemeinwesen verlässt sich nicht darauf, dass alle von selbst schon wissen, was ihre Aufgabe sei. Niemand darf sich einfach irgendwo an einen gedeckten Tisch setzen. Wer ohne einen Erlaubnisschein außerhalb seines Bezirks angetroffen wird, gilt als Ausreißer, wird »schmählich zurückgebracht und hart gezüchtigt; wagt er dasselbe noch einmal, so wird er mit Zwangsarbeit bestraft.«

Und das soll eine Gesellschaft ohne Macht sein? Wo sich Macht als nackte Gewalt bemerkbar macht? Wir sehen hier bereits ein Grundprinzip, das überall wirkt, wo der Versuch gemacht wird, die Macht loszuwerden. Es mag gelingen, Hierarchien, Eigentum und Geld abzuschaffen. Aber in dem Maße, in dem die Macht aus den hierarchischen Ungleichheitsverhältnissen verschwindet, kehrt sie als strukturelle Gewalt zurück, welche die Gesellschaft als solche ausübt. Es braucht ein rigides System der Überwachung, um sicher zu sein, dass alle sich an die Regeln der Gleichheit und Brüderlichkeit halten. Das heißt, der utopische Staat kommt nicht ohne das Strafrecht aus. Strafe aber ist einer der Ursprünge der Macht, das kann man bei Michel Foucault nachlesen. Als

Verbrechen gelten in Utopia alle Verstöße gegen die utopische Disziplin: Reisen ohne Erlaubnisschein, politische Betätigung außerhalb der dafür vorgesehenen Institutionen, Ehebruch und vieles andere. Schon der Versuch wird als Tat gewertet. Auf Vertrauen alleine mag man sich offenkundig nicht verlassen. Das System baut einen Kontrollapparat auf, der es in sich hat. Es ist letztlich auf Misstrauen gebaut, obwohl es das natürlich leugnet. Ein Staat, der strafen kann, hat Macht und übt brutale Gewalt aus. Thomas Morus rennt, wenn man so will, in die Foucaultsche Falle.

(2) Soziale Kontrolle inklusive Sanktionsmöglichkeiten mit purer Gewalt ist das eine. Totale Informationstransparenz ist das andere. Privatheit gibt es im schönen Utopia nicht mehr. Sie ist auch nicht nötig; denn alle haben ja alles gemäß ihren Bedürfnissen, brauchen somit kein Verlangen geheim zu halten, haben nichts voreinander zu verbergen. Wer sich nicht daran hält, dem muss man schlechte Absichten unterstellen. Das ist ein Informationstotalitarismus, der unmenschlich ist, weil sich ihm niemand entziehen kann. Überall in Utopia lauert ein »Big Brother«, der alles sieht, weiß und jedes Vergehen sanktioniert. Dagegen sind, wenn der Scherz erlaubt ist, Google & Co. Waisenkinder. Abermals zeigt sich, dass individuelle Macht durch strukturelle Gewalt und Herrschaft ersetzt wird. In einem Staat der Gleichen übt der Staat selbst die größte und brutalste Macht aus.

Die Utopier leben tugendhaft, wenn sie in allem, was sie begehren und meiden, der Vernunft gehorchen. Es herrscht Tugendterror, der jeden bestraft, der nicht bereit ist, sich der Vernunft zu unterwerfen. Wer sich dagegen stellt, outet sich als irrational und muss sich über die Konsequenzen nicht wundern. Utopia ist totalitär: Ob dieser Staat die Macht letztlich abzuschaffen vermag, weiß man nicht so genau. Sicher ist aber in jedem Fall, dass es in diesem Staat keine Freiheit gibt.

(3) Männer und Frauen üben regelmäßig für den Kriegsdienst. Kriegsverbrecher und Straftäter, teils als Todeskandidaten aus dem Ausland gekauft, müssen Zwangsarbeiten leisten. Es gibt aber auch Staatsbürger von Utopia selbst, die zur Strafe für ein Vergehen als Arbeitssklaven eingesetzt werden. Das alles überrascht: Im Außenverhältnis des Staates Utopia hat sich offenbar nichts geändert. Es werden Kriege geführt, genauso bestialisch wie immer. Es wird mit Drohung, Gewalt, Einschüchterung, Intrige, Hass und vielem mehr gearbeitet. »Was können wir dafür, dass die Welt um uns herum weiter böse geblieben ist«, würden die Philosophen aus Utopia einwenden. Aber sie geben damit auch zu: Utopia belässt die Welt, wie sie ist. Utopia bleibt im wahrsten Sinn ihres Namens eine Insel im Nirgendwo – aber eben alles andere als eine Insel der Seligen. Vor die Wahl gestellt, dorthin auszuwandern, sollte man dreimal nachdenken. Denn man tauscht Einkommens-, Vermögens- und Eigentumsdifferenzen gegen ein totalitäres Staatsgebilde, in dem vor allem die Freiheit fehlt. Die Gnadenlosigkeit in Utopia ist Produkt eines Vernunfttraumes, schreibt Joachim Starbatty: Gemütsaffekte wie Barmherzigkeit oder Mitleid wird man in der utopischen Tugendlehre vergebens suchen.

Was ist das Ergebnis dieser Kritik der Utopie? Am Ende schlägt die Utopie in die Dystopie, die Antiutopie um. Bei kritischem Blick wird klar, dass die Utopie von Anfang an eine Dystopie ist, die wir zur Warnung, aber nicht zum Vorbild einer Welt ohne Macht nehmen sollten.

Thomas Morus' Schrift ist die Blaupause für viele schöne

Utopien späterer Jahrhunderte, die, vielfältig abgewandelt, immer neue literarische Ausprägungen desselben Grundgedankens fanden: Lasst uns eine Welt ohne Eigentum, Geld und Gier entwerfen, eine Welt, in der Macht durch Bedürftigkeit, Barmherzigkeit und Vernunft ersetzt wird. Allemal waren die Sozialutopiker auf der Suche nach einem idealen Gemeinwesen, dem besten Staat.

Dass sich solche Entwürfe allerdings rasch in Widersprüche verwickeln, ist auch den literarischen Utopisten selbst am Ende nicht entgangen. Wer ein Gegenmodell ausmalt, ist vor der autoritären Anmaßung nie gefeit. Vor diesem Hintergrund verdient eine raffinierte und sehr wirkmächtige Fortentwicklung der Sozialutopie des idealen Staates Erwähnung: die Idee vom Absterben des Staates. Tatsächlich ist es nicht abwegig, bei der Abschaffung der Macht mit dem Staat zu beginnen. Denn er hat sich, um die Macht der zänkischen Religionen zu begrenzen, ein Monopol der Macht angemaßt. Der Staat, wir hätten dazu viel sagen können, ist selbst eine der hartnäckigsten Veranstaltungen der Macht.

Ein Ahnherr dieser Staats-Utopie ist der Brite Francis Bacon, der, gut hundert Jahre nach Thomas Morus, die Utopie von »Nova Atlantis« ausmalte. Es ist gewiss kein Zufall, dass auch Bacon wie Morus nicht nur Philosoph war, sondern als Staatskanzler von England wusste, wovon die Rede war, wenn er über die Macht schrieb. Der Grundgedanke aller Entwürfe vom Absterben des Staates zehrt von einem optimistischen Bild der Wirklichkeit: Wir setzen auf den wirtschaftlichen und zivilisatorischen Fortschritt, sehen, dass es uns immer besser geht, wir auch moralisch immer mehr gedeihen, Arbeit bald nicht mehr vonnöten ist, so dass am Ende von alleine eine ideale egalitäre Gesellschaft entsteht.

Ganz so steht das nicht bei Francis Bacon; aber es ist der Grundgedanke.

Auch Marx und seine Follower leben von der Idee des Umschlags von Kapitalismus in Sozialismus. Der Kapitalismus siegt sich zu Tode, weil er so erfolgreich ist, gebiert sein eigenes Utopia. Sozialismus ist nach einer berühmten Formulierung von Lenin »Sowjetmacht plus Elektrizität«. Elektrizität steht dabei für die erzeugte Güterfülle, die auch die Frage der Verteilung entpolitisiert und Bedarfsgerechtigkeit von alleine herstellt. Die dialektische Idee dahinter heißt: Der Kapitalismus könnte an den Spätfolgen der industriellen Revolution sterben. Macht kippt dann von alleine um in das Schlaraffenland, in dem jeder nach seinen Bedürfnissen leben kann, um – mit der berühmten Formulierung des jungen Marx aus den Feuerbach-Thesen – »morgens zu jagen, nachmittags zu fischen, abends Viehzucht zu treiben, nach dem Essen zu kritisieren, wie ich gerade Lust habe, ohne je Jäger, Fischer, Hirt oder Kritiker zu werden«. Das Paradies der Machtlosigkeit ist auch das Ende der Arbeitsteilung als eine Form der Entfremdung.

Es ist nicht ohne Ironie, dass die Idee von der machtbefreiten Bedürfnisgesellschaft in der ersten Hälfte des 20. Jahrhunderts von zwei Ökonomen aufgegriffen wurde, die man sich ansonsten unterschiedlicher nicht vorstellen kann: von John Maynard Keynes und Friedrich A. von Hayek. Keynes verfasste in den dreißiger Jahren einen brillanten Essay über die »Wirtschaftlichen Möglichkeiten unsere Enkel«, er wird also wohl an die Jahrtausendwende um das Jahr 2000 gedacht haben. Dann, so dachte er, wären die materiellen Bedürfnisse der Menschen befriedigt, so dass man sich wieder ganz den nicht-ökonomischen Dingen zuwenden könne. Der Kapitalismus schrumpft zur Nebensache; drei Stunden Arbeit am Tag sollten genügen, »um den alten Adam in uns zufriedenzustellen«. Auch die Gier, Quelle von Ungleichheit und Macht, würde sich in Wohlgefallen aufgelöst haben: »Gier«, schreibt Keynes, »ist ein Laster, Eintreiben von Wucherzins ein Vergehen und die Liebe zum Geld ist verabscheuungswürdig.« Da hört man ihn wieder, den Sound des alten Thomas Morus.

Was ist aus Keynes' Phantasie geworden? Heute sind wir viel reicher, als es sich der Ökonom aus dem Bloomsbury-Kreis um Virginia Woolf in seinen kühnsten Träumen vorstellen konnte. Aber wir arbeiten immer noch wie die Weltmeister, weil immer neue Bedürfnisse auf die Welt gekommen sind, die zu befriedigen uns ein Ziel ist. Der Ökonom Carl Christian von Weizsäcker spricht von »adaptiven Präferenzen«: Wir wussten nicht, dass wir ein iPhone brauchen, bevor Steve Jobs es uns zeigte. Aber seither ist uns so, als ob wir es uns immer schon gewünscht hätten. Die Utopien der Machtlosigkeit brauchen als Voraussetzung die Vorstellung, es gäbe einen endlichen Bestand von (Grund-)Bedürfnissen. Dass die Bedürfnisse unendlich und unstillbar sind, mögen sie sich nicht vorstellen – oder sie geißeln dies als Ausdruck der Gier, einer Todsünde.

Ein Jahrzehnt nach Keynes' Essay, noch vor dem Ende des Zweiten Weltkriegs, erschien Friedrich A. von Hayeks »Road to Serfdom«, der »Weg zur Knechtschaft«, gewidmet »den Sozialisten in allen Parteien«. Hayek, ein Ökonom und Philosoph, ist noch näher bei Francis Bacon als Keynes, vertritt er doch die Meinung, »je stärker die Staatsmacht, umso geringer die Freiheit«. Ausdrücklich ist bei Hayek von der Macht des Staates die Rede, die der Freiheit in die Quere kommt. Auf der anderen Seite, so Hayek, gilt: »Ein schwacher Staat begünstigt starke Freiheit.« Daraus muss man schließen, dass ein Absterben des Staates der Freiheit förderlich wäre und die Macht zum Verschwinden brächte. Auch Hayek träumt von einer machtlosen Gesellschaft, in der die Freiheit es am besten hat. Gewiss, Hayek wird dadurch noch nicht zu einem Egalitaristen. Aber er ist, wie Keynes und Marx, ein Utopist: Wenn man nur der wirtschaftlichen Evolution ihren Lauf lässt, der Staat sich bis zur Unauffälligkeit aus allem heraushält, werden am Ende alle am besten auf ihre Kosten kommen.

Woher kommt es, dass uns das utopische Denken so stark fasziniert? Dass es in den dreißiger und vierziger Jahren so viele Utopisten aller Denkschulen gab (man müsste über Ernst Bloch, den romantischsten aller Utopisten, reden), wird man verstehen: Es war für viele damals nicht sehr angenehm, in der realen Gegenwart zu leben. Aber das schreckliche 20. Jahrhundert haben wir hinter uns.

Wir raten hier und heute nachdrücklich ab von der Emigration nach Utopia. Indes kann es ja sein, dass die Rückkehr ins Paradies oder die Emigration nach Utopia keine gute Idee ist. Gleichwohl, so würden viele sagen, ist es den Schweiß der Edlen wert, über eine Welt nachzudenken, in der die Macht unschädlich ist, in der das Privateigentum nicht dominiert, das soziale Ungleichheit und Ungerechtigkeit schafft. Eine Welt jenseits des Kapitalismus eben.

Macht wird im Kapitalismus über Eigentum verliehen. Wer nichts hat, hat die Macht, unter Brücken zu schlafen. Wer viel hat, hat die Macht, in Palästen zu wohnen. Das haben die machtkritischen Utopisten präziser gesehen als die Verteidiger des Eigentums, die die Macht am liebsten leugnen würden. Denen war der Machtaspekt des Eigentums eher unangenehm. Doch schämen muss man sich des Machtcharakters von Eigentum eben nur, wenn man der Meinung ist, eine Welt ohne Macht sei möglich und anzustreben. Auch viele Liberale streben das an. Verwirft man diesen Gedanken, hat man abzuwägen, wie Macht in einer Gesellschaft verteilt wird. In totalitären irdischen oder utopischen Regimen wird Macht von einer zentralen Autorität zugewiesen. Nicht viel anders ging es auch in aristokratischen Gesellschaften zu: Im 17. Jahrhundert wurde Macht als Privileg vom König verteilt, um das man schamlos buhlte und heimtückisch kämpfte. Man nannte solche königlichen Privilegien damals »Monopole«. Das scheint eine wesentlich willkürlichere Art der Machtverteilung zu sein als jene, die auf dem Privateigentum beruht. Denn Privateigentum als Ausweis des wirtschaftlichen Erfolgs ist nicht willkürlich oder durch Günstlingswirtschaft entstanden: Es ist mein wirtschaftlicher Erfolg (oder der meiner Vorfahren, die mir ihren Erfolg in freier Entscheidung vermacht haben), auf dem mein Recht am Eigentum und meine wirtschaftliche Macht beruht.

Dabei ist das Ideal einer Eigentümergesellschaft, das der Philosoph Adam Smith als Grundprinzip einer bürgerlichen Gesellschaft verteidigt, nie als Gleichverteilung ökonomischer Macht gedacht gewesen. Wettbewerb, der zur fairen Bestreitung von Macht und Monopolen unabdingbar ist, ist nicht dazu da, Macht gleichmäßig zu verteilen. Politiker wollen das gerne: Sie leugnen, dass Wettbewerb ein faires Entmachtungsverfahren in einer sozialen Marktwirtschaft ist, und wollen Gerechtigkeit lieber selbst herstellen und Wohltaten aus eigener Voll-Macht verteilen mit der erwünschten Neben- oder gar Hauptabsicht, Wählerstimmen zu gewinnen. Eine Gesellschaft, die über das Eigentum Rechte verteilt, ist gerechter als eine Gesellschaft, die Macht qua autoritärer Entscheidung legitimiert – wie es in aristokratischen Gesellschaften, im Wunschreich des Donald Trump und auf der Insel Utopia des Thomas Morus der Fall ist.

Eigentum führt zu Ungleichheit. Wer eine Gesellschaft des Privateigentums gut findet, in welcher diese Eigentumsrechte vom Staat geschützt werden, der hat sich automatisch für eine Gesellschaft der Ungleichheit entschieden.

Die tonangebenden Kreise in Deutschland und anderswo sehen die Sache anders. Für sie ist Gleichheit der Normalfall, Ungleichheit aber ein Indiz dafür, dass eine Gesellschaft ein Gerechtigkeitsdefizit hat und sozial zerfällt. In Wirklichkeit ist es genau umgekehrt. Ohne Ungleichheit müssten wir auf den Fortschritt verzichten. Vor dem Ersten Weltkrieg verdiente mein Großvater Albert Hank sein Geld mit der Herstellung von einfachen Körben, die er aus den Weiden vom Ufer der Eyach – eines Nebenflusses des Neckars – flocht. Mit nur einem Bein kam er aus dem Krieg zurück. Die Gemeinde beschäftigte ihn als Straßenarbeiter: Humpelnd füllte er mit grobem Schotter die Schlaglöcher in den damals noch nicht asphaltierten Straßen zwischen Horb und Mühringen, einem kleinen Dorf am Rande des Schwarzwalds.

Mein Vater Aloys Hank, 1914 geboren, ging nach Druckerlehre und Arbeitslosigkeit in den dreißiger Jahren als einfacher Angestellter zur Dresdner Bank nach Stuttgart. Als er, vom Krieg gezeichnet, 1949 aus russischer Gefangenschaft zurückkam, fand er bei seiner Bank wieder ein Auskommen als Hausmeister. Dort blieb er bis zur Pensionierung. Sein Sohn konnte studieren und wurde Zeitungsredakteur in Frankfurt. Kleinere oder größere Fortschrittsgeschichten dieser Art erzählen alle Nachkriegskinder. Ihre Aussage: Noch nie ging es uns Deutschen so gut wie heute. Das Bruttoinlandsprodukt pro Kopf, das den durchschnittlichen individuellen Wohlstand misst, liegt mit kaufkraftbereinigt 48 000 Dollar auf dem höchsten Stand der Geschichte. Lediglich die Schweizer haben es in Europa zu mehr gebracht (60 000 Dollar). In den vergangenen 150 Jahren hat sich unser durchschnittliches Einkommen mehr als verzwölffacht, ein Wunder, das wir Produktivität nennen.

Das lässt sich anschaulich machen: Für einen Liter Milch musste man im Jahr 1980 noch 8,8 Minuten arbeiten; heute hat die gleiche Menge einen Gegenwert von 4,1 Minuten Arbeitszeit. Und während 1980 der Erwerb eines Farbfernsehers 229 Stunden Arbeitszeit »verbrauchte«, hat man sich den schicken Flachbildschirm heute schon in eineinhalb Wochen Tarifarbeitszeit verdient.

»The Great Escape« nennt der Ökonom Angus Deaton diese geniale Fortschrittsgeschichte der Menschheit im 20. Jahrhundert: »Der Große Ausbruch«. Der Fortschritt hat nicht nur materielle Entbehrungen hinter sich gelassen. Er hat vor allem auch die großen medizinischen Erfolge des vergangenen Jahrhunderts hervorgebracht, die unser Wohlbefinden positiv beeinflussen und die heute für uns selbstverständlich sind. Wer heute stirbt, ist in aller Regel alt. Früher war das alles andere als selbstverständlich. Mein Vater hatte sechs Geschwister; nur drei von ihnen haben Kindbett und erste Lebensjahre überlebt. Früher war es normal, jung zu sterben.

Auch Angus Deaton erzählt die Geschichte seiner Familie: Der Urgroßvater hatte den Bauernhof aufgegeben und wurde Steiger in einem englischen Kohlebergwerk. Der Großvater machte als Aufseher im Bergwerk Karriere. Der Vater, geboren 1918, entging im Zweiten Weltkrieg knapp dem Tod, studierte Bauingenieurswesen und wurde Bewässerungsexperte im Norden von Schottland. Der Wunsch, sein Sohn solle es einmal besser haben, hat sich erfüllt: Angus Deaton ist heute Ökonomieprofessor an der Eliteuniversität in Princeton. Im Jahr 2015 erhielt er den Nobelpreis. Seine Kinder sind finanziell noch erfolgreicher als er, arbeiten für einen Hedgefonds an der Wall Street.

Es ist trivial: Nicht aus allen Bergarbeiterenkeln werden Ökonomienobelpreisträger mit gut verdienenden Söhnen in New York. Dazu muss man sich nur einen Tag lang die traurigen Dörfer Schottlands zwischen Glasgow und Edinburgh ansehen, einer rauhen Gegend mit relativ hoher Arbeitslosigkeit. Erfolg ist eine komplexe Angelegenheit. Es braucht dazu Begabung, Ehrgeiz, Leistung – und eine große Portion Glück. Der Fortschritt produziert Gewinner und Verlierer, die Schere öffnet sich.

Doch der Fortschritt gebiert auch neue Ungleichheit: Jobs fallen weg, weil die Arbeit künftig von Robotern billiger und zuverlässiger erledigt wird. Oder weil die Menschen ihre Taxis über Uber bestellen, was die Taxibranche in Not bringt. Oder weil junge Frauen in Bangladesch die Näharbeiten für ein T-Shirt billiger erledigen als auf der Schwäbischen Alb.

Ist Ungleichheit ungerecht? Viele behaupten das. Doch kann man es dem Sohn von Angus Deaton zum Vorwurf machen, dass nicht alle Urenkel schottischer Bergarbeiter millionenschwere Hedgefonds-Manager geworden sind? Kann man es dem Spekulanten George Soros moralisch anlasten, dass er mit seiner Wette gegen die Bank of England einen Reibach von 1000 Millionen britischen Pfund gemacht hat? Eine große Portion Glück, Spürsinn und hoher Wagemut kamen da zusammen. Die Sache hätte auch schiefgehen können. Welchen Nachteil hat der Nobelpreisträger in Princeton oder der Zeitungsredakteur in Frankfurt durch Soros' sagenhaften Erfolg? Für die Egalitaristen, die Ungleichheitskritiker, zählen solche Einwände nicht. Für sie ist Gleichheit ein Wert an sich und Inbegriff aller Gerechtigkeit, dem gegenüber jede Ungleichheit eine amoralische Abweichung darstellt. Dass Ungleichheit auch Ansporn sein kann, mögen sie sich nicht vorstellen.

Die Pflicht zur Macht

Kommen wir am Ende noch einmal zurück zum Ausgangspunkt: dem Urkommunismus der frühen Christengemeinde, wie er uns in der Apostelgeschichte erzählt wird.

Wir erinnern uns an das Bild der friedlichen Gemeinschaft, wo allen alles gemeinsam ist und niemand unter Mangel leidet, die reine Bedürfnisbefriedigungsgesellschaft also. Da hören die meisten Utopisten auf zu lesen; die Prediger in der Kirche erst recht. Liest man aber auch noch das folgende Kapitel der Apostelgeschichte, sieht man, wo die Macht mit Gewalt zurückkehrt: »Ein Mann aber mit Namen

Hananias mitsamt seiner Frau Saphira verkaufte einen Acker, doch er hielt mit Wissen seiner Frau etwas von dem Geld zurück und brachte nur einen Teil und legte ihn den Aposteln zu Füßen. Petrus aber sprach: Hananias, warum hat der Satan dein Herz erfüllt …? … Du hast nicht Menschen, sondern Gott belogen. Als Hananias diese Worte hörte, fiel er zu Boden und gab den Geist auf. Und es kam eine große Furcht über alle, die dies hörten. Da standen die jungen Männer auf und deckten ihn zu und trugen ihn hinaus und begruben ihn.«

Die Pointe: Das kommt davon, wenn man eben doch noch ein bisschen Privateigentum für sich retten möchte (das es offenbar im Urkommunismus doch noch gibt), dafür die Lüge in Kauf nimmt. Dann trifft einen die Macht mit Wucht in dieser Gemeinschaft, die der Macht abgeschworen hatte. Hananias fällt einfach tot um. Aber das ist noch lange nicht das Ende der Angelegenheit. Stunden später erscheint bei Petrus die Frau des Hananias, die nicht mitbekommen hatte, was ihrem Mann zugestoßen war. Petrus stellt ihr eine Falle, in die sie prompt hineingerät, indem sie wie ihr Mann lügt und den Betrug verschweigt, der ihrem Mann den Tod gebracht hat. Petrus fährt sie an, warum sie und ihr Mann sich darauf geeinigt hätten, »den Geist des Herrn zu versuchen«. Und auf der Stelle fällt auch die Frau des Hananias tot um und wird neben ihrem Mann begraben.

So viel zum Paradies der christlichen Urgemeinde. Die Macht schlägt zu, gnadenlos und ohne Pardon. Wer sich nicht an die Regeln der Gemeinde hält, fällt auf der Stelle tot um. Keine Frage, warum diese Passage in der Apostelgeschichte erscheint: Sie dient der Einschüchterung aller, die auch schon einmal damit geliebäugelt hatten, dem Kollektiv

Geld zu unterschlagen. Die Abschaffung der Macht des Privateigentums kippt um, wie wir auch bei Thomas Morus gesehen haben, in ein System struktureller Gewalt, wo gnadenlose Kontrolle und ein Mechanismus brutaler Abschreckung herrschen (und vermutlich auch zur Durchsetzung der Regeln des Egalitarismus nötig sind). Die brutale Demonstration der Macht findet allerhöchste Unterstützung: Gott, der Allmächtige, steht auf der Seite der Gemeinde.

Der Philosoph Michel Foucault nennt das »Pastoralmacht«. Das ist die Macht des Seelsorgers über seine Schäfchen, die der Fürsorge entspringt, aber rasch zu einem Instrument der Unterdrückung gerät. An Hananias und seiner Frau soll ein Exempel statuiert werden, eine Art Schauprozess mit anschließendem Gottesurteil des allmächtigen Richters. Das Christentum, so Michel Foucault, habe, indem es sich als Kirche organisierte, neue Machtbeziehungen entwickelt und in der gesamten Welt verbreitet. Diese Macht greift tief in die sozialen und psychischen Strukturen der Menschen ein, weil sie mit dem Verlust des Seelenheils des Einzelnen im Jenseits droht. Es ist eine Macht, die sich das Recht herausnimmt zu wissen, was in den Köpfen der Menschen vor sich geht: In der Beichte wird von dieser Macht die Seele erforscht, wenn man sie zwingt, ihre intimsten Geheimnisse preiszugeben.

Da sind wir nun gelandet bei unserer Analyse der Utopien der Machtlosigkeit. Der Frankfurter Althistoriker Hartmut Leppin, ein Spezialist für die Geschichte des frühen Christentums, macht darauf aufmerksam, dass die Sozialutopie der frühen Gemeinde zwingend auf eine rigide Ethik des Gehorsams angewiesen ist. Das bedeutet aber wohl, dass die machtlose Bedürfnisbefriedigungsgemeinschaft gerade nicht auf einer Haltung der Gabe und der Freiwilligkeit beruhen kann, sondern auf Zwang und Unterdrückung. Eine »ewige Illusion unseres Herzens« nennt der Philosoph Hellmuth Plessner die »unzerstörbare Utopie der gewaltlosen Einigung aller Menschen in einer Gemeinschaft«. Von dieser Utopie, so Plessner, lasse sich nur sagen, sie sei ein Traum – »und nicht einmal ein schöner«.

Herrschaftsfreiheit ist eine Utopie, die die vermachtete Welt immer begleiten wird, aber zum Glück sich nie durchgesetzt hat und durchsetzen wird. In einem Interview, wenige Monate vor seinem Tod, weist Foucault nicht nur Habermas' Kommunikationstheorie als utopisch zurück, sondern auch Sartres (und Lord Actons) Theorie von der Macht als einem Übel: »Die Macht ist nicht das Böse. Macht heißt: strategische Spiele. Man weiß sehr wohl, dass die Macht nicht böse ist. Nehmen Sie zum Beispiel sexuelle oder Liebesbeziehungen: In einer Art offenen strategischen Spiels, worin sich die Dinge umkehren können, über den anderen Macht auszuüben, ist nichts Schlechtes, das ist Teil der Liebe, der Leidenschaft, der Lust.« Entscheidend ist der Hinweise, dass sich »die Dinge umkehren können«.

Eine Macht-Gesellschaft, in der alles auch anders sein kann (mithin eine Gesellschaft, in der es Wettbewerb gibt), ist einer Gesellschaft der Machtlosigkeit vorzuziehen. Die Utopien der Machtlosigkeit sind am Ende alle gescheitert. Sie müssen notwendigerweise scheitern. Wenn also der Preis der Utopie der Machtlosigkeit ein System der Unterdrückung aller ist, wovon vor allem die Abweichler ihr Lied singen können, dann wollen wir am Ende doch lieber bei einem Lob der Macht bleiben. Den Willen zur Macht rettet die Pflicht zur Macht.

SCHLUSS: LOB DER MACHT

ODER: WAS DEN DIRIGENTEN MIT DEM DIKTATOR VERBINDET

»Es gibt keinen anschaulicheren Ausdruck für Macht als die Tätigkeit des Dirigenten. Was immer er tut, wirft Licht auf die Natur der Macht.« Im letzten Teil von »Masse und Macht«, dem 1960 erschienenen philosophischen Hauptwerk des österreichischen Schriftstellers Elias Canetti, findet sich eine mit »Der Dirigent« überschriebene glänzende Miniatur zur »Macht« im und über das Orchester. Dass es im Orchester um Macht geht, sei deshalb noch selten aufgefallen, weil alle meinen, es gehe dem Orchester (nur) um die Musik, schreibt Canetti.

Canetti hat Recht: Der Dirigent hält sich für den ersten Diener der Musik. Das erfüllt ihn so sehr, dass ihm jeglicher Blick für den außermusikalischen Sinn seiner Tätigkeit abgeht. Dabei hat dieser es in sich: Der Dirigent übt eine Art Allmacht über das Orchester aus, welches er dazu verpflichtet, sich ihm zu unterwerfen. Er allein steht da, unübersehbar, meist sogar überhöht auf einem Podest. Das Orchester sitzt, das Publikum ebenfalls, erhebt sich lediglich am Ende, um dem Dirigenten zu huldigen. Dieser sonnt sich im Applaus, von ihm fällt ein Abglanz auf das Orchester. Der Dirigent ist der Führer, dem alle auf Weisung seiner Hand oder seines Stabes folgen. Er hat Macht über Leben und Tod der Stimmen, über Pianissimo und Fortissimo. Er allein kennt das große Ganze, hat vor sich die Partitur, während jeder Einzelne im Chor oder Orchester nur seine eigene Stimme kennt. Vor Beginn der Aufführung hört man im Gewirr und Gewisper der einzelnen Stimmen: Irrsal und Wirrsal, einen Klangteppich ohne Struktur, so lange, bis der Maestro mit autoritativem Gestus Stille gebietet und noch der Huster in der letzten Reihe vor Peinlichkeit rot wird, weil aller Blicke sich auf ihn oder sie richten. Auf das Handzeichen des Dirigenten hin beginnt die Aufführung. Er ist der Schöpfer, »er ist der Herrscher der Welt« (Canetti) – zumindest für die Dauer und am Ort der Aufführung.

Kein Wunder, dass Dirigenten, bewundert und gefürchtet zugleich, als grandios und schwierig gelten, ihre Machtfülle nicht selten in Herrschsucht umschlägt und ihre Pflicht, für strenge Disziplin zu sorgen, in ungehaltenen Jähzorn kippt. Zugleich sind sie die charismatischen Helden, vom Publikum gefeiert und vom Orchester eifersüchtig beäugt, das weiß, was es ihm verdankt, und darüber wacht, welcher Musiker unter ihnen seine Gunst zu verlieren droht und wer wohl als Nächstes unter allen Gleichen im Orchestergraben von ihm bevorzugt wird. Nirgendwo lässt sich diese Soziologie der Macht besser anschauen als in der herrlich trivialen Netflix-Serie »Mozart in the Jungle« (ab 2014), die auf den autobiographischen Aufzeichnungen einer jungen ehrgeizigen Oboistin in einem fiktiven New Yorker Orchester beruht.

Es wäre eine eigene Arbeit wert zu untersuchen, wie es kommt, dass ausgerechnet in den Jahren nach dem Zweiten Weltkrieg zahlreiche Bücher über das »Wesen der Macht« auf den Markt kamen – von so unterschiedlichen Autoren wie Elias Canetti, Romano Guardini, Reinhold Schneider oder Carl Schmitt. Einiges dürfte für die Vermutung Guardinis sprechen, es sei an der Zeit gewesen, die Macht nach Jahren ihrer Diskreditierung zu rehabilitieren, wobei es freilich noch lange Jahre dauern sollte – wahrscheinlich mussten erst die immer noch mächtigen Nazis sterben –, bis der Missbrauch der Macht zwischen 1933 und 1945 in Deutschland konkret historisch und nicht nur abstrakt ontologisch erforscht wurde.

Auch mir geht es um die Rehabilitierung der Macht in diesem Buch, das deshalb unter der Überschrift »Lob der Macht« firmiert. Doch wie die Wahrheit, so ist auch die Macht konkret, verliert sich nicht im Allgemeinen. So wie der Dirigent vor sich selbst, vor dem Orchester und in der Öffentlichkeit den Eindruck erweckt, es gehe ihm »nur« um die Musik, so gibt der Politiker vor, es gehe ihm »nur« um das Wohl seiner Bürger und den Frieden auf der Welt. Gleichermaßen gibt der Wirtschaftsführer vor, es gehe ihm »nur« um das Wohl seiner Kunden, Mitarbeiter und Aktionäre. Dass es ihnen – womöglich »nur« – um die Macht zu tun ist, leugnen sie, häufig sogar vor sich selbst. Es wäre auch unklug, sich damit zu brüsten, wie wir vielfach gesehen haben. Aber es lohnt sich allemal, nach der Macht zu streben.

»Der Wohlstand der Nationen«, darüber herrscht nicht nur unter Ökonomen Konsens, gedeiht dann am besten, wenn es für die Menschen in einer Gesellschaft gute Anreize gibt, zu wirtschaften und die Erfolge zu ernten: Soziale Kooperation durch Handel, Spezialisierung und Wettbewerb sind dafür die Bedingung. Das Vorhandensein politischer Macht ist für eine Gesellschaft nicht hinderlich, sondern, ganz im Gegenteil, eine ihrer fundamentalen Voraussetzungen. Denn die Macht befürwortet und unterstützt das Eigeninteresse der Menschen, anstatt es durch Moralisierung zu unterdrücken. Mancur Olson, einer der großen Ökonomen des 20. Jahrhunderts, hat in seinem Spätwerk »Power and

Prosperity« (2000) den Staatsmann vom Pathos der Verantwortungsrhetorik befreit: Er ist ein »stationärer Bandit«, der seinen Untertanen ihr Geld abnimmt (später »Steuer« genannt), ihnen im Gegenzug für dieses »Schutzgeld« aber innere und äußere Sicherheit gewährt. Ein fairer Tausch. Denn es ist das Eigeninteresse des Machthabers, jene Steuereinkünfte – eine Art Raub, von dem er lebt – zu maximieren. Auf sein Gewaltmonopol pochend könnte der Bandit seinen Untertanen hundert Prozent ihres wirtschaftlichen Erfolgs wegsteuern. Doch das wäre nicht nur der Ruin seiner Bürger, sondern auch sein eigener Untergang. Handelt der Mächtige rational, wird er die Bürger, die ihn ernähren, nicht komplett berauben, um nicht alle Voraussetzungen seiner Macht zu untergraben.

Die »Logik der Macht«, so Olson, speist sich aus der Empathie des Herrschers für die Beherrschten. Die wechselseitige Abhängigkeit von Herr und Knecht ist für alle Beteiligten ein Segen, kein Fluch. Denn es profitiert der Bandit genauso wie die Bevölkerung. Aus dieser Logik der Macht heraus begründet sich ein »Lob der Macht«. Dirigent wie (benevolenter) Diktator brauchen und gebrauchen Macht. Sie können ihre Macht nur ausüben, wenn sie es aus Eigeninteresse nicht überziehen: Maß und Mitte zu suchen ist Gebot der Vernunft. Dafür gibt es die Empathie, die dafür sorgt, dass das Eigeninteresse rational bleibt. Der Machthaber hat ein Interesse am Wohlergehen seiner Untertanen, wie der Dirigent ein Eigeninteresse am Wohlklang seines Orchesters hat, zu dem jeder Einzelne seinen Teil beiträgt. Autoritäre soziale Gebilde (Staaten oder Orchester) sind gerechtfertigt, sogar nützlich, solange ihr Treiber, die Macht der Mächtigen, bestreitbar ist. Der Dirigent ist dem Wettbewerb des Marktes ebenso ausgesetzt wie der Staatsmann oder der Wirtschaftsführer. Die Macht gedeiht auf der Voraussetzung ihres möglichen Untergangs. Am Ende freut sich Fortuna.

Ziehen wir ein Resümee: (1) Es ist höchste Zeit, die Bedeutung der Macht gegen alle machtfeindlichen und utopieverliebten »Gutmenschen« zu rehabilitieren. Eine Welt ohne Macht und Machtmenschen wird es nicht geben – ja, eine solche Welt sollten wir keinesfalls anstreben. (2) Der Wettbewerb ist das entscheidende Instrument, die Macht davor zu bewahren, mutwillig zu werden. Weil man sich vor Monopolen der Macht hüten sollte, sind machtbewusste kreative Wettbewerber dringend vonnöten. Sie stürzen die Mächtigen vom Thron – nicht, weil sie etwas gegen die Macht hätten. Im Gegenteil: Sie wollen selbst an die Macht. (3) Nur wenn der Wettbewerb selbst nicht in der Lage ist, Machtmissbrauch zu sanktionieren, ist der Staat zum Eingreifen aufgefordert. Geht es um wirtschaftliche Macht, ist sein Eingreifen in aller Regel viel seltener vonnöten, als Politiker – getrieben vom eigenen Machthunger – es beabsichtigen. Gerade weil der Staat ein Gewaltmonopol innehat, ist er gehalten, seinen privilegierten Machtgebrauch zu dosieren. Klassiker einer Notwendigkeit staatlichen Eingreifens sind seit Thomas Hobbes konkurrierende religiöse Absolutheitsansprüche: Solche Allmachtsansprüche sind allemal gefährlich. Der Staat hat die Macht und die Mittel, sie zu relativieren; die Religionen müssen sich diese Relativierung gefallen lassen als Preis für die Verabsolutierung ihres Wahrheitsanspruchs. Der Markt der Macht funktioniert dann am besten, wenn der Wettbewerb lebendig ist und pulsiert. Im staatlichen Gewaltmonopol hat dieser Wettbewerb seinen stärksten Helfer. (4) Die Macht ist und bleibt Treiber von Fortschritt und Wohlstand. Eine Welt ohne Macht wäre eine arme Welt. Das sollten wir nicht wollen.

ANHANG

DANK

Das Thema der Macht treibt mich seit längerem um. Einen ersten Niederschlag fand dieser Umtrieb in einer Dankesrede zur Verleihung der Hayek-Medaille in Freiburg über »Macht und Markt« im Frühjahr 2014. Der Dank dafür geht an Karen Horn und Michael Wohlgemuth. Danken möchte ich auch Gunther Schnabl und Ansgar Behlke dafür, dass ich meine Ideen anlässlich des 28. Leipziger Weltwirtschaftsseminars im Januar 2015 einem größeren Forum präsentieren durfte. Außerordentlich anregend war schließlich ein zusammen mit Lars P. Feld und Volker Rieble veranstaltetes zweitägiges Kolloquium am Walter-Eucken-Institut, Freiburg, im Februar 2016: Insbesondere von den Impulsen von Petra Gehring über Foucault, Friedrich Wilhelm Graf über die »Allmacht Gottes«, Hartmut Leppin über »Utopien der Machtlosigkeit« und Hermann Lübbe über »Verlorene Paradiese« habe ich außerordentlich profitiert, wie man in diesem Buch leicht sehen kann.

Das sind noch nicht alle, die geholfen haben: Es gab wichtige Gespräche mit Michael Kleeberg, Jürgen Kochendörfer, Matthias Landwehr und Stephan Lebert über die Macht. Die Deutung der Geschichten des Machtverlusts von Thomas Middelhoff, Martin Winterkorn und Peter Löscher entstand im Dialog mit meinem FAS-Kollegen Georg Meck; eine ganze Reihe von Zeitungsartikeln zu diesem Thema haben wir gemeinsam verfasst. Ohnehin stammt das Wissen über konkrete Macht- und Ohnmachts-Biographien in Wirtschaft und Politik aus der Tagesarbeit des Redakteurs.

Großer Dank geht an Matthias Landwehr und an Alfio Furnari, die das Manuskript kritisch gelesen haben. Das hat auch Andreas Rödder getan und viele Verbesserungsvorschläge gemacht. Stets mit Rat und Tat stand der Klett-Cotta-Verlag bereit, insbesondere Johannes Czaja und Christoph Selzer. Und ohne den präzisen Blick von Irmgard Betzler wäre das ohnehin alles nichts geworden.

Rainer Hank
Frankfurt, im Juli 2017

LITERATUR

Allgemein und wichtig für dieses Buch

Andreas Anter: Theorien der Macht zur Einführung. 3., vollständig überarbeitete Auflage, Junius, Hamburg 2017.

Hans Albert: Macht und Gesetz. Mohr Siebeck, Tübingen 2012 (ursprünglich 1950 verfasst, aber nicht gedruckt).

Jacob Burckhardt: Weltgeschichtliche Betrachtungen. Alfred Kröner Verlag, Stuttgart, 12. Aufl. 1978.

Elias Canetti: Masse und Macht. Claassen Verlag, Hamburg 2008.

Corinne Michaela Flick (Hrsg.): Die Ohnmacht der Macht. Die Macht der Ohnmacht. Wallstein Verlag, Göttingen 2016.

Michel Foucault: Analytik der Macht. Suhrkamp (stw 1759), Frankfurt a. M., 6. Aufl. 2015.

Byung-Chul Han: Was ist Macht? Reclam Verlag, Stuttgart 2005.

Niklas Luhmann: Macht. Lucius & Lucius Verlag (UTB 2377), Stuttgart, 3. Aufl. 2003 (urspr. 1975).

Steven Lukes: Power: a Radical View. Macmillan, London 2014.

Niccolò Machiavelli: Der Fürst. Reclam Verlag, Stuttgart 2014.

Mancur Olson: Power and Prosperity. Outgrowing Communist and Capitalist Dictatorships. Basic Books, New York 2000.

Helmuth Plessner: Macht und menschliche Natur. Gesammelte Schriften, Bd. V. Suhrkamp (stw 1628), Frankfurt a. M. 2003.

Phillip H. Roth (Hrsg.): Macht. Aktuelle Perspektiven aus Philosophie und Sozialwissenschaften. Campus Verlag, Frankfurt a. M. 2016.

K. W. Rothschild (ed.): Power in Economics. Penguin Books, Middlesex 1971.

Maurizio Viroli: How to Choose a Leader. Machiavelli's Advice to Citizens. Princeton, Oxford, Princeton University Press 2016.

Vorwort

Ein schönes Interview haben Kerstin Kohlenberg und Stephan Lebert mit Lord Michael Dobbs geführt in der ZEIT vom 3. November 2016.

Kapitel 1

Alles Wissen über die Kaiserkrönung Karls IV. verdanke ich der Textedition der Berichte des Johannes Porta de Annoniaco und den wunderbaren Kommentaren dazu von Olaf B. Rader: Wie Blitz und Donnerschlag. Elfenbein Verlag, Berlin 2016.
Der Bericht vom Hofe König Donalds, geschrieben vom Washington-Chef der »Financial Times«, Demetri Sevastopulo, war in der Wochenendbeilage der »Financial Times« vom 30. April 2017 unter dem Titel: »The Court of King Donald« zu lesen.

Niklas Luhmanns Aufsatz über »Klassische Theorien der Macht. Kritik ihrer Prämissen« ist erschienen in der *Zeitschrift für Politik*, Jahrgang 16, NF, Heft 2, 1969, S. 149 – 170. Max Webers klassische Macht-Definition und viele weitere Definitionen finden sich in dem vorzüglichen Artikel: »Macht, Gewalt« im Historischen Wörterbuch der Philosophie, hg. von Joachim Ritter und Karlfried Gründer, Bd. 5, Schwabe Verlag, Basel 1980, Sp. 586 – 622.

Die »Melierdialoge« finden sich im »Peloponnesischen Krieg« bei Thukydides, Buch V, Kapitel 84 – 116. Dazu passt ein berühmter Aufsatz von Karl Reinhardt: »Thukydides und Machiavelli.« In: Vermächtnis der Antike. Gesammelte Essays zur Philosophie und Geschichtsschreibung. Hrsg. von Carl Becker. Vandenhoeck & Ruprecht, Göttingen 1960, S. 184 – 218.

Die Machtinterpretation zu Star Wars (der jüngste Film von 2015 trug den Titel »Das Erwachen der Macht«) verdanke ich meinem Kollegen Ulf von Rauchhaupt: »Was erwacht da eigentlich?«, FAS vom 13. Dezember 2015.

Über Nietzsches »Willen zur Macht« habe ich profitiert von Volker Gerhardt: Vom Willen zur Macht: Anthropologie und Metaphysik der Macht am exemplarischen Fall Friedrich Nietzsches. De Gruyter Verlag, Berlin 1996.
Sehr schön ist auch Annemarie Pieper: »Ein Seil, geknüpft zwischen Thier und Übermensch«. Philosophische Erläuterungen zu Nietzsches »Also sprach Zarathustra«. Schwabe Verlag, Basel 2010.
Wer im Detail nachlesen will, wie der dunkle Trieb und Wille zur Macht die helle Vernunft der Aufklärung infrage zu stellen begann, muss unbedingt zu Walter Schulz greifen: Philosophie in der veränderten Welt. Verlag Günther Neske, Pfullingen 1976.

Macht bei den Primaten ist das Lebensthema von Frans de Waal. Ein Buch dazu unter vielen ist Frans de Waal: Der Affe in uns. Warum wir sind, wie wir sind. dtv, München, 4. Aufl. 2015.

Kapitel 2

Die Theorie der Selbstüberschätzung kann man knapp nachlesen in einem Aufsatz von Ulrike Malmendier/Axel Ockenfels: »Mann, was bin ich großartig«, »Frankfurter Allgemeine Sonntagszeitung« (FAS), 18. Dezember 2016.

Pionier der neuen »moralfreien« Empathie-Forschung ist Paul Bloom: Against Empathy. The Case for Rational Compassion. Bodley Head, London 2017. In dieselbe Kerbe haut auch Fritz Breithaupt: Die dunklen Seiten der Empathie. Suhrkamp Verlag, Berlin 2017.

Die meisten neueren psychologischen Erkenntnisse zur Macht, die in diesem Kapitel referiert und paraphrasiert werden, stammen von Dacher Keltner: Das Macht-Paradox. Wie wir Einfluss gewinnen – oder verlieren. Campus Verlag, Frankfurt a. M. 2016.
Die anthropologischen Macht-Geschichten verdanke ich Frans

de Waal, auf den ich schon in der Literatur zu Kapitel 1 verwiesen habe.

Amy Cuddys Forschungsergebnisse zu den Posen der Macht (»Power Poses«) schaut man sich am besten in ihrem TED-Talk an: https://www.ted.com/talks/amy_cuddy_your_body_language_shapes_who_you_are?language=de

Heinrich Popitz' Aufsätze zur Macht sind zusammengefasst in: Heinrich Popitz: Phänomene der Macht, Mohr Siebeck, Tübingen, 2. Aufl. 1992.

Stephen Greenblatts faszinierende auf Trump bezogene Interpretation von Shakespeares »Richard III.« war abgedruckt in der FAZ vom 12. Oktober 2016. Hinweise auf die wichtige Rolle der »Fortuna« verdanke ich Gesprächen mit dem Frankfurter Anglisten Klaus Reichert. Man kann das nachlesen in Klaus Reichert: Fortuna oder Die Beständigkeit des Wechsels. Suhrkamp Verlag, Frankfurt a. M. 1985.

Kapitel 3

Was die »Fortuna« betrifft, verweise ich noch einmal auf die Studie von Klaus Reichert (Literatur zu Kapitel 2).

Über Lord Actons Korruptionstheorie gibt es ein hübsches Kapitel im Macht-Buch von Andreas Anter (s. o. »Allgemein und wichtig für dieses Buch«).

Das Wissen um den Untergang des AfD-Gründers Bernd Lucke kommt von Melanie Amann: Angst für Deutschland. Die Wahrheit über die AfD: Wo sie herkommt, wer sie führt, wohin sie steuert. Droemer, München 2017.

Zum Hofstaat der Mächtigen gibt es eine wunderschöne kleine Schrift von Carl Schmitt: Gespräch über die Macht und den Zugang zum Machthaber. Klett-Cotta, Stuttgart 2008.

Außerdem zwei schöne Aufsätze von Karin Wieland: »Die Kunst der Gunst. Machiavelli zwischen dem Wunschtraum der Huma-

nisten und dem Handlungsraum der Günstlinge«. In: Herfried Münkler (Hrsg.): Demaskierung der Macht. Niccolò Machiavellis Staats- und Politikverständnis. Nomos Verlagsgesellschaft, Baden-Baden, 2. Aufl. 2013, S. 169–196.
Karin Wieland: »Die Politik des Fürstendieners. Baldesar Castiglione und das ›Buch vom Hofmann‹.« In: Politisches Denken, Jahrbuch 1995/96, S. 9–27.
Schließlich Peter Sloterdijk: »Konsultanten sind die Künstler der Enthemmung.« »Neue Zürcher Zeitung« (NZZ), 18. Februar 2017.
Über Verrat und Verräter vgl. Avishai Margalit: On Betrayal. Cambridge u. a., Harvard University Press 2017.

Kapitel 4

Der klassische Aufsatz von Thomas Schelling, der allen spieltheoretischen Überlegungen zur Rotten-Kid-Theorie zugrunde liegt, lautet: »An Essay on Bargaining«. In: The American Economic Review, vol. XLVI, Juni 1956, S. 281–306.
Das Samariterdilemma stammt von dem Nobelpreisträger James M. Buchanan: »The Samariter's dilemma«. In: Edmund Phelps (ed.): Altruism, Morality and Economic Theory. New York, Russel Sage Foundation 1975, S. 71–85.
Schließlich noch ein Versuch, beide Theorien zusammenzuführen: Neil Bruce/Michael Waldman: The Rotten-Kid Theorem meets the Samaritan's Dilemma. UCLA Working Paper #402, Mai 1986.
Eine überzeugende Anwendung auf die EZB gibt es bei Kai Konrad: »Macht und Ohnmacht der EZB«. In: Corinne Michaela Flick (Hrsg.): Die Ohnmacht der Macht. Die Macht der Ohnmacht. Wallstein Verlag, Göttingen 2016. S. 117–125.
Die psychoanalytische Deutung der Pervertierung der Ohnmacht liefert Marie-France Hirigoyen: Die Masken der Nieder-

tracht. Seelische Gewalt im Alltag und wie man sich dagegen wehren kann. dtv, München, 15. Aufl. 2014.

Kapitel 5

Vieles in diesem kleinen Kapitel (auch der Hinweis auf das protestantische Kirchenlied »Mit unserer Macht ist nichts getan«) verdankt sich dem mündlichen Beitrag des Münchner Theologen Friedrich Wilhelm Graf über die »Allmacht Gottes« anlässlich einer kleinen Tagung am Freiburger Walter-Eucken-Institut im Februar 2016. Anregend, wenngleich wie stets auch ein bisschen wirr, ist Peter Sloterdijk: Nach Gott. Suhrkamp Verlag, Berlin 2017.

Die These von der Intoleranz des biblischen Monotheismus stammt von dem Heidelberger Ägyptologen Jan Assmann. Sie hat viel Widerspruch erfahren und eine große Debatte ausgelöst. Assmann selbst hat sie inzwischen vielfach differenziert und auch relativiert, nicht zuletzt gegen seine eigenen Anhänger. Das alles ist für unsere Zwecke im Detail unerheblich. Am besten kundig machen kann man sich in Jan Assmann: Die mosaische Unterscheidung oder der Preis des Monotheismus. Hanser Verlag, München 2003 (dort sind auch wichtige kontroverse Debattenbeiträge abgedruckt). Der letzte Stand seiner Position findet sich in Jan Assmann: Exodus. Die Revolution der Alten Welt. Verlag C. H. Beck, München 2015.

Widerspruch zu Assmanns These von ganz anderer Seite kommt von dem Judaisten und Leiter des Jüdischen Museums in Berlin, Peter Schäfer: Zwei Götter im Himmel. Gottesvorstellungen in der jüdischen Antike. Verlag C. H. Beck, München 2017. Gemäß Schäfer hat es den Monotheismus in Reinkultur nie gegeben; der Himmel auch der monotheistischen Religionen war immer von mehreren Göttern bevölkert. Es gab im Judentum von Elephantine sogar Göttinnen. Elephantine am Nil wird derzeit in einem großen Projekt des European Research Council von der Berliner Ägyptologin Verena Lepper erforscht.

Kapitel 6

Yuval Noah Harari: Homo Deus. Eine Geschichte von morgen. C. H. Beck, München 2017. Man muss die These nicht zu hundert Prozent akzeptieren; aber sie ist außerordentlich anregend. Ich jedenfalls habe mich vor allem von Teil III anregen lassen: »Homo Sapiens verliert die Kontrolle« (von dort habe ich auch den Hilferuf an Google, ob Peter oder Paul der richtige Partner ist). Wenn Harari allerdings behauptet, Willensfreiheit, demokratische Wahlen oder liberale Gewohnheiten würden durch den perfekten Algorithmus künftig obsolet werden, dann schießt er übers Ziel hinaus.

Hans Blumenbergs Überlegungen zur Frage, ob der »Baum der Erkenntnis« nicht vielmehr ein »Baum der Macht« sei, finden sich in: Hans Blumenberg. Matthäuspassion. Suhrkamp Verlag, Frankfurt a. M. 1988, S. 92.

Zur Frage des Missbrauchs der Macht in der neuen Plattformökonomie ist es nicht ganz leicht, Literatur zu finden, die statt Verwirrung Klarheit bringt. Hilfreich ist alles, was der Ökonom Justus Haucap mit seinen Mitarbeitern auf der Internetseite des »Düsseldorf Institute for Competition Economics«, www.dice.hhu.de, veröffentlicht.

Auch die deutsche Monopolkommission trägt dazu bei, dass man vor lauter Bäumen nicht den Wald sieht: Monopolkommission: »Sondergutachten 68. Wettbewerbspolitik: Herausforderung digitaler Märkte.« Nomos Verlagsgesellschaft, Baden-Baden 2015. Dazu empfiehlt sich Kapitel V zur »Sharing Economy« aus dem Hauptgutachten 2016 der Monopolkommission (S. 363 – 436).

Regelmäßig gibt es im britischen »Economist« gute Surveys oder Titelgeschichten zur Silicon-Valley-Industrie. Zuletzt unter dem Titel »Fuel of the Future«, Economist vom 6. Mai 2017. Schließlich noch eine ausführliche Fassung zur Dogmengeschichte wirtschaftlicher Macht: Rainer Hank: »Markt und Macht.« In: Credit and Capital Markets, 48. Jahrgang (2015), Heft 3, S. 371–392. Immer noch lesenswert sind die Vorträge und Debatten zum Verhältnis von Macht und ökonomischem Gesetz auf einer legendären Tagung des Vereins für Socialpolitik: Hans K. Schneider/Christian Watrin (Hrsg.): Macht und ökonomisches Gesetz. Verhandlungen auf der Jubiläumstagung in Bonn vom 4. bis 7. September 1972. Schriften des Vereins für Socialpolitik, NF, Band 74, Berlin 1973, 2 Bde.

Kapitel 7

Die Untersuchungen zur Macht des Geldes des Hirnforschers Christian Elger findet man auf der Seite des Bonner »Center for Economics and Neuroscience«, an dem auch der Wirtschaftswissenschaftler Armin Falk beteiligt ist: https://www.cens.uni-bonn.de/the-center.

»Pen's Parade«: Jan Pen: Income Distribution: Facts, Theories, Policies. Praeger Publishers, New York 1971.
Wichtig auch: Jan Pen, Harmony and Conflict in Modern Society, McGraw-Hill, London u. a. 1966.
Einen Eindruck von Pens Parade der Ungleichheit verschaffen kann man sich hier: https://www.youtube.com/watch?v=J_8foyHrwOk oder hier: http://www.faz.net/aktuell/wirtschaft/was-sagt-uns-dieses-bild-parade-der-ungleichheit-14211807.html.
Die Anwendung von Jan Pens Parade auf die heutige Einkommensverteilung verdanke ich Robert von Weizsäcker/Piroschka Dossi: Ungleichheit. Eine phantastische Erzählung. Springer, Heidelberg 2016.

Das Standardwerk zur Macht der Manager ist Lucian Bepchuk/Jesse Fried: Pay without Performance. The Unfulfilled Promise of Executive Compensation. Harvard University Press, Cambridge/Mass. 2006.
Wichtig auch das Papier von Bepchuk et al.: »The Long-Term Effects of Hedge Fund Activism.« NBER 21227, Juni 2015.

Zur Entwicklung vom Eigentümer- zum Managerkapitalismus gibt es ein berühmtes Paper von Alfred Chandler: »The Emergence of Managerial Capitalism«. In: Business History Review, vol. 58, no. 4 (1984), S. 473–503.

Über Private Equity und ETF-Fonds, nebst Biographien der wichtigsten Akteure, kann man sich ausführlich kundig machen in dem vorzüglichen Buch von Hans-Jürgen Jakobs: Wem gehört die Welt? Die Machtverhältnisse im globalen Kapitalismus. Knaus-Verlag, München 2016.
Die Kritik an der Macht der ETF findet sich allgemeinverständlich zusammengefasst bei Axel Ockenfels/Martin Schmalz: »Die stille Gefahr für den Wettbewerb.« FAZ vom 29. Juli 2016.

Kapitel 8

Den Hinweis auf die Ambivalenz des in der Apostelgeschichte erzählten Urkommunismus (nebst Deutung im Sinne von Foucaults »Pastoralmacht«) verdanke ich einem Vortrag des Frankfurter Althistorikers Hartmut Leppin bei der bereits erwähnten Tagung über »Phänomene der Macht« im Februar 2016 im Walter-Eucken-Institut, Freiburg.

Thomas Morus' Utopia gibt es in einem schönen Reprint mit einem instruktiven Vorwort von Joachim Starbatty, einem der beiden Herausgeber. Thomas Morus: Utopia. Basel 1518. Hrsg. von Ottfried Höffe, Joachim Starbatty. Reprint: Olms Verlag, Hildesheim 2016.
In dieselbe Kerbe wie Starbatty haut auch der Philosoph Her-

mann Lübbe (mit Bezug zu Francis Bacon): »Das Paradies wird überschätzt«. FAS vom 25. Dezember 2016.

Eine sehr anregende Debatte über Keynes' Utopie der Machtlosigkeit bieten Lorenzo Pecchi und Gustavo Piga (ed.): Revisiting Keynes. Economic Possibilities for Our Grandchildren. MIT Press, Cambridge/Mass. u. a. 2008.

Zur Debatte über die Ungleichheit: Angus Deaton: Der Große Ausbruch. Von Armut und Wohlstand der Nationen. Verlag Klett-Cotta, Stuttgart 2016.

Das wichtige Zitat von Michel Foucault gegen Habermas und Sartre am Ende des Kapitels findet sich in einem Interview, das in Foucaults »Analytik der Macht« abgedruckt ist, hier: S. 297.

Das zentrale Zitat von Helmuth Plessner stammt aus: Die Utopie der Gewaltlosigkeit und die Pflicht zur Macht. In: Ders.: Macht und menschliche Natur. GS V. Suhrkamp Verlag, Frankfurt a. M. 2003, S. 121.

PERSONENREGISTER

A

Ackermann, Josef 104, 197, 215
Acton, Lord 79, 98, 147, 242
Apel, Karl-Otto 224
Augustus, Kaiser 14, 33, 36

B

Bacon, Francis 231–233, 260
Bebchuk, Lucian 201 f., 211
Beitz, Berthold 107
Benedikt XVI., Papst 93
Bernstein, Carl 78
Bloch, Ernst 234
Blumenberg, Hans 154, 257
Böhm-Bawerk, Eugen 169–171
Böhm, Franz 172 f., 177
Bomhard, Nikolaus von 206
Bourdieu, Pierre 189
Bowie, David 102
Brandeis, Louis 171–173, 176
Bush, George W. 14

C

Cameron, David 95
Canetti, Elias 243 f.
Carter, Jimmy 14, 17, 207
Chandler, Alfred 204
Clinton, Bill 14
Cohen, Leonard 135 f.
Comey, James 82
Creighton, Madell 79
Cromme, Gerhard 104–107
Cuddy, Amy 64–66

D

Deaton, Angus 195, 237–239
Deng Xiao Ping 154
Dobbs, Lord Michael 7, 9
Doland, Timothy M. 18
Döpfner, Mathias 76, 102 f., 177 f.
Draghi, Mario 123
Duras, Marguerite 9

E

Easterly, William 110 f.
Elger, Christian 193
Erdoğan, Recep Tayyip 10, 21–24, 40
Eucken, Walter 172–175, 177

F

Fama, Eugene 214
Fehr, Ernst 187
Feld, Lars P. 149, 207
Fink, Laurence »Larry« 211 f., 214–218
Foucault, Michel 176, 228 f., 241 f., 259 f.
Franziskus I., Papst 93
Freud, Sigmund 30
Friedrich II., Kaiser 14
Frisch, Max 186

G

Gabriel, Sigmar 45
Gänswein, Georg 93
Gates, Bill 161
Gottweis, Bernd 91
Greenblatt, Stephen 71 f.
Grey, Aubrey de 152
Guardini, Romano 244
Gutenberg, Johannes 25

H

Habermas, Jürgen 224, 242
Hank, Albert 236
Hank, Aloys 237
Harari, Yuval Noah 150 f., 154, 184
Hare, Richard M. 56
Hayek, Friedrich A. von 232 – 234
Hegel, Georg Wilhelm Friedrich 58
Heine, Heinrich 148
Herzl, Theodor 227
Hirigoyen, Marie-France 126 f., 129
Hirschman, Albert O. 215
Hitler, Adolf 57
Hobbes, Thomas 28, 146
Holland, Agnieszka 39
Huber, Berthold 87 f., 104
Huxley, Aldous 228

J

Jesus Christus 27, 141, 144, 148
Johannes Paul II., Papst 226
Jünger, Ernst 92

K

Kaeser, Josef »Joe« 105 – 107
Kantorowicz, Ernst 20
Karl IV., Kaiser 13 – 16, 18 f., 21, 25, 31 – 33, 38, 40, 46, 75
Kauder, Volker 95 – 97
Keltner, Dacher 50 – 52
Kermani, Navid 140
Keynes, John Maynard 232 – 234
Kissinger, Henry 78
Kleinfeld, Klaus 107 f., 190, 192
Kohl, Helmut 54 – 56, 82, 102
König, Thomas 24
Konrad, Kai 122 f.

L

Laschet, Armin 77
Leinemann, Jürgen 54
Le Pen, Marine 77
Leppin, Hartmut 241
Lincoln, Abraham 14
Lindner, Christian 8
Locke, John 194
Lorenzo, Giovanni di 80
Löscher, Peter 86, 103 – 108
Lucke, Bernd 83 f.
Luhmann, Niklas 25 f., 94, 214
Luther, Martin 25, 150

M

Machiavelli, Niccolò 11, 27, 31, 54, 75 f.
Malmendier, Ulrike 42
Margalit, Avishai 94
Maria (Mutter Gottes) 144 f.
Marquard, Odo 154
Marx, Karl 147, 160, 194, 217, 232, 234
May, Theresa 29, 95
McDermott, Bill 206
Merkel, Angela 7, 37, 54–57, 74, 77, 82 f., 95 f., 102 f., 210
Meuthen, Jörg 83
Middelhoff, Thomas 86, 97–101, 191
Mohn, Reinhard 101
Morus, Thomas 225–231, 233, 236, 241
Müntefering, Franz 207

N

Nietzsche, Friedrich 12, 30, 155, 185, 199, 253
Nixon, Richard 78, 89, 103

O

Obama, Barack 8, 14, 18, 21, 69 f.
Ockenfels, Axel 42
Olson, Mancur 245 f.
Orbán, Victor 10, 24
Osterloh, Bernd 87

P

Pen, Jan 195–197
Pence, Mike 14
Petry, Frauke 77, 83, 102
Piëch, Ferdinand 7, 91, 101
Pieper, Annemarie 199
Pierer, Heinrich von 107
Plessner, Hellmuth 30, 87, 242
Popitz, Heinrich 59
Porsche, Wolfgang 88
Pretzell, Marcus 83
Putin, Wladimir 8, 10, 21–23

R

Rajan, Raghuram 173
Reagan, Ronald 14
Reese, Oliver 103
Reinhardt, Karl 28, 252
Richard III., König 19, 71–73, 85, 102, 128
Richmond, Graf Heinrich von 85
Richter, Gerhard 100
Rockefeller, John D. 164, 172
Röpke, Wilhelm 172
Roser, Max 153, 195
Rubenstein, David M. 207 f.
Ruddy, Chris 21

S

Sachs, Jeffrey 110
Sandberg, Sheryl 77
Sartre, Jean-Paul 242
Schäuble, Wolfgang 55 f., 96, 102

Schelling, Friedrich Wilhelm 30
Schelling, Thomas 124 f.
Schmitt, Carl 92, 121, 244
Schopenhauer, Arthur 30
Schröder, Gerhard 56, 74
Schulz, Martin 8, 44–49, 52–54, 57, 68, 75, 81, 96
Sevastopulo, Demetri 20
Shakespeare, William 71, 75, 85, 91, 102, 128, 254
Spahn, Jens 77, 96
Springer, Axel 76, 102, 177, 181
Starbatty, Joachim 228, 230
Steinbrück, Peer 44, 81
Stein, Lorenz von 193
Streissler, Erich 175

T

Thatcher, Margaret 9
Thiel, Peter 11, 177
Thomas, Sven 97
Thukydides 27, 193
Trittin, Jürgen 80
Trump, Donald 7 f., 10 f., 13, 15, 17–25, 28, 31–33, 37, 40, 45 f., 57, 61, 69 f., 72, 75, 81 f., 177, 187 f., 236
Trump, Ivanka 21, 77, 187

V

Veblen, Thorstein 192

W

Waal, Frans de 36–39, 67–69, 71, 74, 76 f., 142, 222
Wagenknecht, Sahra 77
Wagner, Richard 91
Warhol, Andy 100
Weber, Max 26, 30, 89
Weil, Stephan 88
Weizsäcker, Carl Christian von 233
Wilde, Oscar 188, 205
Winterkorn, Martin 86–92, 101 f., 198, 206
Woodward, Bob 78
Woolf, Virginia 233
Wössner, Mark 98
Wowereit, Klaus 103

Z

Zuckerberg, Mark 161

SACHREGISTER

A

AfD (Alternative für Deutschland) 83
Afrika 109 f., 114, 118, 122
Amazon 11, 37, 159, 162, 164 – 168, 171, 177, 179, 182
Apple 11, 159, 161 f., 179, 191, 212
Armut 109, 112, 114, 122, 151, 153, 194

B

Bibel 14, 62, 131, 136 – 138, 140 f., 219, 225
– Apostelgeschichte 16, 219, 222, 239 f.
– Exodus 131, 136 – 138, 140
– Zehn Gebote 58, 81, 120, 131, 133 f., 136 – 138, 141, 144, 148, 156, 220
Böse, das 30, 91, 126 f., 135, 242

C

Christentum 138, 140, 144, 221, 241

E

Egalitarismus 234, 239, 241
Egoismus 124, 173
Eigentum 34, 60, 99, 145, 176, 228, 231, 235 f.
Entwicklungshilfe 110 – 114, 118, 121 f.
Establishment 17, 72
Europa 21, 47, 110, 113, 122, 124, 177, 182, 219, 237
– Europäische Zentralbank (EZB) 116, 122 – 124
– Eurozone 116, 120, 122, 124

F

Facebook 11, 159, 161 – 164, 168, 178 – 182
Flüchtlingskrise 96, 113, 121 f.
Fortschritt 31, 74, 84, 130, 138, 151, 153, 155, 195, 198, 218, 231, 236 – 238, 248
Fortuna, Rad der F. 75 – 78, 81 – 85, 108, 247
Freiheit 8, 24, 110, 121, 135, 173, 175, 224, 230, 233
Führungskräfte 97, 127, 204, 209

G

Gerechtigkeit 8, 57, 84, 236
Gesellschaft 12, 28, 35 f., 51, 53, 59 f., 94, 109, 115 f., 118, 122, 126, 138, 189, 194 – 196, 198, 201, 207, 219 f., 222, 224, 227 f., 231, 234 – 236, 242, 245
Gewalt 29, 125, 132, 137 f., 140,

146, 148, 150, 168, 185, 228–230, 239, 241
Google 11, 157, 159, 161–165, 168, 171, 176–182, 184, 229
Gott 13, 15, 90, 131, 133–135, 137–145, 147–151, 154 f., 184, 220, 240, 241
– Allmacht G.es 15, 108, 131, 133–135, 137–141, 143, 145–147, 149, 154–156, 184, 220, 241, 243
– binitarisch (Koexistenz zweier Götter) 143 f., 147
– Himmel 131–133, 139–145, 147 f., 177, 222
– Jahwe 131, 141–143
– Menschensohn 142 f.
– Selbstoffenbarung G.es 131, 141
– Trinität G.es 143 f., 147
Götter 27, 40, 131, 136–146, 149, 154, 218
Griechenland 123, 125, 127
Grundbedürfnisse 110, 156, 232 f.
Gut und Böse 11, 132, 155

H
House of Cards 7, 37, 39, 61, 72

I
Inauguration 8, 16 f., 31, 33, 62, 74 f., 81
Inthronisation 14, 16, 46
Intoleranz 138, 146
Israeliten 136, 139

K
Kaiser (Amt, Würde) 13–16, 24, 33, 38, 40, 46, 79
Kapitalismus 120, 150, 159–162, 167, 169 f., 176, 178, 204, 207, 215, 220, 232–235
Kirche, römisch-katholische 13, 15, 26, 31, 38, 225, 241
König (Amt, Würde) 13 f., 20 f., 32, 71, 74, 85, 235
Kultur 138, 222

M
Macht 7–11, 15, 18–20, 25 f., 28–30, 53, 55, 57–59, 61, 66 f., 71 f., 79–82, 84 f., 121, 123, 127–129, 133, 135, 193, 221, 231, 233, 235, 241–247
– absolute M. 79, 98, 132 f., 147, 149, 247
– Ambivalenz der M. 9, 30, 40, 155
– Aufstieg zur M. 7, 9, 15, 31, 42–44, 47, 52 f., 55, 67, 71–73, 75, 80 f., 84 f., 108, 113, 118, 132, 178, 217, 237
– Balance of Power 10, 24, 39, 133, 147
– Begrenzung der M. 123
– Definition der M. 25 f., 30, 158
– Intoleranz der M. 133, 139
– Leugnung der M. 36 f., 155, 235 f., 245
– Lob der M. 11, 242 f., 245 f.

– M. als Droge 9, 193
– M. als produktive Kraft 30, 79, 132
– M. und das Böse 8, 79, 222, 242
– M. und Empathie 79 f.
– M. und Glück 9, 81, 84
– M. und Intrige 84, 108, 121, 128, 230
– M. und Kooperation 127, 245
– M. und Masse 10, 243
– M. und Moral 8, 28, 30, 56, 245
– M. und Mythos 29, 85, 211
– M. und Selbstüberschätzung 42–45, 47–49, 53 f., 56, 66, 71, 73–75, 79 f., 85, 98
– M. und Vernunft 7, 43, 143, 224, 229, 231, 246
– M., Zufall und Leistung 76, 84
– Machtkampf 27 f., 38, 58, 77, 128, 133, 142, 145, 147 f., 154, 180 f., 202, 204, 210 f.
– Machtverlust 9 f., 31, 46, 80–82, 101, 149, 155, 177, 179, 182, 220
– Machtwille, Wille zur M. 7, 12 f., 19, 22, 26–30, 33, 36, 38, 40, 44–46, 49 f., 57, 60, 67, 69 f., 93, 95, 105, 123, 132, 156, 168, 188, 194, 200, 209, 221, 224, 242, 247
– Missbrauch der M. 10, 36, 79 f., 91, 245, 247
– Monopolisierung der M. 10 f., 24, 40, 131, 146
– Pathos der M. 17, 87, 246
– Risiken der M. 66, 74, 102, 113, 193
– Spielverderber 129 f.
– Tragödie der M. 71, 128 f.
– Utopien der Machtlosigkeit 22, 64 f., 68, 109, 175, 218, 220–225, 232, 242
– Verleihung der M. 25, 50, 57, 63, 235
– Vorformen der M. (Primaten) 67–71
– Welt ohne M. 23, 175 f., 230, 235, 247 f.
Machtmenschen 8, 19, 39 f., 61, 71, 81–83, 149, 207, 247
– Charisma des M. 8, 10, 61, 89
– Dirigent (als Machtmensch) 243–246
– Eigeninteresse 181, 245 f.
– Gegenspieler 29, 85, 218
– Intrigant 35, 68, 84
– Loyalität 16, 23, 25, 71, 94, 96, 145
– Machtfülle 14, 40, 81, 191, 244
– Machtprätendenten 39, 84, 148
Mitleid 127 f., 230
Monopol 132, 136, 140, 145 f., 148 f., 167, 169 f., 172, 174, 177, 231

Monotheismus 40, 131, 134, 136–147, 149, 155
Moral 28, 30, 32, 40, 56 f., 77, 201

N

Niedertracht 109, 126, 129

O

Ohnmacht 34, 81, 85, 102, 108 f., 112, 115 f., 119 f., 123, 126 f., 130, 133, 155, 218, 220, 226
– Aufstand der Schwachen 126 f.
– Macht der Ohnmächtigen 114, 121, 124, 130
– Perversion der O. 109, 128 f.
– Rotten-Kid 115 f., 120, 129
Opfer 26, 108 f., 121, 123 f., 126 f., 129

P

Papsttum, Papst 13, 15, 25, 38, 79, 93, 225
Paradies 10, 154, 219–223, 225, 228, 232, 234, 240
Polytheismus 131, 136–138, 140, 142, 146 f.
Präsident (USA) 8, 14 f., 18 f., 24, 31, 39, 47, 60–63, 66, 70, 78 f., 82, 171, 207
Primaten 37, 67, 148
Privateigentum 175, 183, 210, 219, 221, 226 f., 234–236, 240 f.

R

Rache 30, 67, 69 f., 83, 128
Rechtsordnung, Rechtsstaat(lichkeit) 14 f., 21 f., 24, 31, 66, 121, 159, 225
Religion, Religionen 31, 131–133, 137–141, 144–147, 149, 231, 247
– Absolutheitsanspruch 24, 138, 247
– Grausamkeiten der R.en 139 f.

S

Samariter(-Dilemma) 109 f., 114 f., 123
Schicksal 39, 60, 69, 85, 101, 130, 155, 211
Schulden 122–124, 208
Spieltheorie 114 f.

T

Terrorismus 132, 139 f.
Theologie 132, 141
Toleranz 138, 142, 146, 155, 227
Totalitarismus 225, 235

U

Ungleichheit 188, 194 f., 198, 221, 223 f., 233–236, 238 f.
Urchristentum 219, 239
USA (Vereinigte Staaten von Amerika) 14 f., 39, 60–62, 66
Utopia 223, 225–230, 232, 234, 236

Utopie(n) 233, 235, 239–242
– Urkommunismus, christlicher 219, 231, 239–241
– U. der Machtlosigkeit 219, 221, 224, 233, 241 f.
– Utopist(en) 153, 231, 234 f., 239, 247

V
Verantwortung 35–37, 87, 97, 126, 128, 135

W
Wall Street 212, 238
Washington 14 f., 20, 40, 60 f., 70, 78
Werte 11, 18, 51, 188
Wettbewerb (Einschränkung der Macht) 10 f., 23 f., 111, 119, 140 f., 144 f., 149, 156, 172–174, 176–180, 185, 217 f., 236, 242, 245, 247
WhatsApp 180

GESAMTINHALT

Einleitung: Warum Macht? Warum jetzt? ... 7

Kapitel 1: Die Krönung ... 13
oder: Was Karl IV. mit Donald Trump verbindet
Die Macht der Allmächtigen ... 19
Die Macht des Alltäglichen ... 33

Kapitel 2: Der Aufstieg ... 42
oder: Warum Vorfreude die schönste Freude ist
Empathie statt Ellenbogen ... 49
Rache und Sex ... 67

Kapitel 3: Der Absturz ... 78
oder: Das Rad der Fortuna dreht sich weiter
Die Verleugnung: Martin Winterkorn ... 86
Ein kleiner Exkurs über Schmeichler, Haushälterinnen, Hofschranzen ... 92
Die Entzauberung: Thomas Middelhoff ... 97
Die Intrige: Peter Löscher ... 103

Kapitel 4: Die Ohnmacht ... 109
oder: Masken der Niedertracht
Räume der Pervertierung ... 116
Ein Aufstand der Schwachen ... 126

Kapitel 5: Die Götter 131
oder: Warum der eine Gott nicht allmächtig ist
Monotheismus und Gewalt 137
Trinität und Wettbewerb 141

Kapitel 6: Die Daten 150
oder: Die Macht im neuen Internet-Kapitalismus
Der Segen des Algorithmus 157
Macht und Monopole 168
Soll man Google zerschlagen? 176

Kapitel 7: Das Geld 186
oder: Über die Brechstange der Macht
Parade der Ungleichheit 195
Bezahlung ohne Leistung 201
Die Macht der anonymen Milliarden 206

Kapitel 8: Die Utopie 219
oder: Warum die Paradiese der Machtlosigkeit
scheitern müssen
Die Verführung des Thomas Morus 225
Ein Lob auf Privateigentum und Ungleichheit 235
Die Pflicht zur Macht 239

Schluss: Lob der Macht 243
oder: Was den Dirigenten mit dem Diktator verbindet

Anhang
Dank 249
Literatur 251
Personenregister 261
Sachregister 265